BMW Boxer
100 Jahre Faszination
Die Gründerjahre

Von 1920 bis 1923 wurde der erste BMW-Boxermotor unter der Bezeichnung „Bayernmotor“ als Einbauaggregat an Fremdfirmen verkauft. Der Typ M 2 B 15 hatte 494 cm^3 Hubraum und leistete 6,5 PS bei 3000/min^{-1}. Im Bild der 11. Serienmotor mit der Nummer 25011.

SCHNEIDER MEDIA

BMW Boxer
100 Jahre Faszination

1920: der erste Motor
Die Gründerjahre: von der R 32 1923 zur R 75 1941

Hans J. Schneider
unter der Mitwirkung von
Stefan Knittel

SCHNEIDER MEDIA

Die R 5 von 1936 ist eine Stilikone, die noch heute auf das Design der BMW-Motorräder abstrahlt. Nach der Premiere der R 32 und damit der ersten Boxer-Generation im Jahr 1923 folgte die R 5 auf die sogenannte „Preßstahl-Ära", die 1929 begonnen hatte und sich parallel zu den modernen Rohrrahmen-Konstruktionen bis 1942 erstreckte.

Impressum

Dank
Autor und Verlag bedanken sich für die tatkräftige Unterstützung dieses Buch-Projekts und die Bereitstellung des historischen Bildmaterials herzlich bei Ruth Standfuß vom Historischen BMW-Archiv, bei Lutz-Michael Hahn für zusätzliche Recherchen und bei Stefan Knittel für weiterführende Hinweise. Dank auch an Tim Diehl-Thiele und Fred Jakobs.

Schutzumschlag- und Covergestaltung:
Dr. Valentin Schneider

Bildnachweis
Alle Fotos und Zeichnungen wurden uns freundlicherweise vom BMW Group Archiv zur Verfügung gestellt.

Herstellung
Gestaltung Inhalt: Hans-Jürgen Schneider
Bildbearbeitung, Produktion: Vincent Schneider
Lektorat: Stefan Knittel, Dr. Valentin Schneider
Druck und Verarbeitung: Westermann Druck Zwickau GmbH

Vertrieb
Delius Klasing Verlag GmbH, Siekerwall 21,
D-33602 Bielefeld; Tel. 0521/5590,
Fax: 0521/559113; E-Mail: info@delius-klasing.de

ISBN: 978-3-667-12083-0

Verlag
SCHNEIDER MEDIA UK LTD.
E-Mail: info@schneider-media.eu
Website: www.schneider-media.eu

Printed in Germany

Inhalt

Die BMW R 37, die 1925 und damit zwei Jahre nach dem Erstlingswerk R 32 auf den Markt kam, war es, die BMW gewaltig voranbrachte. Der von Rudolf Schleicher konstruierte Halbliter-ohv-Motor war jahrzehntelang das Basis-Triebwerk sportlicher Boxer-Motorräder und ermöglichte im Rennsport zahlreiche Siege und absolute Weltrekorde. Darauf zielte die Werbung sehr früh ab, auch wenn die Flugmotoren von BMW noch im Vordergrund standen.

Dem Boxer auf der Spur

Seit 1978 durfte ich mich mit der Historie der BMW-Motorräder befassen, naheliegend weil ich mir im Journalistenberuf eine eigene Position aufbauen wollte und Archiv sowie Entwicklungsabteilung der Bayerischen Motoren-Werke nur 38 km von meinem Dorf entfernt lagen…

Als ich mein Vorhaben, das erste Buch über die gesamte Entwicklung der Motorräder mit dem Boxermotor – es gab auch welche mit einem „Halben" – erläuterte, sagte man mir freien Zugang zu allen Materialien zu. Aber, was noch von weit größerer Bedeutung sein sollte: Ich wurde zum nächsten „Heldengedenktag" eingeladen, dem Treffen der Honoratioren. So durfte ich als vergleichsweise junger Hüpfer Bekanntschaften schließen mit Rudolf Schleicher, Sepp Hopf, Ernst Henne, Wiggerl Kraus, Schorsch Meier, Walter Zeller, Alex von Falkenhausen, Helmut Werner Bönsch sowie allen ihren zahlreichen Mitarbeitern, Rennmechanikern, Motoren-, Getriebe- und Fahrwerksspezialisten.

Auf diese Weise dauerten die Recherchearbeiten für das Buch zwar recht lang, brachten mir aber neben unglaublich vielen neuen Entdeckungen stets viel Freude an der Arbeit, zumal ich ja fast alle an der Geschichte Beteiligten stets direkt fragen konnte. „BMW Motorräder: 60 Jahre Tradition und Innovation" war schließlich 1984 fertig und meine Verbindung zur Materie sollte nie mehr abreißen. Ich bin sie auch alle gefahren, die Touren- und Sportmodelle, sogar auch die Rennmaschinen. Bei den Entwicklern in München und den Erbauern in Berlin hat sich in der Zwischenzeit enorm viel getan. Die Jahresproduktion stieg in nie erwartete Rekordhöhen, ebenso die Modellvielfalt, aber nichts und niemand konnte den Boxermotor verdrängen.

Dieser startete vor 100 Jahren als Verlegenheitsprodukt, noch vom englischen Vorbild Douglas abgeleitet. Den ersten je gebauten haben übrigens Freunde von mir in Tirol entdeckt und erst einmal mich um Rat ersucht, ob er es wirklich sein könnte… Mit Martin Stolles Motorenkonstruktion schuf Max Friz dann 1923 ein völlig neues Motorradkonzept und eine ungewöhnlich moderne Formensprache. Weltweites Aufsehen und unmittelbare Verkaufserfolge in Deutschland begleiteten den Start von BMW als Fahrzeughersteller.

Stefan Knittel
August 2020

Rudolf Schleicher (Mitte) an seinem 90. Geburtstag mit Stefan Knittel, Jahrgang 1956 (links), und dem Thüringer BMW-Händler Hans Schröpfer (rechts) hinter einer BMW R 37 auf der „Mittenwalder Gsteig", wo Schleicher am 3. März 1924 auf einer ohv-Werksrennmaschine mit Stahlzylindern für BMW das erste Rennen gewann, genauer: Er kam mit Tagesbestzeit (3 Minuten, 35 Sekunden) 20,5 Sekunden schneller den Berg hinauf als der schnellste Wagen, der Stoewer des Frankfurters Willi Cleer.

Das Modell R 37 war von Schleicher konstruiert worden und verkaufte sich 1925 und 1926 in 152 Einheiten zum Stückpreis von 2900 Reichsmark. Der Boxermotor M 2 B 36 der R 37 mit oben in den Zylinderköpfen hängenden Ventilen war eine wegweisende Neukonstruktion, die im Zylinderbereich nichts mehr mit dem seitengesteuerten Triebwerk M 2 B 33 der R 32 von 1923 zu tun hatte; das neue ohv-Aggregat leistete 16 PS bei 4000/min^{-1}.

Ganz links: Umschlag-Vorderseite des Standardwerks von Stefan Knittel aus dem Jahr 1984. Links: Zum Jubiläum „90 Jahre BMW Motorrad" brachte SCHNEIDER MEDIA diesen von Stefan Knittel zusammengestellten Band heraus, der auf 296 Seiten rund 630 exklusiv von BMW zur Verfügung gestellte historische Fotos zeigt. Beide Bücher enthalten zahlreiche Informationen, die teilweise im vorliegenden Buch aufgegriffen werden.

Motorrad-Mythos BMW Boxer

BMW Boxer: kein anderes Motorradkonzept hat eine so lange Tradition und ist so sehr von Legenden umrankt. Seit nunmehr 100 Jahren ist der Boxer im kollektiven Gedächtnis verankert, ist Teil der deutschen Technik- und Kulturgeschichte. Jedes Kind kennt das ebenso urige wie sympathische Motorrad, das auch als Playmobil Freude macht und als Weltrekordmaschine sogar Briefmarken ziert. Was wären ADAC und Polizei ohne BMW Boxer? Die Frage hätte man im Zweiten Weltkrieg allerdings auch im Hinblick auf die Wehrmacht stellen können. Denn diese war es, die den Zweizylinder zu Zehntausenden abnahm und die Produktion für BMW erst wirklich rentabel machte.

Autor Hans-Jürgen Schneider (Jahrgang 1946) fuhr und testete schon in den 1970ern die Boxer von BMW, später als Chefredakteur von Motorrad-zeitschriften. Er hat zahlreiche Motorrad- und Automobil-Standardwerke veröffentlicht, seit 1985 im eigenen Verlag.

2020 feiert BMW ein ganz besonders Jubiläum. Denn es ist im Dezember 100 Jahre her, daß der erste Serien-Boxermotor ausgeliefert wurde. Er leistete bei einem halben Liter Hubraum 6,5 PS und diente zunächst als Stationär-Triebwerk und als Einbauaggregat für Motorräder von Victoria oder Helios. Der nachweislich erste Motor mit der Nummer 25001 hat überlebt und steht nun im Mittelpunkt der Jubiläumsaktivitäten.

Das vorliegende Buch ist eine Hommage an die Gründerjahre des bayerischen Motorradherstellers, der 1923 sein erstes komplettes Motorrad vorstellte, die geniale und epochemachende R 32 mit quergestelltem Zweizylinder-Boxer und Wellenantrieb zum Hinterrad. In einer Epoche, in der eine Neuheit die andere jagt und in der die Elektronik immer stärker zum zentralen Element auch von Motorradkonstruktionen wird, war es an der Zeit, noch einmal in aller Ausführlichkeit an die Vorfahren aller Boxer zu erinnern, an jene mythischen Maschinen, die aus Stahl und Leichtmetall bestanden, kaum gefedert waren und mit unglaublich schmalen Reifen sogar Weltrekorde fuhren – 279,503 km/h 1937 mit dem Draufgänger Ernst Jakob Henne am Lenker. Ohne die imagebildenden Erfolge von BMW vor dem Krieg auf dem Markt und im Rennsport hätte es später keine tragfähige Weiterentwicklung geben können. Auch heute noch ist das Bild, das die Menschen vom BMW-Motorrad haben, vom Boxer geprägt.

Auf 176 Seiten, mit informativen Texten und rund 380 vom Historischen BMW-Archiv exklusiv freigegebenen zeitgenössischen Aufnahmen dokumentieren wir Typ für Typ die Modelle der ersten Epoche bis 1944, vom Allroundmotorrad R 32, der sportlichen R 37, R 47 oder R 57 über die wuchtigen Preßstahlmodelle R 11 bis R 16 bis zur Stilikone R 5 und den modernisierten Typen R 51 bis R 17. Die beschriebenen Modelle werden jeweils auch im sportlichen Einsatz und im Gespann-Betrieb gezeigt.

Drei Spezial-Kapitel befassen sich mit den fulminanten Werkseinsätzen von BMW im Rennsport mit den kompressoraufgeladenen 500er und 750er Boxern bis 1939 sowie den spektakulären Weltrekorden von Ernst Henne zwischen 1929 und 1937. Begnadete Konstrukteure wie Max Friz, Martin Stolle und Rudolf Schleicher treten ebenso auf wie legendäre Rennfahrer von Franz Bieber über Karl Gall und „Wiggerl" Kraus bis zu Hans Soenius und „Schorsch" Meier. Der Prototyp R 7 im Art Déco-Design von 1934 und die Vorkriegsstudie R 31 von 1939 fehlen in unserer Klassikboxer-Hommage ebenfalls nicht.

Besonderer Dank gilt Ruth Standfuß und Lutz-Michael Hahn vom Historischen BMW-Archiv, die sich um die Bereitstellung der Bilder und Daten gekümmert haben sowie BMW-Spezialist Stefan Knittel, der mir den Zugriff auf zahlreiche von ihm recherchierte Informationen gestattet und darüber hinaus – zusammen mit meinem Sohn Valentin – das Buch sorgfältig lektoriert hat. Ein umfangreicher Anhang mit technischen Daten, Fahrgestellnummern und Register soll dieses Buch zum unverzichtbaren Dokument für alle Freunde des BMW-Motorrads machen.

Es grüßt herzlich
Hans-Jürgen Schneider
Normandie, Oktober 2020

In zwei Auflagen erschien 1994 und 1999 das Buch „Faszination BMW Boxer", in dem der Autor nicht nur die historischen, sondern auch die damals neuen Vierventil-Boxer beschrieb. Der Schneider-Titel „Historische BMW Gespanne" beschreibt auf 280 Seiten und mit 440 Abbildungen die gesamte Geschichte der legendären BMW-Maschinen mit Seitenwagen. Der Band wurde als das international beste Mobilitätsbuch in nichtenglischer Sprache des Jahres 2012 ausgezeichnet.

Die von Max Friz nach der Integrierung von BMW in die Bayerischen Flugzeugwerke (BFW) leicht verbesserte und schwarz lackierte Helios mit dem BMW-Boxermotor M 2 B 15, so gebaut bis 1922.

Kapitel 1: 1916 bis 1923

M 2 B 15: der erste Boxer

Die Entstehung der Marke BMW hatte mehrere Wurzeln. Die Bayerischen Motoren Werke gingen 1917 als GmbH aus den Rapp Motoren Werken hervor, wandelten sich 1918 zu einer ersten AG und wurden nach einem Zwischen-spiel bei der Knorr Bremse 1922 zur AG, die noch heute existiert. Der erste Boxermotor wurde vom Konstrukteur Martin Stolle entwickelt, war Ende 1920 serienreif und tat bis 1923 Dienst in Motorrädern der Bayerischen Flugzeugwerke (Helios) und Victoria.

Unten: einer der ersten BMW-Boxerserienmotoren vom Typ M 2 B 15, Seriennummer 25003, eventuell Stationärmotor, Baujahr 1920. Auffällig ist das Firmenlogo als Relief, das weiß-blaue Logo fehlt noch.

IIZ-5472
Helios

Harte Zeiten waren das, als Deutschland als erklärter Verlierer des Ersten Weltkriegs unter dem Versailler Vertrag, unter Hunger, Krankheit, Geldmangel und allgemeiner mentaler Depression litt. Zwei Millionen deutsche Soldaten – von 9,56 Millionen eingesetzten weltweit – hatten ihr Leben verloren. Die Hungersnot infolge der Seeblockade und die Spanische Grippe hatten unter der deutschen Zivilbevölkerung rund eine Million Opfer gefordert. Revolutionäre Umtriebe und Straßenkämpfe zwischen „links" und „rechts" orientierten Gruppierungen sorgten für Unruhe, das Land drohte 1920 im Chaos zu versinken. Am 13. Januar kam es vor dem Berliner Reichstag zu einem Blutbad, aus der DAP (Deutsche Arbeiter-Partei) wurde die NSDAP, Kapp-Putsch und Generalstreik lähmten das öffentliche Leben. Vor diesem Hintergrund entstand der erste Boxer-Motor von BMW!

Rapp: Flugmotoren für den Luftkrieg

Die Anfänge von BMW hatten mehrere Wurzeln: die am 28. Oktober 1913 von dem schwäbischen Ingenieur Karl Rapp (Jahrgang 1882) gegründete Rapp Motoren Werke GmbH und die am 6. März 1916 gegründete Bayerische Flugzeugwerke AG (BFW). Rapp zog in der Schleißheimer Straße 288 in Milbertshofen seine Rapp GmbH und produzierte dort seine Flugmotoren. Auch die Flugmaschinenfabrik von Gustav Otto spielte eine Rolle – s. weiter unten.

Im Ersten Weltkrieg, der im August 1914 begann, benötigte das Militär in wachsendem Umfang Flugzeuge und Flugmotoren. Die Rapp-Motoren wurden aufgrund bestimmter konstruktiver Schwächen aber nur in geringer Stückzahl geordert. Den Fortbestand der Rapp-Werke garantierte ein Großauftrag des Österreichischen Kriegsministeriums: Lizenzproduktion von Austro-Daimler-Flugmotoren (konstruiert von Ferdinand Porsche). Im Dezember 1916 erschien eine Abnahmekommission unter der Leitung des Wiener Elektro- und Maschinenbau-Ingenieurs Franz-Josef Popp (Jahrgang 1886, im Krieg Leutnant), der 1917 zunächst Technischer Direktor, dann Geschäftsführer der Rapp-Werke wurde.

Max Friz: genialer Flugmotorenkonstrukteur

Und jetzt kam Max Friz ins Spiel, den Popp im Februar 1917 bei Rapp einstellte. Er entwarf auf dem Reißbrett einen komplett neuen Flugmotor (den späteren BMW IIIa), dessen Eigenschaften eine Kommission des preußischen Militärs, die im Juli 1917 das Werk besuchte, so sehr überzeugte, daß sie 600 Motoren des neuen Typs bestellte, ohne ein fertiges Exemplar in natura gesehen zu haben.

Wer war Max Friz? 1883 im Schwäbischen geboren, hatte er eine Lehre als Dampfmaschinenbauer absolviert und bis 1904 die Kgl. Baugewerbeschule in Stuttgart-Eßlingen besucht. Von

Oben: Luftaufnahme des BMW-Werks nordwestlich vor den Toren von München-Milbertshofen an der Moosacher Straße aus den frühen 1920er Jahren. Der Neubau der Fabrik war 1917 begonnen und 1918 fertiggestellt worden.

Rechts: der von Max Friz konstruierte BMW IIIa Flugmotor 1917; er war der erste BMW-Motor überhaupt. Der flüssiggekühlte Sechszylinder hatte 19,1 Liter Hubraum und eine Dauerleistung von 185 PS bei 1300/min^{-1}, eine königswellengetriebene, obenliegende Nockenwelle, ein Motorgehäuse aus Alu-Legierung.

struktion mit zahlreichen Vorzügen gegenüber Konkurrenz-Triebwerken: sechs flüssiggekühlte Zylinder, 19,1 Liter Hubraum, Dauerleistung 185 PS bei 1300/min^{-1}, eine königswellengetriebene, obenliegende Nockenwelle, mit den Zylindern verschraubte Zylinderköpfe, Motorgehäuse aus einer Aluminiumlegierung. Ein spezieller Registervergaser ließ den relativ leichten Motor besonders in Höhen ab 2000 m seine ganze Kraft entfalten, was die Militärs begeisterte. Er paßte zudem in alle gängigen Doppeldeckermodelle.

1906 bis 1916 war er Konstrukteur (und als Kollege von Karl Rapp) bei der Daimler-Motoren-Gesellschaft in Stuttgart gewesen und hatte an der Realisierung des Rennmotors für den Mercedes GP-Wagen 1914 mitgewirkt, der den Grand Prix von Frankreich gewann. 1912/13 hatte er die ersten brauchbaren deutschen Flugmotoren entwickelt, gekennzeichnet durch einzelne, auf das Gehäuse aufgesetzte Zylinder mit obenliegender Nockenwelle und Königswellenantrieb. Wegen seiner herausragenden Fähigkeiten hatte Popp ihn zu Rapp geholt. Er verließ Daimler, weil seine Ideen in Teilen nicht akzeptiert wurden.

1917: Aus Rapp wird BMW; Firmenlogo und Flugmotor IIIa

Mit Max Friz und Franz-Josef Popp ging es aufwärts bei Rapp. Dies sollte im Zusammenhang mit dem neuen Flugmotor auch nach außen hin dokumentiert werden. *„Das neue Produkt soll nicht mit dem alten Firmennamen belastet werden“*, schreiben Manfred Grunert und Florian Triebel in ihrem Werk *„Das Unternehmen BMW seit 1916“* (BMW Group Mobile Tradition, München 2006). *„Aus diesem Grund wird am 27. Juli 1917 die Rapp Motorenwerke GmbH in Bayerische Motoren Werke GmbH umbenannt.“*

Am 5. Oktober 1917 wurde dann das BMW-Firmenlogo in den bayerischen Landesfarben weiß und blau beim Kaiserlichen Patentamt eingetragen. Später interpretierte die BMW-Werbung das Logo auch als rotierende Luftschraube. Das „neue Produkt“ war der erste BMW-Motor, der Flugmotor IIIa, eine geniale Kon-

Oben: Rekordflieger Franz Zeno Diemer in Fliegermontur (Mitte) mit Max Friz (links) und einem Unbekannten vor seinem Doppeldecker für Höhenflugversuche, einer DFW (Deutsche Flugzeugwerke) vom Typ F 37/III. Für Vortrieb sorgte der BMW IV-Sechszylinder mit 300 PS, Ohc-Ventiltrieb, Königswelle und Höhenflugvergaser.

Rechts: Flugmotorenkonstrukteur Max Friz in jungen Jahren, fotografiert 1910. Der 1883 geborene Schwabe kam 1917 zu den Rapp Motoren Werken und verbesserte die Flugmotoren entscheidend.

Man könnte nun den 27. Juli 1917 für das Gründungsdatum von BMW halten. Doch weit gefehlt, denn das Unternehmen beruft sich auf eine andere Wurzel – auf den 6. März 1916, den Tag, als mitten im Ersten Weltkrieg die Bayerische Flugzeugwerke AG (BFW) gegründet wurde. Die Zusammenhänge schildern wir weiter unten. Schalten wir zunächst einen Gang zurück und betrachten wir kurz die Genese der BFW.

1916: Gründung der BFW AG

Die Bayerischen Flugzeugwerke gingen in jenem März 1916 aus der 1910 im Münchner Norden gegründeten Gustav-Otto-Flugmaschinenfabrik hervor. Otto (Sohn des Otto-Motor-Erfinders Nicolaus August Otto) war bereits Ende 1915 in finanzielle Schwierigkeiten geraten. Seine Experimente mit , Argus-Motoren und eigenen Konstruktionen hatten nicht zum Ziel geführt. Am 20. Februar 1916 gründete – auf Betreiben des Bayerischen Kriegsministeriums – ein Konsortium, an dem auch MAN beteiligt war, eine Auffanggesellschaft.

Stefan Knittel zeichnet in seinem Standardwerk von 1984 *„BMW Motorräder“* (Bleicher, Gerlingen) das Geschehen nach: *„Die Auffanggesellschaft wurde am 7. März 1916 beim Amtsgericht München als ‚Bayerische Flugzeugwerke AG‘ eingetragen. Die BFW führte den Montagebetrieb weiter und reparierte Flugzeuge. Gustav Otto gründete die ‚Neue Otto Werke GmbH‘ und stellte Flugzeugteile her.“* Karl Rapp wirkte bei der Umwandlung in die BFW nicht mit. In der BMW-Geschichte sollten die Bayerischen Flugzeugwerke erst 1922 wieder eine entscheidende Rolle spielen – wie es dazu kam, schildern wir weiter unten.

Porträt: BMW-Vorstandsvorsitzender Franz-Josef Popp 1935. Er kam 1917 zu Rapp, wurde dort Generaldirektor, kurz darauf BMW-Chef. Er gab 1922 grünes Licht für den Bau von BMW-Motorrädern. Die von BFW überrnommene Helios war ihm nicht gut genug. Popp leitete die BMW-Geschicke in unterschiedlicher Funktion bis 1945.

1918: Nach Waffenstillstand keine Flugmotoren-Kunden mehr

Die Fabrikanlagen am Oberwiesenfeld der 1917 gegründeten BMW GmbH mußten jetzt zügig ausgebaut werden, die Luftstreitkräfte (so damals der Name) gehörte zu den größten Auftraggebern, der allen anderen Triebwerken überlegene Flugmotor IIIa fand reißenden Absatz. Popp ließ neue Hallen bauen und investierte in alle Richtungen. Doch es fehlte an Kapital. Daher wandelte man das Unternehmen am 13. August 1918 in eine AG um. An deren Gründung war – neben vier großen Banken und dem Nürnberger Zündapp-Eigner Fritz Neumeyer – der Wiener Finanzier und Spekulant Camillo Castiglioni, ein Freund von Popp, beteiligt. Castiglioni würde bald das gesamte BMW-Aktienkapital besitzen und die Geschicke des Unternehmens entscheidend beeinflussen.

Gegen Ende des Ersten Weltkriegs arbeiteten bereits 3500 Menschen bei BMW, der BMW-Motor IIIa wurde in Lizenz sogar bei Opel in Rüsselsheim gebaut. Doch auch die Jagdflugzeuge mit den BMW-Hochleistungsmotoren konnten die deutsche Niederlage im Westen nicht verhindern. Noch am Tage der Unterzeichnung des Waffenstillstandsvertrags am 11. November 1918 in Compiègne soll der Flugmotorenbau bei BMW gestoppt worden sein.

Was nun? Materialknappheit und fehlende Aufträge zwangen Popp, das Werk am 6. Dezember vorübergehend stillzulegen. Erst am 1. Februar 1919 wurde der Betrieb mit 350 Mitarbeitern wieder aufgenommen. Unter anderem arbeitete man wieder an Flugmotoren, allerdings nur auf Sparflamme; verboten war es gleichwohl vorerst noch nicht. Friz konstruierte den IIIa-Nachfolgetyp IV, der bei Post- und Verkehrsflugzeugen eingesetzt werden sollte (22,9 Liter Hubraum, Startleistung 300 PS, ebenfalls sechs Zylinder, ohc-Ventilsteuerung über Königswelle, Registervergaser, Flüssigkühlung).

Mit diesem Motor, eingebaut in einem DFW-Doppeldecker vom Typ F 37/III, stellte der Testpilot Franz Zeno Diemer am 17. Juni 1919 mit 9670 Metern einen Höhenweltrekord auf – BMW war in aller Munde (auch wenn der Rekord offiziell nicht anerkannt wurde).

Oben und rechts: Der Zweizylinderantrieb der englischen Douglas-Maschine lieferte die Ideen für den ersten BMW-Boxermotor. 1920 befand sich eine originale Douglas, wahrscheinlich die Privatmaschine von Martin Stolle, „zu Versuchszwecken“ im Werk (Bild). Die Fotos rechts zeigen den Ventiltrieb (oben) und das Kurbelgehäuse des von Stolle zerlegten Douglas-Motors.

Drohende Restriktionen ab 1920

Doch dann der Paukenschlag: *„Der am 28. Juni 1919 im Schloß von Versailles unterzeichnete Friedensvertrag trat erst am 10. Januar in Kraft. Er enthielt eine Klausel, nach der Deutschland ab diesem Datum keine Flugzeuge, Flugmotoren und -teile aller Art mehr produzieren durfte",* bemerkt Historiker Valentin Schneider. *„Es war nicht so, daß der Bau sofort eingestellt werden mußte. Und was kaum bekannt ist: Das Verbot galt zunächst nur für sechs Monate, also bis zum 10. Juli 1920. Gleichwohl war BMW (wie die anderen Hersteller) verpflichtet, bis zum 10. April 1920 alle Konstruktionsunterlagen, Flugmotoren und Teile an die Alliierten auszuliefern. Doch nach Ablauf dieser Frist stellte die Interalliierte Luftfahrt-Überwachungs-Kommission (ILÜK) fest, daß die Bestimmungen nicht konsequent eingehalten wurden. Die Alliierten zählten 1400 verbliebene Flugzeuge und 5000 Flugmotoren in Deutschland und entschieden, dass nun erst drei Monate nach der Ablieferung aller Flugzeuge das Bauverbot wieder aufgehoben würde."*

Die Daumenschrauben wurden angezogen, aber erst ein Jahr später: *„Am 5. Mai 1921 setzten die Alliierten Deutschland ein Ultimatum und zwangen es, sich durch ein ‚Gesetz über die Beschränkung des Luftfahrzeugbaus' selbst zu verpflichten, die Herstellung und Einfuhr von Luftfahrzeugen und Teilen sowie von Luftfahrzeugmotoren und Teilen bis auf weiteres zu verbieten",* präzisiert Schneider. Das Gesetz trat am 29. Juni 1921 in Kraft. Danach wurden die letzten Restbestände unter Aufsicht zerstört (wobei so einiges beiseite geschafft werden konnte). Das Ende des jungen Unternehmens BMW schien besiegelt.

1920: Verkauf von BMW an Knorr Bremse

Doch die Siegermächte hatten die Rechnung ohne den umtriebigen Generaldirektor Franz-Josef Popp gemacht. Zusammen mit Max Friz und dem 1918 eingestellten Motoren-Konstrukteur und passionierten Motorradfahrer Martin Stolle (1886 in Berlin geboren) schmiedete er Pläne für die Zukunft. Friz schlug den Bau von Vierzylindermotoren für Lastwagen und Boote vor, Stolle sah im Motorrad ein erfolgversprechendes Konzept. Ergebnis: Man einigte sich darauf, beide Ziele zu verfolgen! Mehr über Stolle im Zusammenhang mit der Konstruktion des ersten Boxermotors von BMW später.

Doch es würde dauern, bis man die Motorenträume verwirklichen könnte. Gäbe es keine Zwischenlösung, würde BMW weiterhin mangels Produktions- und Absatzmöglichkeiten das Aus drohen. Doch der findige Popp fand einen Ausweg. Grunert und Triebel schreiben: *„Popp gelingt es, einen industriellen Partner zu finden. Mit der Knorr-Bremse AG schließt er einen Lizenzvertrag für die Produktion von Eisenbahnbremsen."* Der damals in Berlin firmierende Bremsen-Gigant unter der Leitung von Johann Phil-

Oben: Konstrukteur Martin Stolle auf einer Victoria KR I mit M 2 B 15-Boxer. Er schied 1922 im Zorn von BMW.

Rechts: der erste BMW-Boxermotor M 2 B 15, der von Martin Stolle auf Basis des Douglas-Triebwerks entwickelt wurde und im Dezember 1920 serienreif war. Im Bild die Version von 1921 mit BMW-Logo. So wurde der Zweizylinder-Boxer auch in die R 32 eingebaut. Die Konstruktionszeichnungen fertigte Max Friz an.

ipp Vielmetter wollte aber mehr: die Komplettübernahme von BMW und seinen inzwischen 1800 Mitarbeitern und damit die Gründung einer Filiale in München (heute Stammsitz von Knorr). Bei dieser *„hinter dem Rücken von Popp"* (Knittel) ablaufenden Transaktion zog die „Heuschrecke" (wie man heute sagen würde) Castiglioni wieder die Strippen. Da er schon im November 1918 alle BMW-Aktien aufgekauft hatte, konnte er jetzt mit der Firma machen, was er wollte. Und er verkaufte sie im Mai 1920 einschließlich der Motorenabteilung komplett an Knorr! Als neue Tochter von Knorr fertigte BMW nun Bremsanlagen für die Bayerische Eisenbahn-Verwaltung. Grunert: *„Damit schien die Geschichte der BMW Motoren zu einem frühen Ende gekommen zu sein."*

Projekt Einbau-Boxermotor M 2 B 15

Hinsichtlich der Wirtschaftlichkeit konnte Franz-Josef Popp zufrieden sein: Seine Fabrik war mit der anlaufenden Fertigung von 10 000 Bremsgeräten pro Jahr gut ausgelastet. Knorr ließ zwar die übernommene BMW-Motorenabteilung weiterarbeiten, unter dem Markennamen und sogar mit dem „Propeller"-Markenzeichen, förderte aber diese Aktivitäten nicht. So konnten die Spezialisten um Friz und Stolle ihre Ende 1919 begonnenen Motorenentwicklungspläne bis hin zu einem epochemachenden Ergebnis fortführen – der Realisierung des ersten BMW-Boxermotors, der schließlich im Dezember 1920 serienreif war und als „Bayern Kleinmotor" vom Typ M 2 B 15 auf der Berliner Automobilausstellung Ende September 1921 erstmals öffentlich vorgestellt wurde (neben einem neuen Ohc-Vierzylinder für Lkw und Boote).

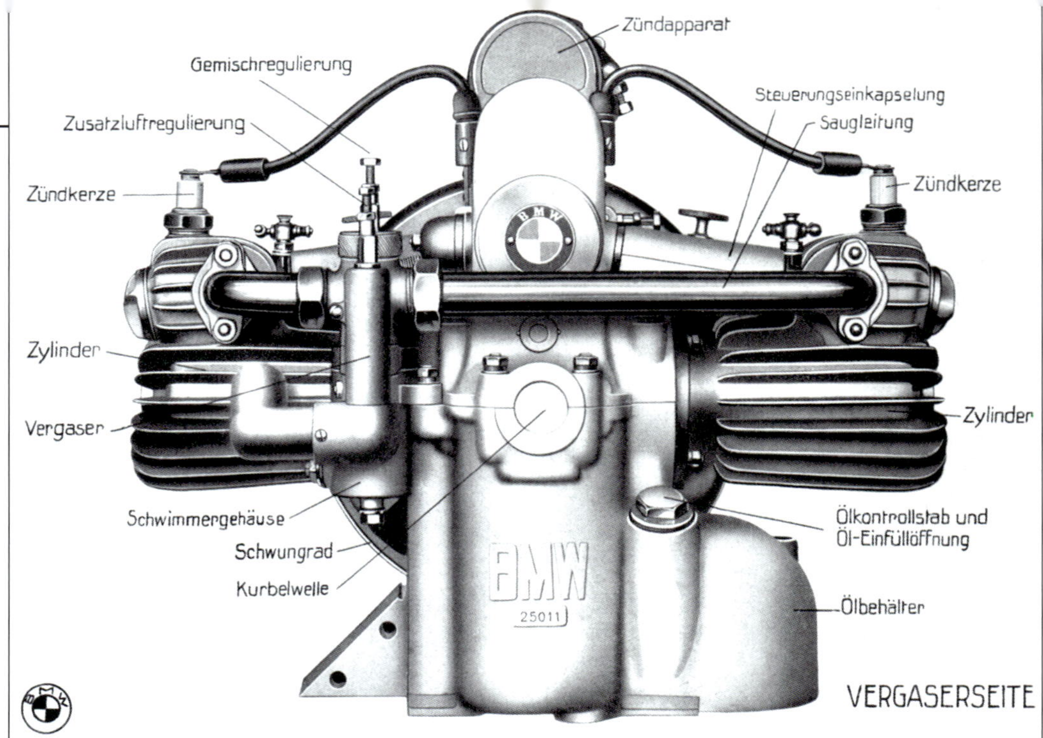

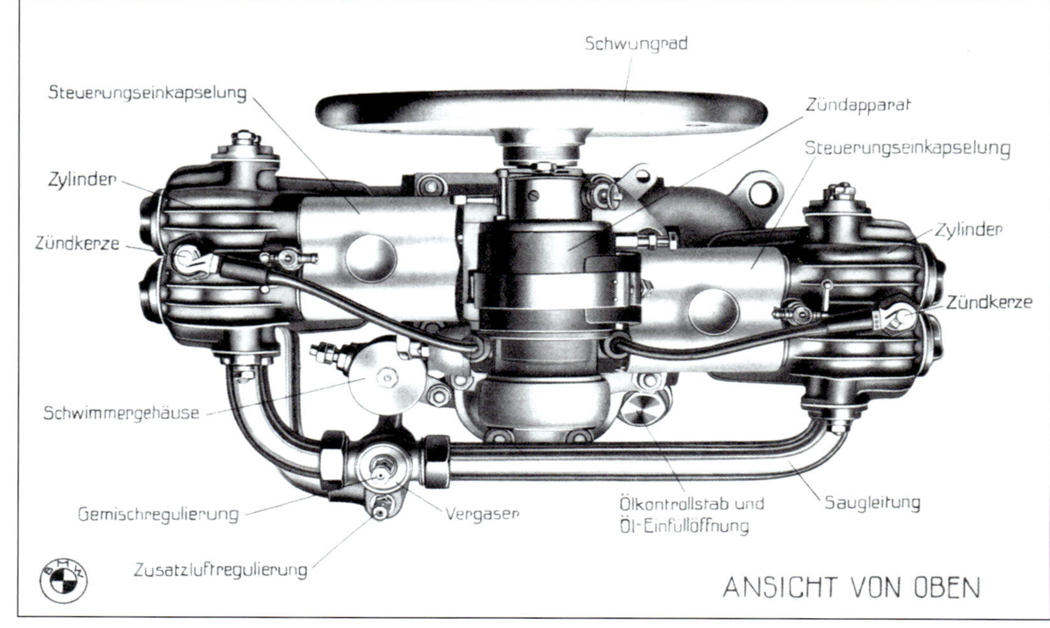

Die Bilder entstanden 1921 und zeigen den ersten, seitengesteuerten BMW-Boxermotor MK 2 B 15, Vorderseite und Draufsicht, mit seinen wichtigsten, handschriftlich markierten Technikkomponenten. Die riesige Schwungscheibe war ein markantes Element.

Wir könnten an dieser Stelle die Entwicklung dieses Motors nachzeichnen, aber das stellen wir ein wenig zurück, weil zuerst erzählt werden muß, wie es mit BMW als Firma weiterging. Und das war weiterhin eine sehr komplizierte Angelegenheit, die wieder einmal vom Kapital gesteuert wurde.

1922: Loslösung von Knorr, zweite BMW AG

Im November 1921, mitten in der galoppierenden Inflation, schlug die Stunde des 1879 in Triest geborenen Wiener Kommerzialrats, Luftfahrt-Pioniers und Mäzens Camillo Castiglioni. Ihm gelang es, die Aktienmehrheit bei den Bayerischen Flugzeugwerken zu erwerben. Auch die BFW standen nach Kriegsende wirtschaftlich am Abgrund und suchten händeringend nach Alternativen. Valentin

Schneider: *„Der Versailler Vertrag hatte in erster Linie die Luftstreitkräfte verboten, damit viel der größte Abnehmer weg."* Inzwischen waren auch alle Restbestände zerstört worden. In Hamburg zum Beispiel hatten die Alliierten die hölzernen Rümpfe der Doppeldecker zu Scheiterhaufen aufgeschichtet und verbrannt. Ein schlimmes Fanal, daß auch der BFW AG unter die Haut ging. Man war nun endgültig gezwungen, das Augenmerk (wie die bei Knorr versklavte BMW) stärker aufs Motorrad zu richten – mehr darüber später.

Castiglioni hielt seit Kriegsende Anteile verschiedener Automobilhersteller und traf sich jetzt mit Popp, um ein künftiges Kleinwagenprojekt zu diskutieren, das der BMW-Obere anstrebte – auch, um von Knorr loszukommen. Castiglioni und Popp schmiedeten einen Plan, den Knittel als *„beispielslosen Schachzug"* bezeichnet. Sie machten dem Knorr-Chef ein spektakuläres Angebot: Zurückkauf der Marke BMW und des Motorenbaus inklusive aller Zeichnungen, Produktionsanlagen und Fach-Mitarbeiter – und auch der Rechte am Namen und am einprägsamen Logo von BMW. Johann Philipp Vielmetter, dem der BMW-Motorenbau unter dem Dach seiner Bremsenfabrik ohnehin ein Dorn im Auge war, willigte ein und verkaufte BMW an den Geldgeber Castiglioni. Knittel: *„Vielmetter hatte von Anfang an nichts anderes im Sinn gehabt, als mit der Übernahme der Fabrik an der Moosacher Straße eine süddeutsche Niederlassung der Knorr-Bremse AG zu errichten."*

Am 5. Juni 1922 wurde BMW als „Bayerische Motoren Werke Aktiengesellschaft" mit Sitz in der Neulerchenfeldstraße neu gegründet, und Castiglioni übertrug diese zweite, aus den Rapp-Werken hervorgegangene BMW AG samt Logo und Motorenbau, auf die andere große Firma, die er schon besaß, die Bayerische Flugzeugwerke AG (BFW), die in ihrer ursprünglichen Form damit aufhörte, zu existieren – aus BFW wurde BMW. Der Kreis schloß sich, die neue AG zog vom Knorr-Standort n der Moosacher Straße in die Neulerchenfeldstraße und produzierte nun in den Hallen der ehemaligen Otto-Werke, aus denen 1916 die BFW hervorgegangen waren. Seitdem bezieht sich BMW auf den 6. März 1916 als Gründungsdatum, auf den Tag, an dem die BFW entstanden. Die Münchner wollen sich damit (bis heute) zu ihren Wurzeln als Flugmotorenbauer bekennen. (Man hätte sich auch auf Rapp 1913 oder die BMW GmbH von 1917 beziehen können...)

Zweite BFW-AG und Messerschmitt

Das Label BFW aber verschwand nicht, es war ein Kapital, mit dem sich wuchern ließ. Denn am 5. Mai 1922, einen Monat vor der Castiglioni-Transaktion, hatte das Werk von der ILÜK den Bescheid bekommen, wieder Flugzeuge produzieren zu dürfen. Die Voraussetzungen dafür wurden geschaffen, indem man die BFW 1923 in Augsburg als AG neu gründete. 1926 erwarben die BFW die bei Augsburg gelegenen Hallen nebst Werksflugplatz der ehemaligen Bayerischen Rumpler-Werke und schlossen 1927 einen Kooperationsvertrag mit der Messerschmitt Flugzeugbau GmbH in Bamberg ab. 1938 wurden die BFW in Messerschmitt AG umbenannt. Das Kürzel lebte mit den Flugzeugen der Luftwaffe wie der Bf 109 weiter – aber das ist eine ganz andere Geschichte.

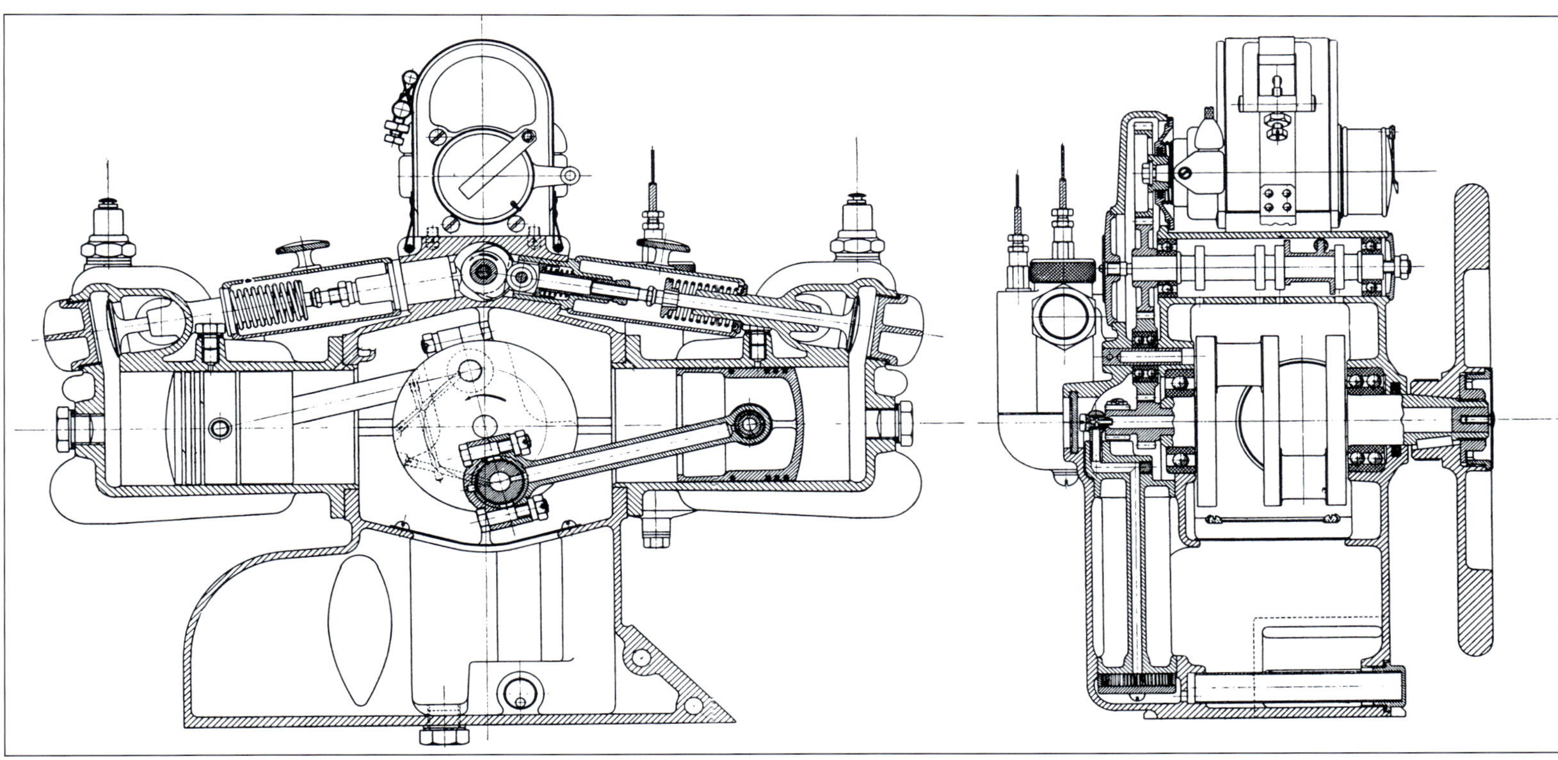

Die Konstruktionszeichnungen von Max Friz für den Boxer M 2 B 15, der im Dezember 1920 in Serie ging, zeigen die einfach und robuste Bauweise des ersten BMW-Motorradmotors. Alles war auf Dauerhaltbarkeit und Zuverlässigkeit ausgelegt.

Popp und seine Mannschaft, allen voran Max Friz und Martin Stolle, fanden bei der ehemaligen BFW AG einen Motorradbau vor, der zwei ernstzunehmende Modelle umfaßte: das Leichtmotorrad Flink und die Helios, für die BMW ab 1920 den „Boxer-Einbaumotor" M 2 B 15 als Antriebsquelle geliefert hatte. Man mußte sehen, was man daraus machte. Und damit wurde es jetzt richtig spannend – der Weg zum ersten BMW-Motorrad, der R 32 von 1923, war vorgezeichnet. Zuvor aber müssen wir berichten, wie es zum ersten Boxer kam und welche Rolle Martin Stolle und Max Friz dabei spielten.

Martin Stolle und seine Douglas

Als begabter Motorenspezialist, der bei der SA L'Auto Métallurgique in Belgien und bei Fafnir in Aachen ausgebildet worden war, hatte Martin Stolle 1914 mit einem Motorrad, das einen von ihm konstruierten und mit Leichtmetallkolben ausgerüsteten Motor besaß, erfolgreich an einer Langstrecken-Zuverlässigkeitsfahrt Wien-München teilgenommen. Stolles Maschine war dem internationalen Motorenbau zu dieser Zeit ein ganzes Stück voraus. In München hatte er 1913 eine eigene Werkstatt eröffnet, 1914 wurde er zum Militärdienst eingezogen – mitsamt seinem Motorrad, einer zweizylindrigen Douglas 350.

Während des Ersten Weltkriegs diente er zuerst bei einer Kraftfahrertruppe, meldete sich dann 1916 freiwillig zu den Fliegern und landete im Herbst 1917 bei der Bayerischen Fliegerersatzabteilung auf dem Oberwiesenfeld, wo er schnell Karriere machte und Kontakt zu den dort ansässigen Firmen BFW und BMW aufnehmen konnte. Bereits 1918 wurde Stolle dann von Franz-Josef Popp zu BMW geholt.

In seiner Freizeit nahmen Stolle – und auch Friz – mit Motorrädern an Ausfahrten des 1912 gegründeten Automobilclubs München (ACM) teil. Zu den Clubmitgliedern gehörten so illustre Figuren wie der Motorradkonstrukteur Fritz Cockerell und der Jagdflieger Ernst Udet. Stolle fuhr auf einer Douglas 500 mit längs eingebautem Boxermotor, die er sich nach Kriegsende besorgt hatte. Boxermotoren waren ab 1907 in Zweiräder der Marke Douglas eingebaut worden. Douglas hatte 1907 in Bristol mit der Motorradproduktion begonnen und führte diese – mit Unterbrechungen – bis 1956 fort.

Douglas-Boxer als Blaupause für den ersten BMW-Boxer

Bei Stolle blitzte eine Idee auf. Und sie wurde umgesetzt, nachdem BMW-Chef Popp grünes Licht für die Entwicklung eines eigenen Motorradmotors gegeben hatte. Aber warum alles neu erfinden, wenn es doch schon ein probates Muster gab? Stolle war von den Qualitäten des Douglas-Boxers überzeugt und schritt zur Tat. Er zerlegte das Triebwerk seines Motorrads und machte sich Gedanken über dessen Verbesserung. Max Friz hatte natürlich die Oberaufsicht. Aber für den renommierten Flugmotorenkonstrukteur war die Arbeit an dem kleinen Zweizylinder zunächst unter seiner Würde, doch er stand in der Pflicht und zeihnete , so vermutet Stefan Knittel, Stolles präzise Konstruktionsunterlagen für den künftigen BMW-Boxermotor ab.

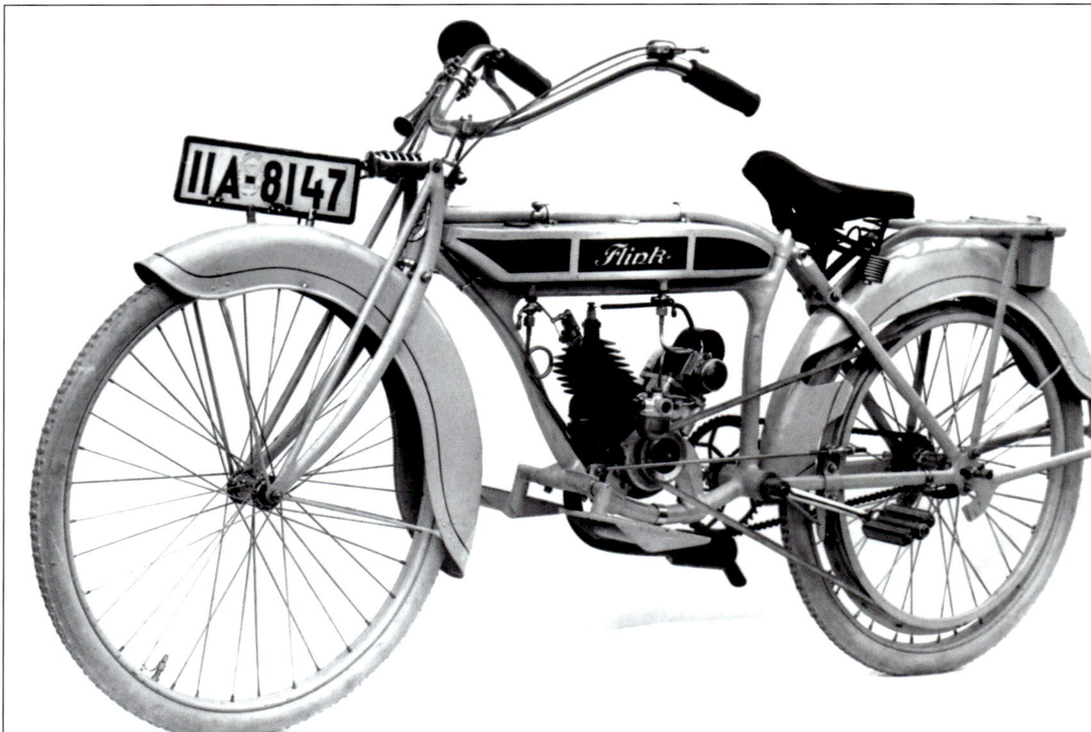

Rechts, unten: Leichtmotorrad „Flink" der BFW AG 1920 mit 148-cm³-Zweitakt-Einzylindermotor und Zusatzpedalen.

Links: Prospekt für BMW-Motoren 1921 mit Luftaufnahme des Werksgeländes und Aufzählung der Einbaumöglichkeiten für BMW-Motoren.

Anfang 1920 wurde die Produktion eines Boxer-Prototyps eingeleitet. Das Verbessern des Douglas-Boxers und die Herstellung dieses Motors als BMW-Triebwerk einschließlich des Baus der Werkzeuge und Gußformen soll nur wenige Monate in Anspruch genommen haben. Knittel: *„Die Verbesserung des Douglas-Motors bestand in der Kapselung von Ventilen, deren Federn und Führungen sowie der Umlauf- statt Verlustschmierung."*

Schon im Frühjahr 2020 waren erste Motoren des Typs M 2 B 15 einsatzbereit, im Sommer unternahm Stolle mit Prototypen Versuchsfahrten. Ob Stolle den ersten Motor mit der Nummer 25001 anstelle des Original-Boxers in seine Douglas implantierte und damit Probefahrten durchführte, ist nicht gesichert. Der erste Helios-Prototyp von 1921 besaß noch einen Douglas-Motor.

Bei aller Ähnlichkeit zwischen dem Douglas- und dem neuen BMW-Boxer wollten Friz und Stolle nicht als Kopierer dastehen. Gerold Lingnau schreibt in seinem Werk *„Freiheit auf zwei Rädern"* (Econ, Düsseldorf und Wien 1982): *„Sklavisch nachgebaut hat man in München freilich nie; da hätte dann doch das ernsthafte deutsche Ingenieursgewissen geschlagen, und als erfolgreicher Flugmotorenhersteller hatte man das auch gar nicht nötig."* Spitzfindiger äußerte sich Franz Bieber, der erste Werksrennfahrer von BMW (zitiert bei Lingnau): *„Der M 2 B 15 (also der erste Einbaumotor von BMW) war der original nachgemachte Douglas-Motor."* Von Stolles Verbesserungen schien Bieber nichts gewußt zu haben.

Anzeige der AUTOMAG M.B.H, geschaltet 1922 in einer Straßen- bzw. Landkarte. Die Helios wurde als „B.M.W.-Motorrad" bezeichnet. War sie am Ende die erste BMW?

Ganz oben: Das Motorrad ist der von Rühmer für die BFW konzipierte Prototyp einer Helios von 1921, ausgerüstet noch mit dem Douglas-Motor, der BMW als Vorbild diente

Darunter: eine 1922 fotografierte, von Max Friz in einigen Details modifizierte Helios.

Der M 2 B 15 ab 1920: seitengesteuerter Halbliter-Zweizylinder

Die Realisierung des ersten Boxermotors entsprach wohl kaum dem Niveau der BMW-Entwicklungs- und Versuchsarbeit, sondern war *„eher eine Bastlerei von Stolle und Mitarbeitern"* (Knittel). Wie dem auch gewesen sein mag: Im Dezember 1920 war der Boxer „M 2 B 15" serienreif. Seine technischen Einzelheiten: Hubraum von 494 cm^3 sowie Bohrung und Hub mit jeweils 68 mm identisch mit den Douglas-Maßen, stirnradgetriebene Nockenwelle, auf den Zylinderoberseiten liegende, seitengesteuerte Ventile, staubdicht gekapselte Ventilführungen, innovative Leichtmetallkolben wie im BMW-Flugmotorenbau, Druckumlaufschmierung, einteilig geschmiedete Kurbelwelle, einfaches Kugellager auf der Steuerseite, Doppel-Kugellager auf der Antriebsseite, außenliegendes Schwungrad, Zweischiebervergaser eigener Konstruktion mit Ansaugluft-Vorwärmung, langer Ansaugkrümmer für den vorderen Zylinder (geplant war ja zunächst der Einbau längs mit querliegender Kurbelwelle), Leistung 6,5 PS bei 3000/min^{-1}.

Der Serien-Boxermotor wurde dann zunächst mit quer liegender Kurbelwelle und längs liegenden Zylindern wie beim Vorbild für weitere Versuche mit den Rahmen von Douglas- und BFW-Helios-Maschinen kombiniert.

„Bayern Kleinmotor" M 2 B 15 für Einbauzwecke

Hinsichtlich der Vermarktung des Boxers fuhr BMW 1920 mehrgleisig. Denn zunächst verkauften sie den Boxer unter der Bezeichnung „Bayern-Kleinmotor" als Stationär-Triebwerk, aber auch als Einbau-Aggregat an verschiedene Motorradhersteller: Bison, Corona, SMW (1923-1933, Motorräder mit M 2 B 15, aber auch mit 293-cm³-Boxer von Bosch – in Lizenz von Douglas), Nürnberger Victoria AG. Daß das Triebwerk in all diesen Fällen wie bei Douglas längs eingebaut wurde, war hinsichtlich der Kühlung nicht von Nachteil, wie man meinen könnte: Die Kühlrippen und die innere Kühlung der Zylinder durch das fette Benzin-Luft-Gemisch sorgten vorne wie hinten für ausreichende Wäreabfuhr.

Victoria in Nürnberg als bester BMW-Motorenkunde

In größeren Stückzahlen ging der M 2 B 15 vor allem an die Nürnberger Victoria AG, wo er ab Sommer 1920 versuchsweise, dann ab November 1920 serienmässig in ein eigens entwickeltes Fahrgestell gesetzt wurde. Das fränkische Unternehmen war bereits 1886 gegründet worden und produzierte bis 1958 Motorräder, ging 1958 zusammen mit Express und DKW in der Zweirad-Union auf und wurde 1966 von der Hercules Werke GmbH aufgesaugt – und abgewickelt.

Der 494 cm³ große, seitengesteuerte BMW-Boxer leistete bei der 110 kg wiegenden Victoria KR I seine standardmäßigen 6,5 PS bei 3000/min^{-1}. Die Kraft wurde auf einfache Weise per handgeschaltetem Zweigang-Getriebe und Riemen auf das schmal bereifte Hinterrad übertragen. Auch der gelötete Doppelschleifen-Rohrrahmen, die Vorderradführung per Kurzhebelschwinge und die auf die hintere Riemenscheibe wirkende Keilklotzbremse entsprachen eher einem niedrigen Niveau. BMW-Ingenieur Martin Stolle setzte die KR I auch im Sport ein, um die Fähigkeiten und die Standfestigkeit des neuen BMW-Boxers zu testen. Doch er war nicht ganz zufrieden und „tunte" denn M 2 B 15 bereits 1921 mit einem anderen Vergaser und höherer Verdichtung. Der Motor dürfte daraufhin etwa 8 PS geleistet haben. Immer noch nicht genug, dachte Stolle und beschäftigte sich mit der Entwicklung von Ohv-Zylinderköpfen – wie erst Jahre später BMW-Ingenieur Rudolf Schleicher. Doch das paßte weder dem Konstruktionsleiter Friz noch dem Generaldirektor Popp ins Konzept. Stefan Knittel: *„Popp und Friz sahen in der Motorradmotoren-Fertigung noch immer so etwas wie einen Übergang zu ‚seriösen' Projekten und und wollten deshalb in dieser Richtung keinen zusätzlichen Aufwand treiben."* Letzten Endes wollte man Stolle loswerden.

Die Helios von 1922 mit dem Boxermotor von BMW und der aufwendigen Bedienmechanismen für Getriebe und Hinterrad-Keilklotzbremse. Der Antrieb erfolgte per Kette.

Das Typenschild wies die Helios als Produkt der BFW aus.

Die Gelegenheit ergab sich anhand einiger Spesenabrechnungen für Testfahrten, die von BMW nicht akzeptiert wurden. Frustriert warf Stolle das Handtuch – auch, um sich von der Bevormundung durch Friz zu befreien, der eifersüchtig seine Kompetenzen unterstrich.

Am 2. Januar 1922 stieg Stolle bei der Münchner Firma Wilhelm Sedlbauer ein und konstruierte dort den WS-Motor, einen circa 9 PS starken Boxer-Viertakter mit 500 cm³ Hubraum und mit im Kopf hängenden Ventilen (ohv). Er baute den Boxer in einen Viktoria-Rahmen ein und setzte das Motorrad erfolgreich im Motorsport ein. Den BMW-Oberen klingelte es in den Ohren und man mußte – diesmal neidlos – eingestehen, daß der WS-Motor von Stolle gegenüber dem hauseigenen „Bayern Kleinmotor" erhebliche technische Verbesserungen aufwies. Stolle gelang es sogar, den Motor an die Viktoria-Werke zu verkaufen, die ihn 1923 in Serie fertigten und in das sportliche Modell KR II einbauten. Stolle selbst unterzeichnete einen Anstellungsvertrag mit den Nürnbergern. 1924 brachte Victoria die KR III mit drei Gängen und 12 PS heraus – das Wettrüsten war eröffnet, und BMW würde bald reagieren, wie wir sehen werden.

BFW, Flink, Helios und der BMW-Boxer

Auch an die Bayerischen Flugzeugwerke, die bis zum 22. Juni 1922 nichts mit den noch unter Knorr-Regie stehenden Bayerischen Motoren Werken zu tun hatten, lieferte man, wie gesagt, den M 2 B 15. Die BFW setzten den Boxer wie bei Douglas und Victoria längs in ein einfaches Fahrgestell und boten das Motorrad 1921 und 1922 als eigenes Produkt unter dem Namen Helios an – Einzelheiten dazu weiter unten.

An dieser Stelle muß etwas zu den Ursprüngen des Motorradbaus bei der BFW AG gesagt werden, der völlig unabhängig von BMW in die Gänge kam. Wie bereits erwähnt, standen auch die Bayerischen Flugzeugwerke nach dem Baustopp für Flugzeuge mit dem Rücken zur Wand und suchten verzweifelt nach Alternativen. Ein Lösungsansatz ergab sich unverhofft. Dazu Stefan Knittel: *„Dr. Ing Karl Rühmer, ehemaliger Kommandeur der Fliegertechnischen Lehranstalt am Oberwiesenfeld, trug 1921 mit einer vielversprechenden Idee zum Weiterbestehen der BFW bei, als er die Entwicklung eines Leichtmotorrades anregte und auch gleich selbst die Konstruktionsarbeiten übernahm."*

Rühmer entwickelte einen leichten Rohrrahmen mit Pendelgabel und implantierte einen Einzylinder-Zweitaktmotor mit 148 cm³ Hubraum und 1,5 PS, der beim Kaltstart mit Fahrrad-Pedalen auf Trab gebracht werden mußte. Das Triebwerk war von dem Berliner Ingenieur Curt Hanfland entwickelt worden. Rohrrahmen, Gabel, breiter Lenker und hängender

„Stecktank" entsprachen dem damaligen Standard in den kleineren Motorrad-Klassen. Offiziell präsentiert wurde das etwa 50 km/h schnelle BFW-Leichtmotorrad im Oktober 1921 unter der recht optimistischen Typenbezeichnung „Flink".

Das war aber noch nicht alles, was die BFW zu bieten hatten: Zur gleichen Zeit stellten sie den Prototyp eines Halbliter-Motorrads vor, die Helios – griechisch für „Sonne". Fahrwerk und Rahmen waren typisch für die Zeit, den Vortrieb besorgte beim Prototyp ein mit den Zylindern längs eingebauter 500er Boxermotor von Douglas. Mit der Helios wollte man vor allem der erfolgreichen KR I von Victoria aus Nürnberg Konkurrenz machen. Dies erschien umso aussichtsreicher zu sein, nachdem man die Helios mit dem neuen Einbaumotor von BMW, dem Boxer M 2 B 15 ausgerüstet hatte. Schon Ende 1921 verließen die ersten Helios-BMW die Fabrikhallen.

Die wieder optimistischer gestimmten BFW hatten große Pläne, die sogar den japanischen Markt ins Auge faßten, doch daraus wurde nichts; Anfang 1922 drohte die Pleite. Sofort war Castiglioni zur Stelle und kaufte die restlichen BFW-Aktien auf – bereits mit dem Hintergedanken, als künftiger Alleininhaber BMW von Knorr zu „befreien" und in die BFW zu integrieren. Wie die nach Husarenart durchgeführte Transaktion im Einzelnen ablief, haben wir bereits beschrieben.

Oben: die letzte produzierte Helios Nr. 1015 mit Motor BMW M 2 B 15 und BMW-Dreigangetriebe am 10. November 1923 mit den Beschäftigten der Bayerischen Flugzeug Werke (BFW). (Die Nummer weist nicht auf die Proktionszahl hin, gebaut wurden knapp 100 Exemplare.)

Verbesserte Helios mit BMW-Motor

Als die neu gegründete BMW AG dann nach dem 6. Juni 1922 in die Gebäude der BFW einzog, fand sie auch die Motorradabteilung mit den Produkten Flink und Helios vor. Aber was Max Friz da sah, gefiel ihm gar nicht. Die Flink war praktisch unter seiner Würde, und die Helios, die sich zuletzt nur noch schleppend verkaufte hatte, bedurfte einer Überarbeitung. Der BMW-Boxermotor übertrug zwar seine Kraft auf durchaus innovative Weise über eine Einscheibenkupplung, ein Dreigang-Getriebe und über eine lange Kette ans ungefederte Hinterrad, doch Fahrwerk mit Pendelgabel vorn und Klotzbremse hinten waren der Kraft und dem Drehmoment des Zweizylinders nicht gewachsen.

Aber die von Friz angeordneten Änderungen waren nur halbherzig: steiler stehender Steuerkopf, längerer Gepäckträger mit angehängtem Werkzeugkasten, kompakterer Tourenlenker, schmalere Kotflügel, modifizierte, auf die Riemenscheibe wirkende Klotzbremse. Bis zum Herbst 1923 wurde die verbesserte Helios dann als BMW-Produkt (mit dem weiß-blauen Logo auf Tank und Motor) vermarktet. Die Typenschilder der BFW-BMW aber trugen die Aufschrift „Bayr. Flugzeugwerke A.G. München Bayern". Man kann trefflich darüber streiten, ob die Helios mit BMW-Boxer „längs" oder die R 32 mit Boxer „quer" das erste BMW-Motorrad war.

Rechts: Eigenbau von Stolle-Nachfolger Rudolf Schleicher mit Motor M 2 B 15. Schleicher (Jahrgang 1897), fuhr diese von ihm privat aufgebaute und mit dem BMW M2 B 15-Motor ausgerüstete „RS"-Rennmaschine in der Saison 1923 und siegte damit im September beim Bergrennen Hindelang-Oberjoch. Zu BMW kam er im Oktober 1923 mit dem frischen Ingenieurs-Diplom der Technischen Universität München in der Tasche.

1923: Die BMW R 32 wirft ihre Schatten voraus

Doch alle Bemühungen der BMW-Truppe reichten nicht, um der Victoria mit dem Zwittergebilde Helios das Wasser reichen zu können. Das sah auch Direktor Franz-Josef Popp so – er wollte etwas Neues, Besseres, Innovatives. Die von Max Friz teilweise umkonstruierte Helios mit M 2 B 15-Boxer wurde zwar noch bis zum 10. November 1923 weitergebaut und brachte es trotz ihrer Mängel auf 1015 Einheiten. Dann mußte sie der von Friz (im Einvernehmen mit und im Auftrag von Popp) völlig neu konzipierten R 32 weichen – dem ersten eigenständigen, ab Ende 1922 von Grund auf neu entwickelten BMW-Motorrad, wie wir im nächsten Kapitel genauer sehen werden.

Im Motorsport machte Victoria BMW kräftig Konkurrenz. Links: Werbung für die Nürnberger Victoria KR II, die mit dem von Martin Stolle nach seinem Ausstieg bei BMW konstruierten, obengesteuertem Boxer ausgerüstet war.

Unten links: Martin Stolle bei einem Herbstrennen des ACM München 1921 auf seiner Victoria KR I mit dem Einbaumotor M 2 B 15 von BMW.

Rechts: Martin Stolle 1921 auf Victoria mit BMW M 2 B 15-Motor beim Rennen. Der talentierte Motorkonstrukteur testete seine Entwicklungen stets selbst und ließ seine Erkenntnisse in die Serie fliessen. Ihm kam es vor allem auf Leistungssteigerung an.

967

Kapitel 2:
1923 bis 1929;
von der R 32 zur R 63

Die Wurzeln des Boxer-Mythos

Mit der R 32 begann 1923 die steile Karriere von BMW als Motorradhersteller – und die hundertjährige Geschichte des Boxers, der zum Mythos wurde. In diesem Kapitel zeichnen wir die Entwicklung der Maschinen mit Doppelschleifen-Rohrrahmen und seiten- sowie obengesteuerten Motoren bis zum Jahr 1930 nach: die 500er R 32, R 37, R 42, R 47, R 52, R 57 und die 750er R 62 und R 63. Außerdem berichten wir über Gespannversionen und die wichtigsten Einsätze im Motorradsport.

Die BMW R 32 war ein sehr gut verarbeitetes Tourenmotorrad mit innovativ angeordneten Elementen wie dem quer gestellten Boxermotor und dem längs laufenden Wellenantrieb. Die Aufnahme von 1998 zeigt ein restauriertes Exemplar. Unten: der BMW Zweizylinder-Boxermotor vom Typ M 2 B 33 mit 8,5 PS und angeblocktem Dreigang-Schaltgetriebe, aufgenommen 1993.

BMW

1923-1926:

R 32 494 cm³

Die erste BMW mit Boxer-Motor

Max Friz, hier ein Portrait von 1940, konstruierte im Laufe des Jahres 1923 das erste BMW-Motorrad, die R 32.

Nach den Versuchen und Experimenten mit dem „Bayern Kleinmotor" M 2 B 15, die 1920 in dem Einbau des Boxers in die Victoria KR I und einem Vertrag mit dem Nürnberger Motorradhersteller gegipfelt hatten, suchte BMW nach weiteren, gewinnversprechenden Verwendungsmöglichkeiten für den seitengesteuerten Viertakt-Zweizylinder. Die Wiederaufnahme des Flugmotorenbaus war das erstrebte Ziel, doch es fehlte an Material, Kapital und Aufträgen. Eine Motorradproduktion war nicht wirklich die Herzensangelegenheit von Generaldirektor Franz-Josef Popp und Konstrukteur Max Friz.

Automobilversuche mit dem Boxer M 2 B 15

Daher griff man 1922 alte Überlegungen (auch solche von Camillo Castiglioni) auf und versuchte zuerst einmal, ein Automobil auf die Räder zu stellen. Und wieder ging man den Weg des geringsten Widerstands. BMW-Historiker Stefan Knittel: *„Max Friz (...) bestellte ein komplettes Fahrgestell des neu auf den Markt gekommenen Tatra-Kleinwagens, in das er versuchsweise einen BMW-Motorradmotor einbauen ließ."* Der M 2 B 15 wurde vorne quer am Zentralrahmen-Chassis montiert und trieb über ein Dreiganggetriebe und Gelenkwellen die Vorderräder an. Doch der Boxer war zu schwach, die im Winter 1922/23 durchgeführten Versuche wurden ergebnislos abgebrochen. Obendrein verkaufte sich die Helios mit BMW-Motor (in der Inflationszeit) nur noch schleppend. Und dann kündigte auch noch Victoria den Abnahmevertrag für den BMW-Boxer auf – Nürnberg setzte nun voll auf die von Martin Stolle entwickelte KR II mit modernerem ohv-Boxer.

BMW hatte demnach keine andere Wahl, als sich nun wirklich ernsthaft mit dem Motorradbau zu beschäftigen. Popp erteilte den entsprechenden Auftrag, und Friz machte sich – nach anfänglichem Zögern – an die Arbeit, und zwar im ofenbeheizten Gästezimmer seines Hauses gegenüber dem Werksgelände. Dorthin hatte er sich das Zeichenbrett von seinem Büro bei BMW in der Neulerchenfelderstraße bringen lassen. Im Dezember 1922 stellte er sein Konzept in Originalgröße fertig und zeigte es seinem ACM-Clubkameraden Franz Bieber vor, der nicht nur Fahrradhändler, sondern auch aktiver Motorradsportler war. Was Bieber sah, faszinierte ihn: Friz hatte die besten Ideen aus dem Motorradbau zu etwas Neuem, Zukunftsweisendem zusammengefügt – Boxermotor quer und Wellenantrieb, das Ganze in einem modernen Doppelrohrrahmen und mit einer völlig organisch wirkenden Linienführung, die das ungewöhnlich niedrige Motorrad äußerst fortschrittlich und sportlich wirken ließ. Dies und die von einem talentierten Grafiker entworfene weiße Linierung, die das Design noch betonte, waren eine Sensation im Vergleich zur damaligen Konkurrenz.

28. September 1923: Präsentation der Serienmaschine R 32

Gleich im Januar 1923 wurden konkrete Konstruktionszeichnungen angefertigt und Vorbereitungen für die Herstellung der Komponenten getroffen. Größte Änderung am Motor war eine neue, nun längs orientierte Ölwanne. Die mächtige Schwungscheibe wurde mit einer Einscheiben-Trockenkupplung kombiniert und von einem Gehäuse abgedeckt. Schon Ende April 1923 war die erste Versuchsmaschine einsatzbereit, und Friz konnte mit ihr am 5. Mai an einer Clubausfahrt durch Bayerns Berge teilnehmen, die er strafpunktefrei absolvierte.

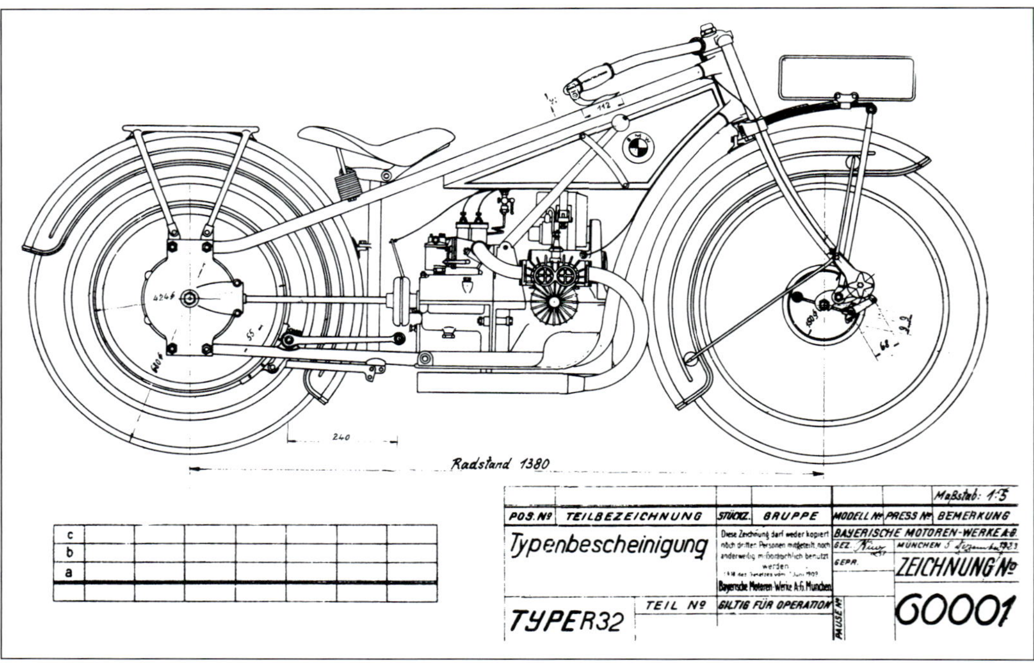

Original-Konstruktionszeichnung der R 32 von 1923. Alle Wellen liefen ohne Umlenkung längs – dies war das Geniale und bis heute das Prägende beim Boxermotor. Erst ganz am Schluß übertrugen Kegel- und Tellerrad die Kraft aufs Hinterrad.

Nach einer Vorabpräsentation der ersten BMW (noch unter der bescheidenen Bezeichnung „BMW-Tourenrad") am 25. September 1923 in der *„Illustrierten Motorzeitung"* gingen die Bayern mit der Serienmaschine am 28. September auf der Deutschen Automobil-Ausstellung in den Messehallen am Berliner Kaiserdamm neben der Avus an die Öffentlichkeit. Erstmals wurde offiziell die Typenbezeichnung der ersten kompletten Motorrad-Eigenkonstruktion genannt: R 32 („R" vermutlich für *„Rad"*; die Herkunft der Ziffern „32" ist unklar). Es war ein historischer Tag für BMW. Die R 32 war zugleich das erste Boxer-Modell von BMW, und diesem Konzept stand eine ruhmreiche Zukunft bevor.

Die Zeit, in der die erste BMW auf die Bühne trat, war indes alles andere als rosig. Ab 1923 ächzte das Ruhrgebiet unter den Schikanen der französischen

Steckbrief R 32 (alle Daten im Anhang)

Bauzeit	1923-1926
Typ intern, Ventile	M 2 B 33, sv
Einheiten	3090
Hubraum	494 cm³
Leistung	8,5 PS bei 3300/min^{-1}
Gemischaufbereitung	1 BMW-Vergaser
Getriebe	3-Gang
Rahmen	Stahlrohr
Vorderradführung	Doppelblattfeder-Gabel
Hinterradführung	starr
Bremsen vorn/hinten	Tr. 150 mm/Keilklotz
Reifen vorn/hinten	26 x 3
Leergewicht	122 kg
Höchstgeschwindigkeit	95 km/h
Preis	2200 RM

Oben: restaurierte R 32 in der allerersten Ausführung ohne Trommelbremse und mit zwei Schleifklötzen am Hinterrad; die Zierlinien waren anfangs deutlich breiter; Foto von 1990.
Unten: BMW R 32, Foto von 1924. Der sv-Boxermotor besitzt einen Zentralvergaser und kurze Auspuffrohre. Diese Maschine hat bereits die Trommelbremse vorn und nur einen Schleifklotz am Hinterrad.

Besatzung, die Bevölkerung leistete passiven Widerstand. Ein gewisser Adolf Hitler unternahm in München einen Putschversuch. In mehreren Städten kam es zu blutigen Unruhen wegen der explodierenden Lebensmittelpreise. Die galoppierende Inflation erreichte im November 1923 ihren Höhepunkt. Hatte ein Brot im Januar noch 250 Mark gekostet, verlangte man dafür im Dezember die astronomische Summe von 399 Milliarden Mark. Die Notenbank kam mit dem Gelddrucken nicht mehr nach. Erst die Ausgabe der Rentenmark stoppte den Wahnsinn (eine RM = eine Billion Inflations- bzw. Papiermark).

Daher konnte BMW es erst im Dezember 1923 und nach dem Ende der Inflation wagen, die R 32 zum stolzen Preis von 2200 Mark (Mk) – einer sehr begrenzten Käuferschicht – anzubieten (Mark = Goldmark, zu einem Drittel durch Goldreserven gedeckt; die Reichsmark wurde erst am 30. August 1924 eingeführt). Optimismus war jetzt angesagt: Der Rundfunk nahm 1923 in Berlin seinen Betrieb auf, Telefongespräche wurden erstmals automatisch vermittelt. Autos durften im Stadtverkehr jetzt maximal 30 statt 15 km/h fahren. Die „Goldenen 20er Jahre" standen vor der Tür. Und BMW versuchte, nur sieben Jahre nach Gründung, seinen Platz zu finden, traf man doch auf die Konkurrenz von 132 Motorradherstellern allein im eigenen Land. Stefan Knittel relativiert: *„Aber der Markt war auch entsprechend aufnahmefähig. Gab es 1922 erst 38 000 Motorräder auf Deutschlands Straßen, so waren es zwei Jahre später bereits 98 000, 1925 sogar 162 000. Franz-Josef Popp hatte also auf das richtige Pferd gesetzt, als er sich zur Motorradproduktion entschloß."*

Die für BMW epochemachende Idee des damaligen BMW-Chefkonstrukteurs war es, den Zweizylinder-Boxermotor für das erste authentische BMW-Modell nicht wie bei Helios, Victoria & Co. mit den beiden Zylindern längs, sondern quer zur Fahrtrichtung mit nun längs liegender Kurbelwelle in einen Stahlrohrrahmen einzubauen und die Kraft über ein angeschraubtes Dreigang-Getriebe mit ebenfalls längs angeordneten Wellen und eine Reibungskupplung auf geradem Wege per starrer Welle zu einem robusten (fettgefüllten) Hinterachs-Getriebe zu führen und erst dort über Kegel- und Tellerrad auf die Radnabe umzulenken. Es gab keinen anfälligen Kettenantrieb zwischen Motor und Getriebe und weder Kette noch Riemen zum Hinterrad. Durch den Einbau mit quer liegenden Zylindern wurde – anders bei der Helios oder Victoria – auch eine gleichmäßige (wenn auch noch verbesserungswürdige) Kühlung durch den Fahrtwind erzielt.

Wartungsfreier Wellenantrieb mit Hardyscheibe

Stichwort Wellenantrieb: In der Literatur (und auch bei BMW) ist meist vom Kardanantrieb die Rede. Über den Begriff kann man streiten: Zu einem Kardanantrieb gehört in der Regel zumindest ein Kreuzgelenk. Die R 32 (und spätere Modelle) besaßen zwischen Getriebeausgang und Welle nur eine Hardy- oder Gelenkscheibe (der man geringe Kardaneigenschaften zuschreiben kann). Streng genommen übertrug der M 2 B 15-Boxer seine Kraft nur über eine starre Welle aufs ungefederte Hinterradgetriebe. Die R 51 von 1938 besaß erstmals ein Kreuzgelenk am hinteren Ende der Welle, weil die damals innovative Geradwegfederung dies erforderlich machte. Fünfzig Jahre lang blieb dies im Prinzip so, wobei das Kreuzgelenk 1955 gekapselt wurde und nach vorne wanderte. Die 1987 vorgestellte R 100 GS mit Paralever-Schwinge wies als weltweit erstes Serienmotorrad eine Kardanwelle mit zwei Kreuzgelenken auf.

Unten: In der Draufsicht zeigt sich die schlanke Silhouette. Die Zeichnung von 1923 vermerkt handschriftlich alle Bedienungselemente. Gas, Luft, Zündung und ein Ventilausheber zur Dekompression beim Kickstarten werden mit separaten Hebeln eingestellt. An der Anordnung der Hebel für Vorder- und Hinterradbremse sowie Kupplung, Schaltung und Kickstarter änderte sich jahrelang nichts.

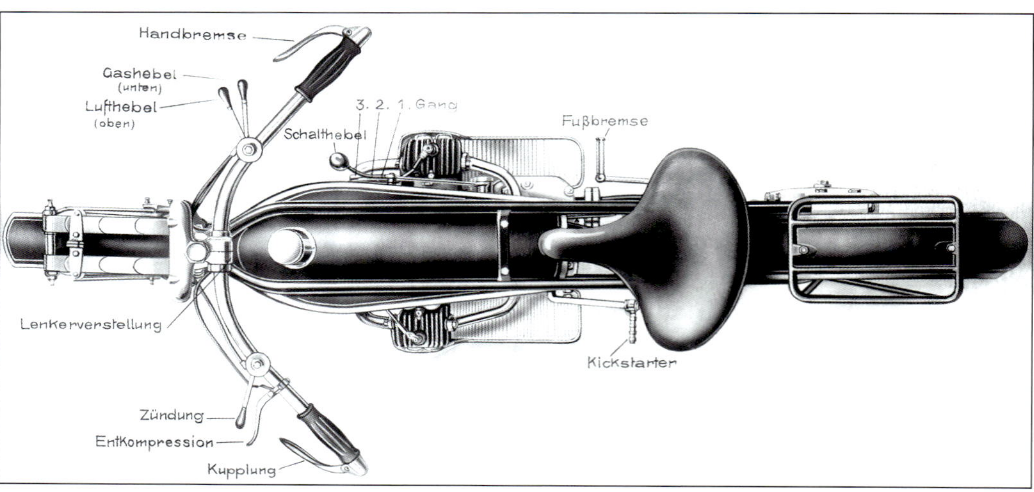

Links: Bei der 1993 aufgenommenen, restaurierten R 32 fallen vor allem der breite Lenker, die abstehenden Zylinder und die breiten Trittbretter auf. Zwei separate Blattfedern fangen die größten Fahrbahnstöße ab. Zu erkennen sind die beiden schützenden „Sturz-Pilze" an den Zylinderköpfen.

Friz war indes nicht der Erste, der auf diesen Gedanken kam. Wie Erwin Tragatsch in seiner *„The illustrated Encyclopaedia of Motorcycles"* (Quarto Publishing Ltd., London 1977) in Text und Bild vorführt, besaß bereits 1919 die englische Sopwith-ABC 400 einen quer eingebauten Boxermotor, aber mit Kegelradumlenkung am Ausgang des längs laufenden Getriebes und Kettenantrieb zum Hinterrad. Der Motor basierte auf einem schon 1912 vorgestellten Halbliter-Boxer des britischen Konstrukteurs Granville Bradshaw. Tragatsch vermutet in der (*„uneleganten"*) Sopwith-ABC die technische Vorläuferin der BMW R 32.

Der Wellenantrieb für sich war noch älter. Gerold Lingnau in seinem von BMW finanzierten Werk *„Freiheit auf zwei Rädern"* (Econ, Düsseldorf und Wien

Antriebsstrang der K. G. 500 von 1922 ähnelte deutlich dem des späteren ersten BMW-Einzylinders R 39 von 1925. Und wellengetrieben waren z.B. auch die belgische FN 500 Vierzylinder von 1908 und die US-amerikanischen, von 1909 bis 1913 produzierten Pierce-Arrow-Motorräder. Aber wenn man zu viel nach rechts und links blickt, verliert man leicht das Wesentliche aus dem Auge. Und das große Verdienst von Max Friz war es halt, das Beste aus allen damals vorhandenen Denk- und Konstruktionsansätzen gemacht zu haben – das erste BMW-Boxermotorrad mit den charakteristisch abstehenden Zylindern und dem wartungsfreien Wellenantrieb.

Motorradproduktion als neue BMW-Basis

Die R 32 war nicht nur ein Meilenstein der Motorradgeschichte, sondern sie rettete auch BMW. Mehr noch: Das „Tourenrad" katapultierte das junge bayerische Unternehmen mit Schwung in eine neue Zeit und schuf die Grundlage dafür, daß BMW es sich schon 1928 leisten konnte, das Programm durch den Erwerb der Dixi-Werke in Eisenach um Automobile zu erweitern – und einen Lizenzvertrag mit der US-amerikanischen Pratt & Whitney Aircraft Company für den Bau von luftgekühlten Flugzeug-Sternmotoren abzuschliessen; die berühmte Ju 52 z.B. war mit drei der Neunzylinder-Triebwerke ausgerüstet, produziert als BMW-Motoren vom Typ 801.

Auch das Chassis der R 32 war eine neue Konstruktion in Form eines Rahmens mit zwei parallel verlaufenden, geschlossenen Stahlrohr-Schleifen, wie er im Prinzip (immer wieder verbessert) bis 1996 von BMW gebaut werden sollte. Die Vorderradgabel mit ihrer gezogenen Kurzschwinge und den rechts und links unter dem Steuerkopf angelenkten Blattfedern gestattete zwar nur geringe Federwege, besaß jedoch eine gewisse Eigendämpfungswirkung.

Die besonders robuste Konstruktion hielt der extremen Beanspruchung durch die schlechten Straßen besser stand als die Fahrgestelle mit Pendelgabeln anderer Hersteller. Die tiefe Einbauposition des flachen Boxermotors verbesserte die Schwerpunktlage und damit die Fahreigenschaften ganz

Oben: Pressefoto der R 32 vom März 2007. Gut zu erkennen sind die Details der Gabel mit ihren Rohren wie beim Fahrrad und der gezogenen Kurzschwinge, die sich über ein Doppelgestänge gegen zwei Blattfederbündel abstützt. Für Verzögerung sorgt eine Trommelbremse.

Links: BMW sagt zu dem 1925 aufgenommenen Foto: „Lässig posiert der junge Fahrer aus dem Kreis Ravensburg auf der BMW R 32".

Rechts: Die seitengesteuerten Zylinder tragen bei der 1980 fotografierten, restaurierten R 32 die sogenannten „Sturzpilze", die vor Beschädigungen der Zylinder beim Umfallen des Motorrads schützen sollten. Imposant ist die langhebelige Kulissenschaltung, die direkt aufs Dreigang-Getriebe wirkt.

1982): „*1882 wurde der Wellenantrieb erstmals bei einem mit Muskelkraft bewegten Dreirad angewandt, und schon 1889 kam das erste Kardan-Fahrrad auf den Markt.*" Das erste deutsche Motorrad dieser Antriebsart wurde 1919 bei der Suhler Firma Krieger-Gnädig entwickelt („K. G."), vier Jahre vor der R 32. Karl Krieger war übrigens der Chauffeur Kaiser Wilhelms II. gewesen und hatte Flugzeuge gebaut (das erste womöglich mit einem vom Kaiser gestifteten Motor). Nach dem Krieg kooperierte Krieger beim Motorradbau mit dem Konstrukteur Franz Gnädig. Der

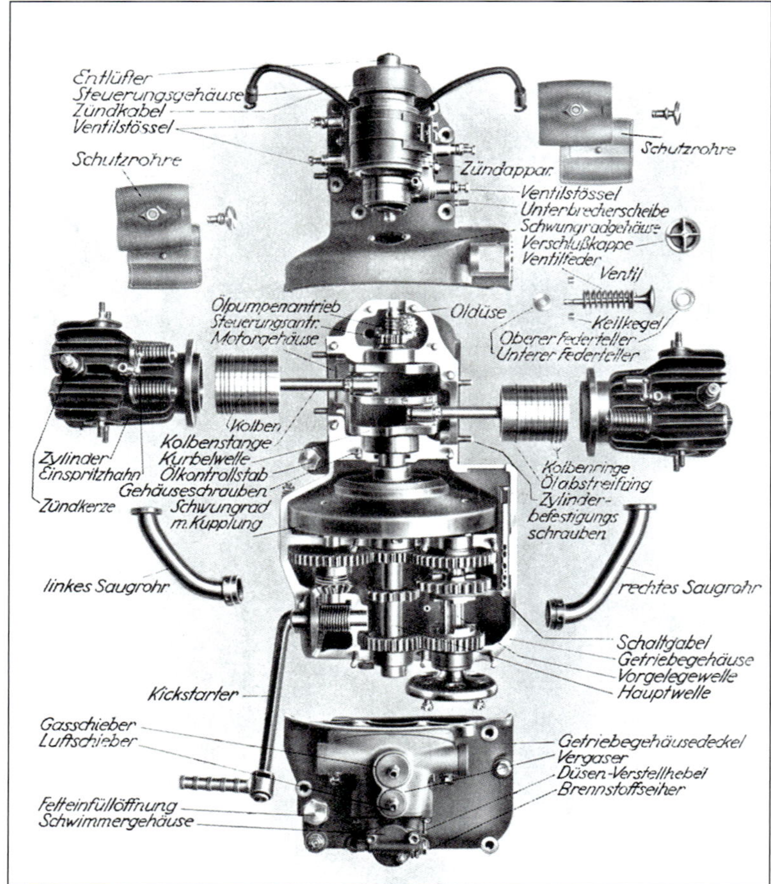

Das beschriftete Bild von 1923 zeigt alle wesentlichen Baugruppenn des für die R 32 auf 8,5 PS gebrachten Boxermotors vom Typ M 2 B 33. Charakteristisch ist, daß alle Wellen parallel zur Fahrtrichtung laufen, was sich beim Wellenantrieb zum Hinterachsgetriebe fortsetzt.

Zwei Dinge springen auf diesem Foto von 1923 ins Auge: Die Hardy-Gelenkscheibe zwischen Getriebe und Antriebswelle sowie die vom längs eingebauten M 2 B 15 übernommene Querverrippung der Zylinder. Bei der Drehung um 90° hatte man die Zylinder (aus Zeitdruck?) einfach in ihrer alten Ausführung belassen, was sich aber bald ändern sollte.

Restaurierte Mashinen aus der Frühzeit zeigen heute oft verchromte Stahl- und polierte Aluteile. Ursprünglich aber hatten Blankteile aus Stahl einen Nickel-Überzug als Korrosionsschutzmaßnahme, Aluteile waren nicht poliert.

erheblich. Die R 32 sollte durch optimale Verarbeitungsqualität, geringe Reparaturanfälligkeit und hohe Wartungsfreundlichkeit überzeugen – was sie auch tat. Auch hinsichtlich Design und Liebe zum Detail setzte die R 32 neue Maßstäbe.

Immerhin konnte die R 32 eine Höchstgeschwindigkeit von 95 km/h erreichen, was außerhalb der Ortschaften auf den von Schlaglöchern übersäten und mit verlorenen Hufnägeln gespickten Schotterpisten oder Pflasterstraßen der damaligen Zeit auch mehr als ausreichend war.

Der weiterhin 494 cm^3 große Zweizylinder-Boxer-Motor war mit 8,5 PS bei nun 3300/min^{-1} zwei PS stärker als der „Bayern Kleinmotor"; das Verdichtungsverhältnis orientierte sich mit bescheidenen 5,0 : 1 an der geringen Benzinqualität der Jahre nach dem Krieg. Das weiterhin horizontal quergeteilte Aggregat, das dank neuer Ölwanne und höherer Leistung nun die Bezeichnung M 2 B 33 trug, war vor allem auf Dauerhaftigkeit ausgelegt. Die längsverrippten Zylinder waren mit den Zylinderköpfen in einem Stück gegossen und wiesen stehende Ventile (sv-Anordnung) auf, die von einer zentralen, zahnradgetriebenen Nockenwelle oberhalb der Kurbelwelle betätigt wurden. Die Brennräume waren flach und breit, die Ventile mündeten nicht direkt in diesen, sondern arbeiteten seitlich daneben.

Die Ventilschäfte und Federn waren oben auf den Zylindern staub- und öldicht gekapselt. Zusammen mit dem geschlossenen Schmierungskreislauf hatte dies sowohl ein sauber bleibendes Motorrad als auch eine erheblich vereinfachte Wartung zur Folge. Auf die Erfahrungen des Flugmotorenherstellers BMW ging beispielsweise die erstmalige Verwendung von Leichtmetall als Kolben-Werkstoff zurück – und eine Funktionssicherheit und Zuverlässigkeit, wie sie im Motorradbau damals noch kaum anzutreffen war.

Da man den Boxer in der Urversion M 2 B 15 nur für den Längseinbau vorgesehen hatte, waren die Kühlrippen auf den (in der BMW-eigenen Gießerei aus Grauguß hergestellten) Zylindern längs und auf den integrierten Zylinderköpfen radial angeordnet, was beim M 2 B 33-Motor der R 32 unverändert übernommen wurde. Bei den niedrig belasteten Motoren dieser Zeit genügte zur Kühlung die Wärmeabstrahlung der Kühlrippen zusammen mit der Innenkühlung durch fettes Verbrennungsgemisch.

Dreigang-Getriebe und Kickstarter

Die seitengesteuerte Serienversion des M 2 B 33 verfügte über einen von BMW konstruierten Vergaser mit 22 mm Durchlaß, eine Zahnrad-Ölpumpe und einen von der Nockenwelle aus über ein weiteres Zahnrad angetriebenen Bosch-Magnetzünder mit Zündverstellung per Hebel links am Lenker. Das Dreigang-Getriebe mit ebenfalls horizontal geteiltem Gehäuse der R 32 war mit dem Motor verschraubt und übertrug die Kraft über eine Einscheiben-Trockenkupplung auf die außen liegende Hardyscheibe und von da aus auf die frei laufende Antriebswelle. Der Kickstarter operierte parallel zur Fahrzeug-Längsachse. Geschaltet wurde mit einem Hebel, der am Tank mittels Kulisse geführt wurde.

Fortschrittlich gegenüber Helios & Co. war die 150-mm-Innenbacken-Trommelbremse am Vorderrad (noch nicht bei den ersten Exemplaren). Die Fußbremse wirkte über ein Gelenk auf den Brems-

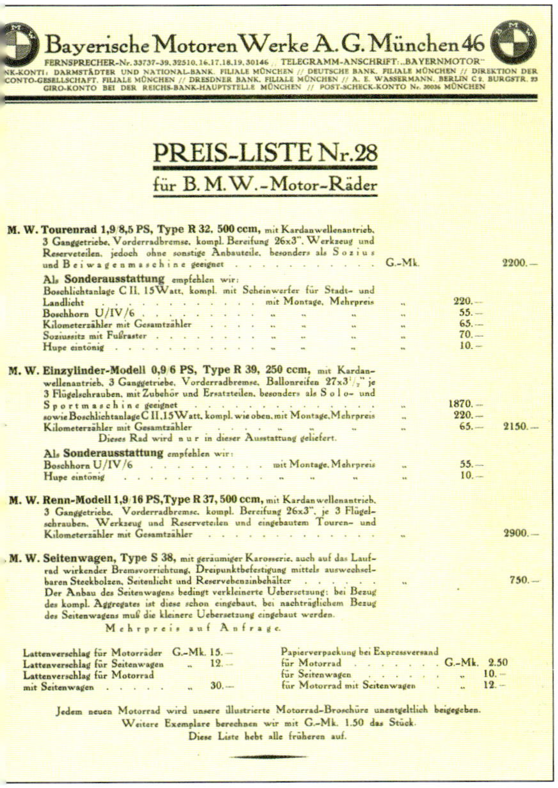

Bayerische Motoren Werke A. G. München 46

FERNSPRECHER-Nr. 33737-39, 32510, 16.17.18.19, 30146 // TELEGRAMM-ANSCHRIFT: „BAYERNMOTOR"
NK-KONTI: DARMSTÄDTER UND NATIONAL-BANK, FILIALE MÜNCHEN // DEUTSCHE BANK, FILIALE MÜNCHEN // DIREKTION DER CONTO-GESELLSCHAFT, FILIALE MÜNCHEN // DRESDNER BANK, FILIALE MÜNCHEN // A. E. WASSERMANN, BERLIN C 2, BURGSTR. 23
GIRO-KONTO BEI DER REICHS-BANK-HAUPTSTELLE MÜNCHEN // POST-SCHECK-KONTO Nr. 30036 MÜNCHEN

PREIS-LISTE Nr. 28

für B. M. W.-Motor-Räder

M. W. Tourenrad 1,9/8,5 PS, Type R 32, 500 ccm, mit Kardanwellenantrieb, 3 Ganggetriebe, Vorderradbremse, kompl. Bereifung 26x3", Werkzeug und Reserveteilen, jedoch ohne sonstige Anbauteile, besonders als Sozius und Beiwagenmaschine geeignet . . . G.-Mk. 2200.–

Als **Sonderausstattung** empfehlen wir:

Boschlichtanlage C II, 15 Watt, kompl. mit Scheinwerfer für Stadt- und Landlicht . . . mit Montage, Mehrpreis	„	220.–	
Boschhorn U/IV/6 . . . „ „ „	„	55.–	
Kilometerzähler mit Gesamtzähler . . . „ „ „	„	65.–	
Soziussitz mit Fußraster . . . „ „ „	„	70.–	
Hupe eintönig . . . „ „ „	„	10.–	

M. W. Einzylinder-Modell 0,9/6 PS, Type R 39, 250 ccm, mit Kardanwellenantrieb, 3 Ganggetriebe, Vorderradbremse, Ballonreifen 27x3 1/2" je 3 Flügelschrauben, mit Zubehör und Ersatzteilen, besonders als Solo- und Sportmaschine geeignet

Sportmaschine geeignet . . .	„	1870.–	
sowie Boschlichtanlage C II, 15 Watt, kompl. wie oben, mit Montage, Mehrpreis	„	220.–	
Kilometerzähler mit Gesamtzähler . . . „ „ „	„	65.–	2150.–

Dieses Rad wird nur in dieser Ausstattung geliefert.

Als **Sonderausstattung** empfehlen wir:

Boschhorn U/IV/6 . . . mit Montage, Mehrpreis	„	55.–	
Hupe eintönig . . . „ „ „	„	10.–	

M. W. Renn-Modell 1,9/16 PS, Type R 37, 500 ccm, mit Kardanwellenantrieb, 3 Ganggetriebe, Vorderradbremse, kompl. Bereifung 26x3", je 3 Flügelschrauben, Werkzeug und Reserveteilen und eingebautem Touren- und Kilometerzähler mit Gesamtzähler . . . „ 2900.–

M. W. Seitenwagen, Type S 38, mit geräumiger Karosserie, auch auf das Laufrad wirkender Bremsvorrichtung, Dreipunktbefestigung mittels auswechselbaren Steckbolzen, Seitenlicht und Reservebenzinbehälter . . . „ 750.–
Der Anbau des Seitenwagens bedingt verkleinerte Uebersetzung: bei Bezug des kompl. Aggregates ist diese schon eingebaut, bei nachträglichem Bezug des Seitenwagens muß die kleinere Uebersetzung eingebaut werden.
Mehrpreis auf Anfrage.

Lattenverschlag für Motorräder	G.-Mk.	15.–	Papierverpackung bei Expressversand		
Lattenverschlag für Seitenwagen	„	12.–	für Motorrad . . .	G.-Mk.	2.50
Lattenverschlag für Motorrad mit Seitenwagen . . .	„	30.–	für Seitenwagen . . .	„	10.–
			für Motorrad mit Seitenwagen . . .	„	12.–

Jedem neuen Motorrad wird unsere illustrierte Motorrad-Broschüre unentgeltlich beigegeben.
Weitere Exemplare berechnen wir mit G.-Mk. 1.50 das Stück.
Diese Liste hebt alle früheren auf.

Oben: Oft gezeigt, aber unverzichtbar, weil von historischem Wert ist die 1923 gemachte Aufnahme der Fertigung der R 32 in den Hallen des BMW-Werks München. Die meisten Arbeiten erfolgten in Handarbeit.

Links: Die Preisliste von 1925 führt neben der R 32 für 2200 Reichsmark auch das damals neue Einzylindermodell R 39 auf, das mit 1870 RM ebenfalls kein Schnäppchen war. Der Royal-Seitenwagen S 38 kostete 790 RM.

klotz und eine Bremsfelge am Hinterrad. Der Mechanismus war selbstverstärkend, hatte also einen gewissen Servo-Effekt. Anfangs waren zwei Schleifklötze angebracht. Auf den schmalen Speichenrädern saßen Wulstreifen der Größe 26 x 3 Zoll. Der unter dem Rahmenrückgrat eingesetzte Tank der insgesamt 122 kg schweren Maschine faßte 14 Liter. Der Benzinverbrauch belief sich auf rund 3 l/100 km, doch dazu gesellte sich ein Ölkonsum von 0,25 l über die gleiche Distanz. Der serienmäßig montierte Tachometer mit seinem Metallgehäuse war ein uhrmachertechnisches Meisterwerk. Gegen Aufpreis gab es bis 1925 Stahlpilze, die auf die Zylinderköpfe gesetzt wurden und als Schutz bei Stürzen oder Umfallern dienen sollten.

Nicht zu unterschätzen für den Erfolg der bis 1926 in immerhin 3090 Einheiten produzierten R 32 war das ausgewogene, schön und klar gezeichnete Erscheinungsbild in edler schwarzer Einbrennlackierung, mit schimmernden Nickel- und Bronze-Elementen sowie braunem Leder für den Sattel. Der Tank trug nicht nur das „Propeller"-Emblem, sondern war auch mit handgemalten weißen Linien verziert – ein Design-Merkmal, das sich heute noch bei BMW-Boxer-Motorrädern findet. Für satten Sound sorgten offene Auspuffrohre.

Bis zum Jahresende 1924 konnte BMW bereits rund 1500 Exemplare der R 32 verkaufen. Stefan Knittel schreibt: *„Die Bayerischen Motoren Werke konnten zu Recht auf ihr erstes Motorrad stolz sein. Die adoptierte Helios war offiziell stets ein Produkt der Bayerischen Flugzeugwerke geblieben. Max Friz hatte sein Können nun auch als Fahrzeugkonstrukteur unter Beweis gestellt, und die Firma BMW hatte mit großen Zuwachsraten endlich den lange ersehnten Erfolg zu verzeichnen."*

Nebenbei verkaufte BMW noch eine Zeitlang den Basis-Boxer M 2 B 15 als Einbaumotor, und zwar an mehrere keine Motorrad- und Kleinwagenhersteller: Heller in Nürnberg, Pawi-Automobilwerke in Berlin, Scheid-Henninger in Karlsruhe, Bison-Motorradfabrik in Wien. Verwendung für den „Kleinmotor" der Urversion hatte zunächst auch der talentierte Maschinenbaustudent Rudolf Schleicher. Was er drauf hatte, bewies er vom Fleck weg: Er entwickelte einen eigenen Motorradrahmen, bestritt damit erfolgreich Rennen und wurde im Oktober 1923 als Diplom-Ingenieur von BMW eingestellt, um sich an der Seite von Max Friz an der Serienvorbereitung der R 32 zu beteiligen.

Ziehen wir Bilanz. Die von Max Friz entwickelte Maschine war eine Neuschöpfung, wie es sie bisher noch nicht gegeben hatte und die den Weg einer Motorrad-Gattung vorzeichnete, die noch 100 Jahre nach dem Serienstart des Boxermotors M 2 B 15 im Jahr 1920 Bestand hatt. Noch heute ist das Konzept von damals der Kern der BMW Motorradphilosophie, was sich unter anderem in den Neuschöpfungen der R nineT-Baureihe und der R 18 von 2020 ausdrückt.

In Verbindung mit dem Wellen- und später mit dem Kardanantrieb konnte und kann die ständig weiterentwickelte Kombination von Boxermotor und gekapseltem Antrieb ihre Vorzüge immer noch eindrucksvoll ausspielen: günstiges Leistungsgewicht, guter Massenausgleich, tiefer Schwerpunkt, hohe Dauerleistung bei verhältnismäßig niedriger Drehzahl, große Wartungsfreundlichkeit, Kapselung der sensiblen Antriebselemente (seit 1955) und geringe Verschleißanfälligkeit. Klassiker wie die R 69 S oder die R 90 S, die R 100 RS oder die R 100 Roadster folgten diesem Prinzip ebenso wie die modernen Vierventil-Boxer von der R 1100 R 1993 über die R nineT 2013 bis zur Top-Enduro R 1250 GS 2018 und der R 18 2020. Selbst die frühen K-Modelle ab 1983 verfügten mit ihren längs liegenden Drei- und Vierzylindermotoren über den linearen Antriebsstrang, wie ihn sich ein gewisser Max Friz in den frühen 1920ern ausgedacht hat.

Rudolf Reich fuhr 1924 auf der neuen Werksrennmaschine mit dem von Rudolf Schleicher konstruierten ohv-Motor Tagesbestzeit beim Solitude-Bergrennen am 18. Mai.

1923-1926

R 32-Gespanne

1924, schon ein Jahr nach dem Erscheinen der R 32, entstand in Handarbeit die erste BMW mit Seitenwagen. Aus bescheidenen Anfängen heraus entwickelte sich in enger Kooperation mit dem jungen Münchner Spezialisten Royal in nur wenigen Jahren eine wegweisende und sehr erfolgreiche Gespannpalette. Die damals revolutionäre BMW war mit ihrem drehmomentstarken 500-cm³-Zweizylinder-Boxermotor, dem stabilen Rohrrahmen und dem wartungsfreien Wellenantrieb geradezu prädestiniert als Zugmaschine eines Gespanns. Es hätte auch nicht anders sein dürfen, denn die Kundschaft erwartete vom Hersteller starker Tourenmaschinen auch Seitenwagen und Komplettgespanne. Die jährliche Beiboot-Fabrikation stieg in Deutschland von einigen tausend Exemplaren ab 1920 bis auf 15 000 Einheiten 1938.

BMW R 32 mit Royal-Seitenwagen S 38 im Jahr 1925. Die nitrolackierten Royal-Karosserien der ersten Generation bestanden aus Sperrholz und zeigten ein markantes Design mit stumpf zulaufendem Bug. Veredelt wurde das Ganze durch die BMW-typische Doppellinierung in Weiß.

Führend in dieser Domäne waren zunächst die Engländer, wobei der Münchner Rolf Eisenhofer bereits 1922 in Lizenz Beiboote des englischen Herstellers Swan fabrizierte. Das von Rolf Eisenhofer produzierte Swan-Boot genügte indes nicht den hohen Ansprüchen der Münchner Motorradbauer. Die 1924 von Bohnenberger und Wimmer gegründete Firma Royal kam der Sache schon näher. BMW-Ingenieur Rudolf Schleicher verlangte beim Seitenwagen eine der R 32 in jeder Hinsicht ebenbürtige Qualität.

Zunächst produzierte Royal einen L-förmigen, offenen Winkelrahmen, bei dem das Boot vorn an einem zusätzlichen Ausleger befestigt war. Doch die L-Ausführung war Schleicher nicht stabil genug. Er veranlaßte daher die Konstruktion eines präzise an die R 32 angepaßten Rechteckrahmens, der über drei solide Anschlußpunkte mit dem Motorradrahmen verbunden werden konnte. Vorn dockte der Rahmen am Fußbrettbolzen an, hinten an der unteren Verschraubung des Hinterachsgetriebes; in der Mitte sorgte unterhalb des Sattels eine Klemmpratze an den beiden Rahmenrohren des Motorrads für eine stabile Verbindung. Bemerkenswert war, dass Royal bereits eine Trommelbremse für den Seitenwagen vorsah, die vom Fußbremshebel der Klotzbremse des Hinterrads bedient werden konnte.

ab 1923:

R 32 und Werksrenner im Sport

Schon damals hatte man erkannt, daß erfolgreich betriebener Motorsport die beste Werbung für die Serienmodelle war, die es zu verkaufen galt. Seine erste Bewährungsprobe bestand ein Prototyp der R 32, mit dem Max Friz am 5. Mai 1923 eine Ausfahrt des ACM durch Bayerns Berge strafpunktefrei absolvierte. Dies konnte man nicht hinsichtlich einer frühen Sportversion sagen, die Friz am 17. Juni 1923 auf der Stuttgarter Solitude einsetzte.

Oben: Dieser Fahrer stellte 1925 bei der „Allrussischen Zuverlässigkeitsfahrt" die Durchhalte-Qualitäten der BMW R 32 auf völlig verschlammten Wegen unter Beweis. Rechts: Chefkonstrukteur Max Friz beim letzten Einsatz seiner Stahlzylinder-Rennmaschine bei der Ausfahrt des ACM „Bayrischzell-Landl". Friz arbeitete bereits wieder nur an Flugmotoren.

Oben: Diese Maschine mit gefrästen Stahlzylindern war als Rennversion konzipiert, gleichzeitig ein Prototyp der erst Ende 1923 vorgestellten Serien-R 32. Der Motor hatte bereits im Zylinderkopf hängende Ventile (ohv). Zu erkennen sind die offen laufenen Kipphebel über dem patentierten „Sturz-Pilz" zum Schutz des Zylinders mit seinen langen Stößelstangen.

Rechts: Ehepaar Bieber bei der Bodensee-Fahrt 1924. Biebers Maschine besaß den von Schleicher konzipierten ohv-Werksrennmotor mit geschlossenen Zylinderköpfen, der im R 32-Fahrgestell mit Sattelstützrohr und Serien-Radstand saß. Am Ende der Saison 1924 war Bieber Deutscher Meister.

Zwei der drei mit gefrästen Stahlzylindern, obenliegenden Ventilen und frei laufenden Kipphebeln ausgerüsteten und von den Werksfahrern Franz Bieber und Rupert Karner pilotierten Maschinen fielen mit Motorschäden aus: Die Stahlzylinder überhitzten, der offen laufende Ventiltrieb war dem Fahrbahn-Schmutz ausgesetzt, und die Motorleistung von etwa 15 PS bei 4000/min^{-1} erwies sich gegenüber der starken Victoria-Konkurrenz als nicht ausreichend. Rudolf Reich, der dritte BMW-Fahrer, wurde Sechster.

Einen bemerkenswerten Erfolg erzielte der motorradsportbegeisterte Amateur-Rennfahrer

Der erste Renneinsatz einer BMW fand am 17. Juni 1923 beim Solitude-Bergrennen statt. Rudolf Reich (rechts im Bild) wurde Sechster, die anderen beiden Werksfahrer Franz Bieber und Rupert Karner (Österreich) kamen nicht ins Ziel. Die breiten Stahlzylinder überhitzten, der offen laufende Ventiltrieb war dem Fahrbahn-Schmutz ausgesetzt, und die Motorleistung von etwa 15 PS bei 4000/min^{-1} erwies sich als nicht ausreichend.

Rudolf Schleicher, noch bevor er im Oktober 1923 als Diplom-Ingeieur bei BMW anfing. Mit seiner privat aufgebauten „RS"-Rennmaschine, die mit dem BMW M2 B 15-Boxer ausgerüstet war, siegte er im September beim Bergrennen Hindelang-Oberjoch.

Vom 1. bis 3. März 1924 wurde die ADAC Winterfahrt nach Garmisch-Partenkirchen ausgetragen. Rudolf Schleicher und Rudof Reich fuhren die BMW-Werksrennmaschinen aus dem Vorjahr (Solitude Bergpreis 17. Juni 1923) mit den Stahlzylindern und offener Ventilbetätigung. Am ersten Tag, dem Freitag, bewältigte Schleicher die Strecke München (Forstenried?)-Garmisch in 1 Stunde, 59 Minuten als schnellster Motorradfahrer und Gesamtzweiter hinter einem Wagen mit 1 h 53. Am Sonntag, den 3. März 1924, fand das Bergrennen auf die „Mittenwalder Gsteig" statt. Schleicher fuhr mit 3 min 31,5 sek. Tagesbestzeit (gilt als erster BMW-Sieg); der schnellste Wagen (Willy Cleer, Frankfurt auf Stoewer 9,5 PS) brauchte 3 min 52 sek.

1924: Rennsportmodell mit ohv-Motor als R 37-Vorläufer

Beim Solitude-Rennen am 18. Mai 1924 trumpfte BMW richtig auf. Schleicher hatte völlig neuartige, längsverrippte und aus Vollmaterial gedrehte Stahlzylinder mit separaten Zylinderköpfen konstruiert; die Zylinderköpfe bestanden aus Leichtmetall, waren ebenfalls längsverrippt und beherbergten einen wegweisenden Ventiltrieb: obenliegende, über Stößelstangen und Kipphebel angetriebene Ventile (ohv-Prinzip). Abdeckt waren die Zylinderköpfe durch Hauben als Aluminium. Diese signifikanten und wegweisenden Änderungen waren die Grundlage für die Konstruktion des Sportmodells R 37, das 1925 auf den Markt kam. Auf der Solitude besiegte die BMW-Truppe das Victoria-Team in drei Klassen. 20 PS sollen die umkonstruierten R 32-Motoren geleistet haben.

Beim Rennen „Rund um die Lausitz" 1924 errang die R 32 den „Kopfnagel" in der Klasse 4, den 1. Platz und die schnellste Zeit des Tages. Zweimal auf dem 1. (Franz Bieber, Rudolf Reich) und einmal auf dem 2. Platz landete die R 32 im gleichen Jahr beim Rennen „Rund um Landshut".

1925-1926

R 37 494 cm³

Sportmodell mit wegweisendem ohv-Boxer

Für den Motorsport (und für sportliches Fahren) war die Serienversion der R 32 mit ihrem seitengesteuerten 8,5-PS-Boxer nur bedingt geeignet. Wenn BMW auf dem sich öffnenden Weltmarkt gegenüber der starken (vor allem englischen) Konkurrenz bestehen wollte, mußte an der Leistungsschraube gedreht werden, und zwar mit einem neuen Konzept.

Machte den Boxer mit hängenden Ventilen flott: Rudolf Schleicher
Entwickelt wurde das Sportmodell, das 1925 unter der Bezeichnung R 37 erschien, von dem jungen Diplom-Ingenieur (und Weltkriegsveteranen) Rudolf Schleicher, 1897 in Basel (als Sohn deutscher Eltern) geboren, Absolvent der Technischen Hochschule München, ab dem 1. Oktober 1923 als Konstrukteur bei BMW, um an der Serienvorbereitung der R 32 mitzuarbeiten. Er würde Karriere machen – als Rennfahrer, Rennleiter, Entwicklungschef und später sogar als Direktor bei BMW, zwischendurch (1927 bis 1931) Leiter des Motorenversuchs bei Horch in Zwickau. Nach 1945 gründete er in München die Firma Schleicher Fahrzeugteile KG. Er starb 1989.

Bereits im Frühjahr 1924 hatte Schleicher sich den biederen sv-Boxer der R 32 vorgenommen, um ihm mehr Pepp zu verleihen und ihn im Sport konkurrenzfähiger zu machen – was auch nachhaltig gelang, wie wir gesehen

Rechts und Details darunter: restaurierte R 37 in Sportausführung, markiertem Drehzahlmesser von Glashütte, gezogene Kurzschwinge mit Trommelbremse vorn. Man beachte die längs verrippten Zylinder und Leichtmetall-Zylinderköpfe, die unten für maximale Schräglage abgeschrägt waren.

Unten links: Rudolf Schleicher in Rennfahrerkluft 1925 mit einer für den Sport präparierten R 37. Deren Boxermotor hatte er mit obenliegenden Ventilen leistungsstark und konkurrenzfähig gemacht.

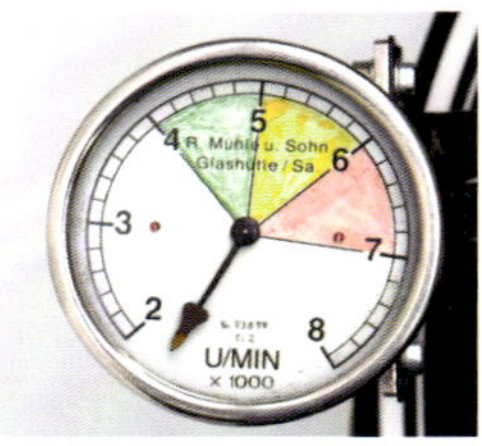

Steckbrief R 37 (alle Daten im Anhang)

Bauzeit	1925-1926
Typ intern, Ventile	M 2 B 36, ohv
Einheiten	152
Hubraum	494 cm³
Leistung	16 PS bei 4000/min⁻¹
Gemischaufbereitung	1 BMW-Vergaser
Getriebe	3-Gang
Rahmen	Stahlrohr
Vorderradführung	Doppelblattfeder-Gabel
Hinterradführung	starr
Bremsen vorn/hinten	Tr. 150 mm/Keilklotz
Reifen vorn/hinten	26 x 3
Leergewicht	134 kg
Höchstgeschwindigkeit	115 km/h
Preis	2900 RM

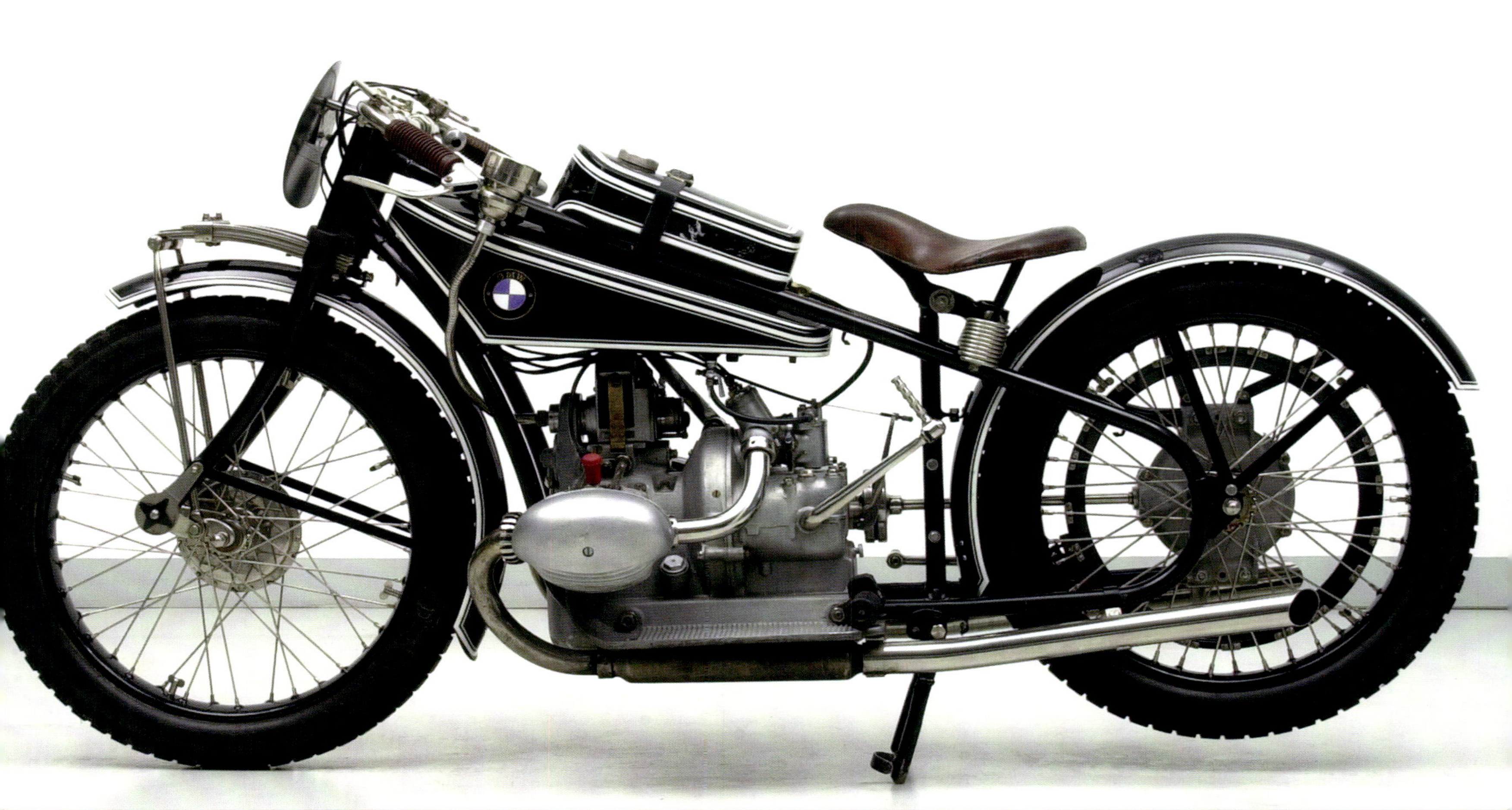

haben. Größter Erfolg war der Gewinn der Deutschen Meistershaft 1924 durch Franz Bieber auf der R 32 mit Ohv-Rennmotor. Der BMW-Vorstand war angetan und gab am 24. Juni 1924 grünes Licht für den Bau einer kleinen Serie der erfolgreichen Rennmaschine. Als R 37 wurde das Ohv-Sportmodell im Dezember 1924 auf der Berliner Automobilausstellung präsentiert.

Bessere Kühlung durch Längsrippen

Schleicher hatte den R 32-Motor grundlegend umkonstruiert und die falsch verrippten Gußzylinder durch die aus dem Vollen gedrehten, zuvor bereits im Rennsport erprobten Stahlzylinder ersetzt. Auf diesen saßen nun Leichtmetall-Zylinderköpfe mit abnehmbaren Aludeckeln und je zwei hängenden Ventilen, die von einer zentralen Nockenwelle über Stößelstangen und Kipphebel angetrieben wurden. Zylinder und Zylinderköpfe waren nun aerodynamisch korrekt querverrippt, d.h. umlaufend längs zur Fahrtrichtung. Dies war eine bedeutende Innovation, die neue Kühlrippenanordnung sollte bei allen künftigen Modellen und bis heute so bleiben.

Das Verhältnis von Bohrung und Hub war beim neuen Motortyp M 2 B 36 wie bei der R 32 mit jeweils 68 mm quadratisch, die Verdichtung betrug 6,2 : 1. Eine komplexe BMW-Erfindung war

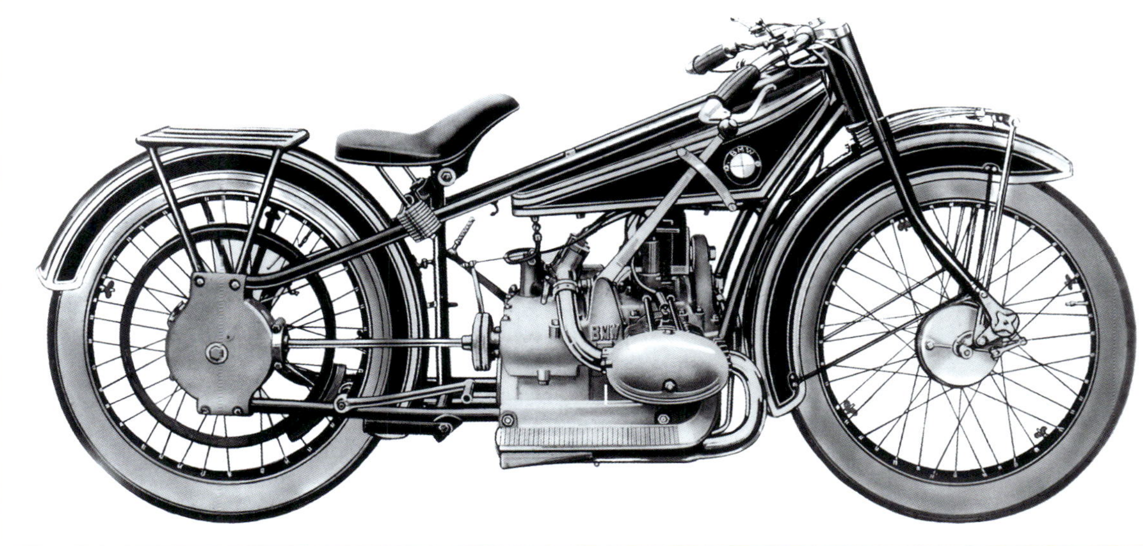

Oben: restaurierte R 37 Rennausführung mit aufgeschnalltem Zusatztank und schmalen Schutzblechen, fotografiert 2002. Unten: Originalaufnahme der R 37 in Serienausführung von 1925 mit kurzen Auspuffrohren.

der Dreischiebervergaser (sic!), der über je einen Luftschieber pro Zylinder und einen zentralen Gasschieber mit 26 mm Durchlaß in der Mitte verfügte. Man kann sich vorstellen, daß die Einstellung nicht einfach war. Die Leistung des Ohv-Boxers betrug 16 PS bei 4000/min^{-1} und war damit fast doppelt so hoch wie beim einfachen sv-Motor. Das genügte für 115 km/h Spitzentempo, zumal ja überwiegend auf Schotter- und Naturstraßen gefahren werden mußte.

Die Übersetzungen von Getriebe und Hinterradantrieb hatte man angepaßt. Das Triebwerk mit seinem angeflanschten Dreigang-Getriebe und der

Links: Anläßlich seines 90sten Geburtstags 1987 ließ sich Rudolf Schleicher noch einmal mit seiner Kreation von 1925, der epochemachenden BMW R 37, fotografieren.

Einscheiben-Trockenkupplung saß im unverändert übernommenen Rohrrahmen der R 32 mit filigraner Doppelblattfeder-Vorderradschwinge, Trommelbremse vorn und Keilklotzbremse hinten. Auch die Bereifung in 26 x 3 Zoll und das 14-Liter-Tankvolumen waren gleich geblieben. Neu war nur der Scherenstoßdämpfer am Schwingengelenk vorn. Dieser erste BMW-Ohv-Motor war von der Bauart her die Blaupause für alle Boxer-Triebwerke bis in die 1990er Jahre.

Ideale Maschine für Privatrennfahrer

Zunächst war nur eine Serie von 50 Exemplaren geplant gewesen. Doch aufgrund der starken Nachfrage – vor allem durch Privat-Rennfahrer – brachte es die R 37 bis 1926 auf letztlich 152 Einheiten. Durch zahllose Rennerfolge wurde die Sport-BMW zum Mythos. Wer sie haben wollte, zahlte ohne zu zögern den hohen Preis von 2900 Reichsmark – die R 37 war zu ihrer Zeit das teuerste Motorrad auf dem deutschen Markt.

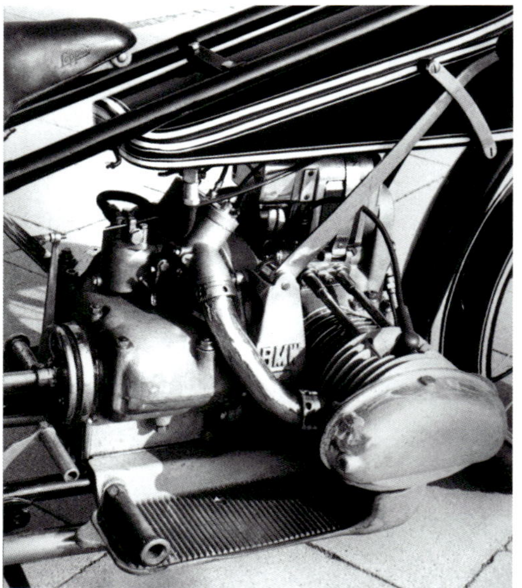

Der 16 PS starke Zweizylinder-Boxermotor der R 37 war mit seinen im LM-Zylinderkopf liegenden Ventilen und dem Dreischiebervergaser ein Meilenstein der BMW-Motorradentwicklung und prägte die Technik bis Mitte der 1990er Jahre.

1925: R 37-Gespann

Schon früh wurden BMW-Gespanne auch im Motorsport eingesetzt. 1925 war die 16 PS starke R 37 die ideale Zugmaschine. Der Beiwagen kam meist von Royal. Für die Münchner Firma war von Vorteil, daß ihre Produkte im BMW-Katalog angeboten wurden. Damit war ein flächendeckender Vertrieb garantiert, und dem jungen Seitenwagenproduzenten blieb es erspart, unter hohem Kapital- und Organisationsaufwand ein eigenes Verkaufsnetz hochzuziehen.

Rudi Reich auf einer R 37 mit getuntem ohv-Werksmotor bei einer Winterfahrt am 18. Januar 1925. Der Beifahrer hängt sich komplett aus dem Royal-Seitenwagen nach links.

Oben: abgespeckte R 37 beim Start zum Schleizer Dreieck-Rennen 1926. Die Einzylinder der Konkurrenz hatten gegenüber der revolutionären BMW schlechte Karten. Unten: eine der Werks-R 37 von 1925, die auch noch 1926 eingesetzt wurde. Der Lenker war seitlich extrem nach unten gebogen. Typisch auch die abgeschrägten Auspuffenden.

ab 1924 (inkl. Prototypen):
R 37 im Sport

Unbezahlbar für das Image der jungen Marke waren die Sporterfolge, die BMW bereits 1924 mit drei Protoypen der R 37 auf der Stuttgarter Solitude herausgefahren hatte: Es war der erste Einsatz des künftigen ohv-Motors mit von Rudolf Schleicher konstruierten Zylinderköpfen aus Leichtmetallguß, hängend angeordneten und unter Abdeckhauben gekapselten Ventilen gewesen. Das BMW-Team siegte in drei Klassen und verwies die vom ehemaligen Mitarbeiter Martin Stolle konstruierten Victoria-Maschinen vom Typ KR II auf die Plätze. Weitere Siege bei den bedeutendsten Rennen in ganz Deutschland sowie der erste deutsche Meistertitel durch Franz Bieber etablieren BMW bereits im ersten Rennjahr 1924 als führendes Fabrikat – siehe folgende Abschnitte.

Nach der Präsentation im Dezember 1924 ging die mit dem zukunftsweisenden Motor ausgerüstete Maschine 1925 als R 37 in Serie. BMW-Ingenieur Rudolf Reich siegte beim ersten Soltude-Rundstreckenrenne im Mai, Paul Köppen auf der Avus, Toni Bauhofer gewann das Eifelrennen.

Von nun an verließ die weißblaue Marke nicht mehr die Erfolgsschiene. 1925, im Jahr ihres Debüts, heimste die R 37, die aus 500 cm³ bereits (damals beachtliche) 16 PS schöpfte (über 20 in der Rennversion), sagenhafte 91 Erste Preise ein. Franz Bieber war auf einem R 37-Prototyp Deutscher Meister 1924 geworden. Seine Werksrennmaschine verfügte bereits über die ab 1926 serienmäßige Wellenbremse anstatt des Keilklotzes am Hinterrad. 1925 holte Rudi Reich auf dem R 37-Werksrenner die Deutsche Meisterschaft.

1926 fuhren Rudolf Schleicher und Fritz Roth als Privatfahrer zu den (seit 1920 ausgetragenen) Six Days ins nordenglische Buxton (Derbyshire), die vom 16. bis 21. August stattfanden. Die umfangreichsten Aktivitäten auf dem Motorsportsektor spielten sich in jener Zeit in England ab; dort gab es bereits spezielle Geländewettbewerbe mit schwierigen Sonderprüfungen.

Bei den Six Days konnten die BMW-Fahrer mit ihren innovativen Boxer-R 37 gut mithalten: In der Trophy-Wertung fuhr das deutsche A-Team auf Rang 3 (Schleicher und Roth auf BMW, Gustav Gubela auf Mabeco). In der Silbervasen-Wertung erreichte das gleiche Team Platz 5. Schleicher bekam zudem eine Goldmedaille, die an alle vergeben wurde, die weniger als 30 Strafpunkte gesammelt hatten. Roth gehörte zu den Fahrern mit weniger als 60 Strafpunkten und erhielt eine Silbermedaille. Die brandneuen Boxer sorgten mit ihren respektablen Ergebnissen und durch ihr modernes Erscheinungsbild erstmals auch international für Aufmerlsamkeit.

Ernst Henne als neuer Shooting-Star

Die große Neuentdeckung des Jahres 1926 war Ernst Henne, der von Schleicher ins Werksteam geholt wurde. Seinen ersten Sieg auf BMW fuhr er am 2. Mai in Karlsruhe heraus. Beim Eifelrennen auf Landstrassen siegte Henne 1926 zum dritten Mal – der Nürburgring war erst 1927 fertig. Am Saisonende 1926 konnte sich der Münchner als Deutscher Meister feiern lassen.

Die R 37-Werksrenner wurden ständig verbessert. Je nach Wettbewerb wurden Beinschilder, spezielle Auspuffanlagen und aufgeschnallte Zusatztanks montiert. Die Motorräder mit dem quergestellten Boxermotor und dem wartungsfreien Wellenantrieb hatten für Aufsehen gesorgt und würden weiter gehörig von sich reden machen.

Bis zum Zweiten Weltkrieg produzierte BMW parallel zu den seitengesteuerten Tourenmodellen Sportversionen mit obenliegenden Ventilen und mindestens um ein Drittel höherer Motorleistung. In diese Reihe gehörten die R 47 von 1927/28 (500 cm³, 18 PS, Grauguß-Zylinder, Zweischieber-Vergaser, 1850 RM, 1720 Einheiten) und die R 57 von 1928/30 (gleicher Motor, gleicher Preis, 1005 Einheiten). Details zu diesen Modellen weiter unten.

Oben: Prototyp der R 37 in Rennversion von 1924 mit Stahlzylindern und öldichten Deckeln auf den LM-Zylinderköpfen. Der präparierte Rennmotor leistete 20 PS bei 4750/min⁻¹.

Rechts: BMW-Pressefoto von Ernst Henne, der auf dem 500er Rennboxer R 37 1926 Deutscher Meister wurde.

Rechts oben: Toni Bauhofer gewann mit der 500er BMW 1925 das Eifelrennen.

Rechts unten links: Franz Bieber, Münchner Fahrradhändle, Clubkamerad von Friz und Schleicher und Deutscher Meister 1924 nach einem gewonnenen Rennen.

Daneben: Rudi Reich, Deutscher Meister 1925, auf der weiterentwickelten BMW-Werksmaschine mit Kardanbremse anstelle der simplen Klotzbremse am Hinterrad.

IIA-097
56

1926-1928:

R 42 494 cm³

Begehrte sv-Alltagsmaschine

Trotz der Programmerweiterung durch ein erstes Einzylinder-Modell war der Boxer weiterhin das Rückgrat der Produktion. Ab März 1926 wurde die neue R 42 ausgeliefert, als designierte Nachfolgerin der (noch eine Zeitlang weitergebauten) R 32, eine handliche, nur 126 kg schwere Tourenmaschine. Sie war keine grundlegende Neukonstruktion, sondern ein im Detail teilweise stark verbessertes, im Prinzip aber auf dem Urmodell basierendes Motorrad. Zu den Modifikationen gehörte die Ablösung der Doppelblattfeder vorn durch einen zentralen, entsprechend stärkeren Verbund aus fünf Federblättern, gegen die sich die nun steiler angelenkte Kurzschwinge über einen Bügel abstützte. Ergebnis war unter anderem ein größerer Federweg. Die beiden Rahmenunterzüge verliefen nun gerade und nicht mehr konkav. Der Motorblock war dadurch etwas weiter nach hinten gerückt, was die Schwerpunktlage verbesserte. Schmale Schutzbleche ohne Seitenteile ließen die Maschine sportlich wirken.

Der Ledersattel wurde hinten von zwei verchromten, langhubigen Druckfedern und vorn von einem Metallfederblatt abgestützt. Im Motorradsport bereits erprobt worden war die neuartige Außenbackenbremse, die direkt hinter dem Getriebe gelagert war und auf den Wellenantrieb wirkte. Die Hardyscheibe war durch Gummilager ersetzt worden. Die „Kardanbremse" ersetzte ab der R 42 generell die antike, wenig effiziente Keilklotzbremse am Hinterrad. Lieferbar waren zwei verschiedene Tiefbettfelgen-Größen mit entsprechenden Bereifungen: vorn und hinten 26 x 3,5 Zoll oder 27 x 2,75 Zoll, jeweils auf Felgen 19 x 3 oder 21 x 2,5.

Steckbrief R 42 (alle Daten im Anhang)	
Bauzeit	1926-1928
Typ intern, Ventile	M 43, sv
Einheiten	6502
Hubraum	494 cm³
Leistung	12 PS bei 3400/min^{-1}
Gemischaufbereitung	1 BMW-Vergaser
Getriebe	3-Gang
Rahmen	Stahlrohr
Vorderradführung	Blattfeder-Gabel
Hinterradführung	starr
Bremsen vorn/hinten	Tr. 150 mm/Welle
Reifen vorn/hinten	26 x 3,5 oder 27 x 2,75
Leergewicht	126 kg
Höchstgeschwindigkeit	95 km/h
Preis	1510 RM

Rechts: Schnittmodell des sv-Motors der R 42, angefertigt vor Serienanlauf 1925. Gut zu erkennen: Zahnradkaskade zum Antrieb von nockenwelle und Zündmagnet, Kolben und Ventilteller. . Mitte: Motor und Antrieb der R 42 1926; neu sind die Alu-Zylinderköpfe und die Bremse auf der Antriebswelle. Unten: Konstruktionszeichnung der R 42 mit geänderter vorderer Radaufnahme und zentraler Blattfeder.

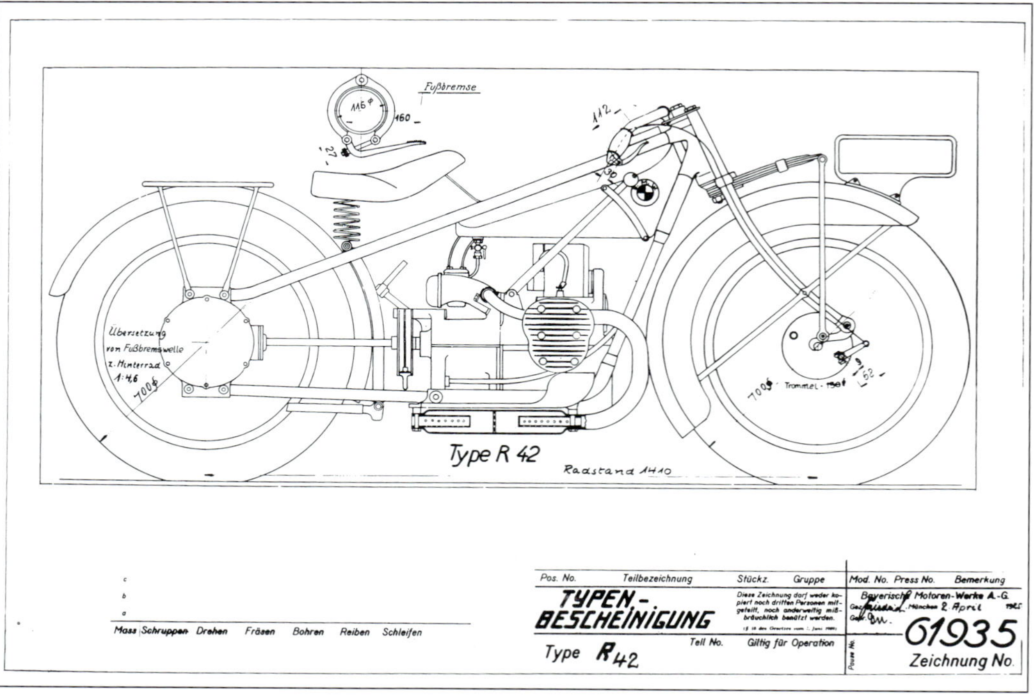

Oben: BMW R 42 1926 mit neu ausgelegter Vorderradführung, doppelt abgefedertem Sattel, kurzen Auspuffrohren. Unten links: Schnittmodell von Motor, Getriebe und Kardanbremse; Zylinder und Zylinderköpfe sind längsverrippt. Unten rechts: Werks-Testfahrer mit R 42 im Jahr 1926.

Für die R 42 hatte man in weiten Teilen den seitengesteuerten, quadratisch ausgelegten Halbliter-Motor mit 494 cm^3 Hubraum (Typ M 43) übernommen, Zylinder und Zylinderabdeckungen jedoch völlig neu konstruiert. Die Zylinder bestanden weiterhin aus Grauguß, die abnehmbaren, in zwei Ebenen gestalteten Zylinderabdeckungen allerdings aus einer Alu-Legierung. Zylinder und Deckel waren nun aerodynamisch korrekt mit längs ausgerichteten Kühlrippen versehen. Bis zur R 71, die von 1938 bis 1941 produziert wurde, sollte das so bleiben.

Dank größerer Ventile und eines neu entwickelten Zweischieber-Vergasers mit 22 mm Durchlaß und 12 PS bei 3400/min^{-1} hatte BMW Durchzugskraft und Spitzentempo steigern können. Dreigang-Getriebe und das mit Staufferfett gefüllte Hinterachsgetriebe stammten von der R 32, doch hatte man die Übersetzungen geändert. Der Tachometer wurde vom Getriebe aus angetrieben. Die Einscheiben-Trockenkupplung war kräftiger ausgelegt.

Die R 42 war von Anfang an stark gefragt, schnell entwickelte sie sich zum Verkaufsschlager. Mit 6502 abgesetzten Einheiten verkaufte sie sich fast doppelt so gut wie die R 32 – auch dank des deutlich niedrigeren Preises von nur noch 1510 RM. Wenn man so will, war die R 42 der erste Verkaufsschlager. Das ab 1925 lieferbare Einzylindermodell R 39, das vom „halben", senkrecht stehenden ohv-Boxer der R 37 angetrieben wurde, kostete noch mehr – 1870 Reichsmark. Die Nachkriegs-Sorgen waren bei BMW neuem Optimismus gewichen, auch dank der verbesserten und neu konstruierten Flugzeugtriebwerke, die in großen Stückzahlen von Junkers in Dessau und Dornier in Friedrichshafen geordert wurden.

1926-1928:
R 42-Gespann

Mit der Ablösung der R 32 durch die nunmehr 12 PS starke R 42 im Jahr 1926 gingen auch Verbesserungen im Bereich der Gespannfertigung einher. So verfügte die R 42 direkt ab Werk im Bereich des Hinterachsgetriebes über eine angegossene Öse für die Befestigung des Seitenwagens. Royal verstärkte den Rahmen des Basis-Boots, das nun als „Type S 49" angeboten wurde. Einige Jahre später wurde eine Seitenwagenbremse als Zubehör ab Werk oder als nachrüstbares Element angeboten. Die R 42 war Mitte der 1920er Jahre die begehrteste Zugmaschine im Behörden- und Geschäftseinsatz.

R 42 mit 12 PS als Zugmaschine, oben gekoppelt mit dem Geschäftsseitenwagen von Royal. Verzögert wurde das rund 200 kg schwere Gespann über die Innenbacken-Vorderradbremse (150 mm Durchmesser) und die Außenbacken-Kardanbremse der Zugmaschine. Später gab es auch eine Beiwagenbremse.

1926-1928:
R 42 im Sport

In den 1920er Jahren waren die meisten Straßen unbefestigt und mit Split oder Schotter belegt. Daher wurde Pisten- und Geländetauglichkeit in gewissem Umfang bei einem Motorrad damals einfach vorausgesetzt. Spezielle Umbauten wie hochgelegte Auspuffrohre und Kotflügel kamen erst später auf. Die Reifen wiesen sowieso ein grobes Universalprofil auf, und die Motorräder waren insgesamt nicht so schwergewichtig. Der gute Drehmomentverlauf gestattete auch untertourige Fahrmanöver im Schrittempo. Daher ließ sich auch die seitengesteuerte und nur 12 PS starke R 42 bei lokalen Wettbewerben durchaus erfolgversprechend einsetzen.

Untermotorisiert, aber robust: Abnahme einer R 42 vor Beginn eines lokalen Wettbewerbs 1926.

1927-1928

R 47 494 cm³

Erfolgreicher Sport-Boxer, auch im Export

Mit der Ende 1926 in Berlin vorgestellten und ab Frühjahr 1927 vermarkteten R 47 wollte BMW ein größeres motorsportbegeistertes Publikum erreichen als mit der teuren und exklusiven R 37. Daher senkte man den Preis für das neue Sportmodell auf 1850 RM, das war eine „Ermäßigung" um 36 Prozent! Das konnte man vertreten, denn das Fahrwerk mit seinem hinten ungefederten Doppelschleifen-Stahlrohrrahmen war jenes des im Jahr zuvor präsentierten Tourers R 42. Im Gegensatz zur überwiegend handgefertigten R 37 wurde die R 47 in Serie produziert, was zusätzlich die Kosten begrenzte. Preismindernd wirkte sich auch aus, daß die 15prozentige Luxussteuer bei Kraftfahrzeugen weggefallen war.

Auch die Gabel, jetzt mit zentraler Feder, und das Dreiganggetriebe mit der angesetzten Außenbackenbremse wurden weitgehend unverändert übernommen. Gespart hatte BMW auch beim Motor (Typ M 51): Er basierte zwar auf dem Sport-Boxer der R 37, war aber hinsichtlich Bearbeitung und Material etwas gröber geschnitzt. So besaß der R 47-Boxer keine gedrehten Stahlzylinder mehr, sondern einfache Graugußzylinder. Die ohv-Leichtmetallzylinderköpfe kamen von der R 37, doch hatte man durch Feinarbeit die Höchstleistung auf 18 PS bei nunmehr 4000/min⁻¹ steigern können. Folge: Die R 47 erreichte ein Spitzentempo von 110 km/h. Die glattflächigen Alu-Hauben waren zentral mit je einer Schraube befestigt. Den komplizierten Dreischiebervergaser hatte man durch einen Standard-Vergaser ersetzt. Auf Wunsch gab es ein leistungsfähigeres Dynamoteil für die Zündlichtmaschine. Der Magnetzünder blieb Bestandteil des Bosch-Produkts. Bereift war die 130 kg schwere Maschine vorn und hinten in 27 x 3,5 Zoll Niederdruck oder 26 x 3 Hochdruck.

Steckbrief R 47 (alle Daten im Anhang)

Bauzeit	1927-1928
Typ intern, Ventile	M 51, ohv
Einheiten	1720
Hubraum	494 cm³
Leistung	18 PS bei 4000/min^{-1}
Gemischaufbereitung	1 BMW-Vergaser
Getriebe	3-Gang
Rahmen	Stahlrohr
Vorderradführung	Blattfeder-Gabel
Hinterradführung	starr
Bremsen vorn/hinten	Tr. 150 mm/Welle
Reifen vorn/hinten	26 x 3 oder 27 x 3,5
Leergewicht	130 kg
Höchstgeschwindigkeit	110 km/h
Preis	1850 RM

Motor und Seitenansicht einer topestaurierten R 47, aufgenommen 1983. Der ohv-Halbliter-Boxer leistete 18 PS, die Zylinder bestanden jetzt aus Grauguß. Das Motorfoto zeigt gut den Zentralvergaser, den langen Ansaugweg, den verschraubten Ventildeckel und die Kardanbremse am Getriebeausgang. Die Doppelrohre vorne am Rahmen verliefen nun gerade. Die R 47 war ein Verkaufsschlager.

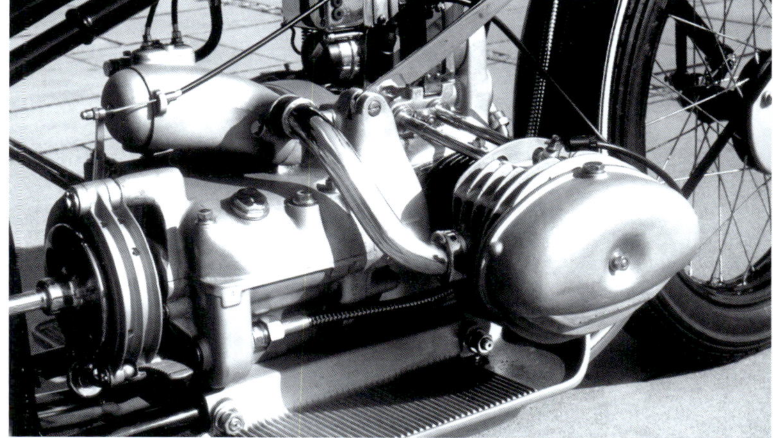

Im Feld der internationalen Konkurrenz stand BMW mit der R 47 ausgezeichnet da, auch was das Image betraf. Und der spektakulär abgesenkte Preis führte dazu, daß man innerhalb von einem Jahr – die R 47 wurde bis 1928 gebaut – mit 1720 Exemplaren zehnmal so viele Einheiten absetzen konnte wie von der R 37. Zum Erfolg trug auch der Export bei: Alle Welt wollte nun BMW-Boxer-Motorräder haben, und so kamen auch für die R 47 nennenswerte Bestellungen vor allem aus den USA, aus Argentinien, Südafrika, England – und Österreich.

Differenzen zwischen Friz und Schleicher

Vor dem Hintergrund der politischen und wirtschaftlichen Situation, die sich deutlich verbessert hatte, ging es weiter aufwärts mit BMW. Gefördert wurde das Unternehmen nicht zuletzt durch seinen Aufsichtsratsvorsitzenden Dr. Emil Georg von Stauss, der auch Direktor der Deutschen Bank war. Der 25 000ste BMW-Motor wurde ausgeliefert, und 1927 konnte mit dem Bau einer neuen Fabrik, eines modernen Verwaltungsgebäudes, einer Einfahrbahn und von neuen Prüfständen für Flugzeug- und Motorradmotoren begonnen werden. 1928 war alles betriebsbereit, bei BMW waren nun 2400 Arbeiter und 400 Angestellte beschäftigt.

Die Arbeitsbedingungen für Konstrukteur Rudolf Schleicher hatten sich stark verbessert. Max Friz, der Technische Direktor, hielt das Motorrad für gelungen und glaubte nicht, daß Schleicher es mit erhöhtem Versuchsaufwand noch weiter verbessern könne. Stefan Knittel: *„Friz vertrat, wie damals bei der Helios, noch immer die Meinung, daß eine an sich nicht geglückte Maschine auch in der Versuchsarbeit nicht zu verbessern sei."* Vor allem der Aufladung des Boxers durch einen Kompressor stand Friz, anders als Schleicher, skeptisch gegenüber.

Schleicher kündigt und geht zu Horch

Die ständigen Auseinandersetzungen mit Friz, der nach langer Diskussion die Entwicklung von Kompressor-Motoren strikt untersagt hatte, liessen Schleicher schließlich kapitulieren. Entnervt verließ er BMW am 1. April 1927 und ging zu Horch nach Zwickau, wo er bis 1931 zusammen mit Fritz Fiedler als Leiter des Motorenversuchs an der Entwicklung der Horch-Achtzylinder-Motoren beteiligt war. Doch er würde zurückkehren und die BMW-Motorentwicklung auch im Automobilbereich entscheidend voranbringen.

Oben: BMW R 47 mit stolzem Fahrer im Jahr 1926.
Unten: der Rennfahrer Alois Sitzberger 1927 mit seiner R 47 am Stadtrand von München nahe Milbertshofen.

1927-1928:

R 47-Gespann

Das Jahr 1927 war reich an Bemerkenswertem: Der belgische Astrophysiker Georges Lemaître präsentierte seine Urknall-These vom Beginn des Universums. Der Deutsche Ernst Otto Mayer gründete am 7. Mai die brasilianische Fluggesellschaft Varig. Der US-amerikanische Freimaurer Charles A. Lindbergh überquerte am 20. und 21. Mai als erster Mensch den Atlantik von New York nach Paris mit seiner eigens konstruierten, einmotorigen „Spirit of St. Louis". Am 1. Juni wurde der Hindenburgdamm eröffnet, der die Insel Sylt mit dem Festland verbindet. Und mit Gründung des Fürther Versandhauses Quelle am 26. Oktober strebte die Konsumgesellschaft ihrem ersten großen Kaufrausch entgegen. Bei BMW spülte die neue R 47 Geld in die Kassen, die von Familienvätern gern mit Beiwagen geordert wurde.

Zeitgenössisches Foto rechts: Auch die sportliche R 47 konnte mit einem (hier nicht identifizierbarem) Seitenwagen kombiniert werden.

Farbfoto oben: R 47 aus dem BMW-Museum, aufgenommen 1993. Das Vorderrad wird von einer Rohrgabel mit einfacher Blattfeder geführt. Verzögert wird mit kleiner Trommel vorn und Wellenbremse hinten. Der Schalthebel wirkt direkt auf das Dreiganggetriebe.

1927-1928:
R 47 im Sport

Die R 47 wurde – wie weiterhin auch die R 37 – von zahlreichen Privatfahrern im Rennsport eingesetzt. Bei den Werksrennmaschinen handelte es sich aber eher um Prototypen mit leistungsgesteigerten Motoren. Beim Rahmen setzte BMW teilweise auf das handgefertigte R 37-Chassis mit den beiden vorne konkav gebogenen beiden Unterzügen, wie es auch einige Fotos dokumentieren.

Die künftige Modellpolitik von BMW warf 1927 bereits ihre Schatten voraus, denn es wurden im Sport bereits obengesteuerte Boxermotoren mit 750 cm³ eingesetzt, wie sie ab 1928 serienmäßig (und mit begrenzter Leistung) das neue Topmodell R 63 befeuerten (mehr dazu später). Rein äußerlich waren weder die 500er, noch die 750er Renner von den Serienmodellen zu unterscheiden. Shooting-Star Ernst Henne wurde auf einer 750er Renn-BMW 1927 Deutscher Meister in der 750er Klasse.

Ausnahmetalent Ernst Henne

Wer war der Mann? Wir haben ihn bereits weiter vorn kurz vorgestellt. Aber es lohnt sich, einmal genauer hinzusehen. Ernst Jakob Henne (am 22. Februar 1904 in Weiler im Allgäu geboren) hatte schon mit 15 Jahren den Führerschein bekommen und arbeitete nach seiner Mechanikerlehre als Chauffeur, bevor er in München eine Auto- und Motorradwerkstatt, später eine BMW- und Mercedes-Vertretung eröffnete.

1923 belegte er auf einer geliehenen Megola (Fünfzylinder-Sternmotor im Vorderrad) beim Mühldorfer Sandbahnrennen, an dem er spontan teilgenommen hatte, den dritten Platz. Danach brillierte er mit seinem beherzten Fahrstil immer wieder bei Bahnrennen und Geländefahrten. International Schlagzeilen machte Henne mit seinen extrem werbewirksamen Rekordfahrten auf BMW-Kompressor-Boxern zwischen 1929 und 1937 – s. folgende Kapitel „Motorsport und Rekorde".

Hennes überragendes Talent blieb BMW-Rennleiter Rudolf Schleicher nicht verborgen. 1925 heuerte der er den Wahl- Münchner für den nach oben strebenden BMW-Rennstall an. Zum Auftakt war Henne bei einer Trainingsfahrt schwer gestürzt, kam aber nach neun Tagen Bewußtlosigkeit

Oben: Karl Gall 1927 auf einer Trainingsmaschine mit einem Serienfahrgestell des Modells R 47 und einem 500-cm³-Rennmotor in der Ausführung aus der vorangegangenen Saison.

Rechts: Karl Gall auf Siegesfahrt beim Tauernrennen 1927.

schnell wieder auf die Beine und fuhr danach für BMW von Sieg zu Sieg. Seine Deutsche Meisterschaft 1926 war ein erster Höhepunkt. 1927 wurde Henne Meister bei den 750ern und 1928 Sieger der Targa Florio Motociclistica auf Sizilien.

Dreimal Deutscher Meister: Hans Soenius
Bei den 500ern holte Hans Soenius gleich dreimal den Titel Deutscher Meister: 1927, 1928 und 1929. Soenius (1901 in Godorf bei Köln geboren und 1965 dort durch Freitod gestorben) gehörte ebenfalls zu den Glanzlichtern des deutschen Motorradrennsports. Seinen ersten Sieg hatte er 1924 bei einem Rennen zwischen Köln und Godorf auf einer OEC Blackburne herausgefahren. Zwischen 1925 und 1931 gewann er viermal die Deutsche Bahnmeisterschaft. Auf dem Nürburgring gehörte er in den späten 1920er und den 1930er Jahren zu den Publikumslieblingen. Insgesamt siegte er 198mal, unter anderem auf dem Marienberger Dreieck, dem Sachsenring, auf der Solitude, beim Hamburger Stadtparkrennen und international beim Großen Preis von Barcelona. 1927 bis 1932 war er Werksfahrer bei BMW.

Im Juli 1936 wendete sich sein Schicksal: Er stürzte auf dem Schottenring bei Darmstadt wegen eines platzenden Hinterreifens schwer und musste den Motorradsport aufgrund seiner Verletzungen aufgeben. Als NSDAP-Mitglied wurde er 1940 vom NS-Kraftfahrkorps eingezogen und in Paris bei einer Anwerbeeinheit für Fremdarbeiter für die Luftwaffe verwendet.

Tragisches Schicksal: Karl Gall
1927 nahm BMW auch den talentierten, 1903 in Wien geborenen Rennfahrer Karl Gall unter Vertrag. Er fuhr die 500er wie die 750er Werksrennmaschine und stand bis 1939 – mit Unterbrechungen – bei BMW unter Vertrag. Er siegte 1927 unter anderem beim Tauernrennen und der Österreichischen TT sowie beim Kolberger Bäderrennen. 1928 gewann er auf der 750er BMW den GP von Österreich, 1929 auf 500er BMW das Eilenriederennen und den GP von Ungarn. Nach Siegen auf der Nürburgring-Nordschleife (!), bei der Dutch TT und beim GP von Deutschland auf dem Sachsenring wurde er 1937 Deutscher Meister in der 500er Klasse. 1938 und 1939 lag er beim Hamburger Stadtparkrennen vorn, 1938 siegte er auf der AVUS.

Galls Ende war tragisch: Er starb am 13. Juni 1939, nachdem er sich am 2. Juni mit seiner Kompressor-BMW bei einem Trainingssturz zur Senior-TT schwere Kopfverletzungen zugezogen hatte. Das Rennen am folgenden Tag gewann Teamkollege Schorsch Meier – s. Kapitel „Rennsport und Rekorde 1937-1939".

Rechts: Ernst Henne hatte beim Großen Preis von Österreich zwar Pech, war jedoch am Saisonende 1927 Deutscher Meister bei den 750ern.

Unten: Josef Stelzer gewann 1927 beim GP Deutschland auf dem Nürburgring die 750-cm³-Klasse und war damit Europameister auf BMW. Das Rennen war in diesem Jahr der Lauf um die Motorrad-Europameisterschaft. Stelzer wurde der erste und einzige 750-cm³-Europameister in der Geschichte des Motorradrennsports.

1928-1929:
R 52 486 cm³
Robustes Arbeitspferd

Das Jahr 1928 hatte entscheidende Bedeutung für die Zukunft von BMW. In den fertiggestellten neuen Betriebsgebäuden lief die Produktion von Motorrädern sowie 8- und 12-Zylinder-Flugmotoren auf vollen Touren. Zu den großen Motoren-Abnehmern zählte die 1928 durch den Zusammenschluß der beiden Fluggesellschaften Deutscher Aero Lloyd AG und Junkers Luftverkehrs AG in Berlin gegründete Deutsche Lufthansa AG. Das wichtigste Ereignis des Jahres war für BMW aber die Übernahme der völlig überschuldeten Fahrzeugfabrik Eisenach, die den Dixi-Kleinwagen produzierte, einen Lizenzbau des englischen Austin 7.

Die Transaktion, mit der die Autoproduktion aus der Gothaer Waggonfabrik des Schapiro-Konzerns herausgelöst wurde, war von BMW-Generaldirektor Popp, Aufsichtsratschef von Stauss und Hauptaktionär Castiglioni eingefädelt worden. Der Dixi wurde zum BMW und stand am Beginn einer Entwicklung, die aus dem bayerischen Unternehmen in wenigen Jahren einen Automobilhersteller von Weltrang und einen erfolgreichen Player im Autorennsport machte. Ende 1928 hatte sich der Umsatz mit 27,2 Millionen Reichsmark seit 1926 verdreifacht.

Motorradgeschäft weiter im Aufwind

Zum guten Ergebnis trug nicht zuletzt die R 52 als Nachfolgerin der R 42 bei, die 1928 auf den Markt kam und bis 1929 produziert wurde. Die R 52 verkaufte sich – zum gleichen Preis – blendend: 4377 Exemplare fanden in Deutschland, aber auch in zahlreichen Exportländern zufriedene Abnehmer.

Während das Chassis nahezu unverändert geblieben war, hatte BMW den Motor (Typ M 57) komplett neu konstruiert. Zwar war es bei seitengesteuerten Ventilen geblieben, doch mit einem Bohrung-Hub-Verhältnis von 63 zu 78 mm handelte es sich nun um einen ausgeprägten Langhuber, dessen 12 PS bei 3400/min⁻¹ zur Verfügung standen und der durch besonders starke Durchzugskraft aus niedrigen Drehzahlen heraus das ideale Triebwerk für den Einsatz im Alltag und auf Touren war, und dies bei Geschwindigkeiten bis 100 km/h. Der Hubraum hatte sich von 494 auf 486 cm³ reduziert.

Ansonsten unterschied sich die R 52 von der Vorgängerin durch eine geänderte Auspuffanlage, eine auf 200 mm vergrößerte Vorderradbremse, spiralverzahnte Kegelräder am Hinterradantrieb und einen längeren, nun geschwungenen Schalthebel für das verstärkte Dreiganggetriebe. BMW war von der Robustheit der Maschine überzeugt und bescheinigte einem Leser der Zeitschrift *„Das Motorrad“*, der sich vor Antritt einer Europareise mit einem vollgepackten R 52-Gespann besorgt nach der günstigsten Fahrtroute durch die Alpen erkundigte hatte: *„Es gibt in Europa keinen Paß, den Ihre BMW Maschine nicht schafft.“*

Mit allem Drum und Dran und besetzt mit zwei Personen dürfte dieses R 52-Gespann (bei einem Leergewicht von 152 kg ohne Boot) rund 400 kg gewogen haben. Bei dem auf 12,5 Liter Volumen verkleinerten Tank dürfte die Reichweite nicht allzu groß gewesen sein.

Der sv-Boxermotor der R 52 vom Typ M 57 war eine Neukonstruktion mit langhubig ausgelegtem Kurbeltrieb. Gut zu sehen: die stehenden Ventile, Kolbenboden, Zylinderkopf mit Brennraum.

Steckbrief R52 (alle Daten im Anhang)

Bauzeit	1928-1929
Typ intern, Ventile	M 57, sv
Einheiten	4377
Hubraum	486 cm³
Leistung	12 PS bei 3400/min⁻¹
Gemischaufbereitung	1 BMW-Vergaser
Getriebe	3-Gang
Rahmen	Stahlrohr
Vorderradführung	Blattfeder-Gabel
Hinterradführung	starr
Bremsen vorn/hinten	Trommel 200 mm/Welle
Reifen vorn/hinten	26 x 3,5 oder 26 x 3,25
Leergewicht	152 kg
Höchstgeschwindigkeit	100 km/h
Preis	1510 RM

Foto von 1928 mit freigestellter R 52. Die Maschine besitzt Bosch-Lichtmagnetzündung und Schalldämpfer unterhalb der Trittbretter. Die Bremstrommel war auf 200 mm vergrößert worden.

BMW blieb mit seinen Typenbezeichnungen vorerst noch der einmal begonnenen Terminologie treu: die „2“ stand für Touren-, die „7“ für Sportmodelle. Wie wir im Folgenden sehen werden, brachte das Jahr 1928 neben der R 52 und der R 57 (s. weiter unten) zwei bedeutende Neuentwicklungen hervor, die 750er Modelle R 62 und R 63, auf die wir im Folgenden ebenfalls näher eingehen werden.

Studiofoto der R 52 von 1928. Neu bei dem Modell ist unter anderem der verlängerte und geschwungene Schalthebel. Am Hinterradgetriebe ist die Seitenwagenaufnahme zu erkennen.

28-1929:
52 im Sport

internationalen Rennsport oder bei n Sechstagefahrten spielte das brave ırenmotorrad R 52 keine Rolle. Hier zten das Werk und Privatfahrer nur e hochmotorisierten Sportboxer mit enliegenden Ventilen ein.

Auf lokaler und regionaler Ebene jedoch, und dort vor allem bei Zuverlässigkeitsfahrten, hatten auch die Fahrer einer R 52 eine Chance. Polizei, Militär und andere Behörden waren an dem soliden Basismodell interessiert und wollten sehen, wie sich die Maschine auf rauher Piste schlug.

Das Foto von der R 52 am rutschigen Hang entstand bei der Harzfahrt 1933.

1928-1929:
R 52-Gespann

Wie das Vorläufermodell R 42 war auch die R 52 eine ausgezeichnete Zugmaschine, die trotz ihrer begrenzten Leistung von 12 PS und des Gespann-Leergewichts von 200 kg jeden Berg hinauf kam. Der neu konstruierte, nun langhubige Halbliter-Boxermotor mit seinen seitlich stehenden Ventilen war auf große Durchzugskraft und hohe Lebensdauer ausgelegt worden.

Die Vielfalt der Beiwagen-Programme von Royal, später auch Steib und Stoye, und die gelungene Kombination der Boote mit den Boxermodellen von BMW begründete einen Nimbus, der bis in die 1960er Jahre Bestand hatte.

R 52 von 1928 mit Blattfeder-Rohrschwinge und Royal-Seitenwagen mit 19-Zoll-Ersatzrad.

1928-1930:
R 57 494 cm³

Neue Basis für den Rennsport

Wer sich heutzutage über allzu schnelle Modellwechsel beklagt, sollte sich die Situation der 1920er Jahre näher vor Augen führen. Damals verging praktisch kein Jahr, in dem nicht neue oder überarbeitete Versionen die Vorgängertypen zu altem Eisen degradierten. So war es auch bei der Motorradsparte von BMW: Nach nur einem Jahr wurde die R 47 durch die R 57 abgelöst, die nun schon das dritte Sportmodell seit 1925 war. Technisch basierte die obengesteuerte R 57 von 1928 zwar weitgehend auf der R 47, doch der geänderte Name ließ sie in den Augen der Kundschaft als begehrenswerte Neuheit erscheinen.

Dabei waren nur zwei Dinge wirklich neu: die von der R 52 übernommene, auf 200 mm vergrösserte Vorderrad-Trommelbremse mit Leichtmetall-Bremsankerplatte sowie der im Durchlaß auf 24 mm erweiterte Zweischiebervergaser „BMW Spezial". Immerhin war die R 57 mit 115 km/h Spitze etwas schneller als die Vorläuferin. Der Motor mit dem vom Ur-Boxer übernommenen Hubraum von 494 cm³, Graugußzylindern und Leichtmetall-Zylinderköpfen samt glattflächigen Hauben vom Typ M 56 leistete 18 PS bei 4000/min^{-1}.

Motorsport als Verkaufsförderung

Die Kraft wurde wieder über ein Dreigang-Getriebe mit Einscheiben-Trockenkupplung und Kardanwelle übertragen. Ab Motornummer 70889 verbaute BMW allerdings eine Zweischeiben-Kupplung. Wie beim Tourenmodell R 52 wurden die Gänge jetzt mittels eines kulissengeführten „Schwengels" gewechselt. Der Preis war von 1720 (R 47) auf 1850 RM geklettert, was viel Geld war und auf jeden Fall mehr als das, was die Konkurrenz verlangte. Gleichwohl entschieden sich 1005 Käufer in zahlreichen, auch überseeischen Ländern für die Sport-BMW mit der neuen Typenbezeichnung.

Dies hatte auch seinen Grund in den zahlreichen sportlichen Erfolgen, die BMW-Fahrer zu jener Zeit auf der R 57 und davon abgeleiteten Werkrennern herausfuhren – das war die beste Werbung für die Motorräder mit dem weißblauen Tankemblem. BMW sagt im Rückblick: *„Mit dem Kauf einer schweren BMW konnte sich jeder Kunde ein wenig wie Toni Bauhofer oder Ernst Henne fühlen."* Die R 57 wurde bis 1930 produziert.

Steckbrief R 57 (alle Daten im Anhang)

Bauzeit	1928-1930
Typ intern, Ventile	M 56, ohv
Einheiten	1005
Hubraum	494 cm³
Leistung	18 PS bei 4000/min^{-1}
Gemischaufbereitung	1 BMW-Vergaser
Getriebe	3-Gang
Rahmen	Stahlrohr
Vorderradführung	Blattfeder-Gabel
Hinterradführung	starr
Bremsen vorn/hinten	Trommel 200 mm/Welle
Reifen vorn/hinten	26 x 3,5 oder 27 x 2,75
Leergewicht	150 kg
Höchstgeschwindigkeit	115 km/h
Preis	1850 RM

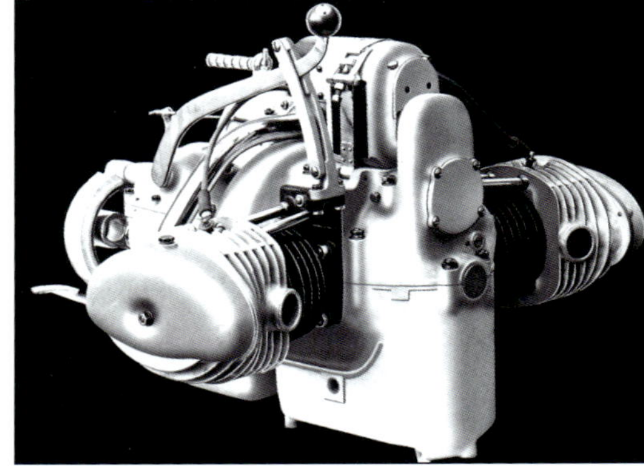

Oben, rechts: der R 57-Boxer vom Typ M 56 besaß einen leistungsfähigeren Vergaser als das M 51-Triebwerk.

Unten: die Werks-BMW 500 von Hans Soenius für das Avus-Rennen 1928. Sie besaß das nach vorn erweiterte Motorgehäuse mit Kühlrippen an der Ölwanne („Bauch-Motor"), die nunmehr den Serienmodellen ent-sprechenden Ventildeckel und die größere Vorderradbrems. Kurios: zwei verschiedene Startnummern...

Oben links: BMW R 57 in Spezial-Sportversion auf der Einfahrbahn in Milbertshofen im September 1929. Daneben: Anzeige vom 5. Mai 1929 mit einer BMW R 57 im Rennsporteinsatz. Auch die Wirtschaftlichkeit des BMW-Serienmodells wird hervorgehoben. Unten: Werksaufnahme 1928 der BMW R 57. Die R 63 sah genauso aus, war jedoch um 23 Prozent leistungsstärker.

1928-1930:
R 57-Gespanne

Auch die sportlichen Boxermodelle R 57 und R 63 mit obenliegenden Ventilen waren ab Werk für den Betrieb mit Seitenwagen vorbereitet. Aufgrund der gegenüber den sv-Modellen deutlich höheren Motorleistung wurden die ohv-Maschinen besser mit der zusätzlichen Last fertig.

Oben: Äußerlich völlig gleich waren die 1928 vorgestellten Schwestermodelle R 57 (494 cm³, 18 PS) und R 63 (735 cm³, 24 PS). Dieses Gespann ist mit Beinschildern und dem torpedoförmigen Sportboot von Royal ausgerüstet.

Unten: Zwei BMW R 57 bzw. R 63 in der ersten Reihe beim Start zu einem Rennen im italienischen Bra (Piemont) am 31. Juli 1932; gefahren wurde auf Zeit.

1928:
R 57 im Sport

Für BMW war die Rennsportsaison 1928 eine Übergangsphase. Die Werksrenner auf Basis der Sportmodelle R 37, R 47 und R 57 waren leistungsmäßig ausgereizt, und auch die neuen 750er hatten Mühe, sich gegen die starke englische Konkurrenz mit ihren Maschinen der Marken Sunbeam, Norton und Rudge durchzusetzen. Privatfahrer setzten die R 57 bis Anfang der 1930er Jahre mehr oder minder erfolgreich bei nationalen und internationalen Rennen ein.

Schleicher verläßt BMW, Hopf ersetzt ihn
Rudolf Schleicher hatte sich nach den ersten Erfolgen seines Schwagers Gustav Steinlein bei Victoria intensiv mit Kompressor-Aufladung für die BMW-Rennmotoren befaßt. Doch sein Chef Max Friz war seit seinen Auseinandersetzungen mit Paul Daimler in der Zeit bis 1917 zum selben Thema erklärter Kompressor-Gegner. Schleicher verließ dann BMW im März 1927 (wie berichtet).

Unter dem neuen Motorradchef Franz Brenner betreute Sepp Hopf nun die Rennaktivitäten. Als gelernter Schumacher hatte er 1920 bei der „alten" Firma BMW angefangen und sich in

Einsatz in Südamerika: Oswald Müller mit seiner BMW R 57 beim 100 km-Rennen in Santiago de Chile 1931.

der Zusammenarbeit mit Schleicher zu einem kundigen Motortuner hochgearbeitet.

Titelflut in der Saison 1928
Hopf gelang es, die schlagkräftige Fahrermannschaft auch für die Saison 1928 zusammenzuhalten, was sich am Ende voll auszahlte: Hans Soenius wurde auf der 500er Deutscher Meister, Toni Bauhofer holte mit der 750er den Titel in der 1000er Klasse. Ernst Henne siegte bei der Targa Florio auf Sizilien, Karl Gall gewann die Österreichische TT und den GP des Alpenstaats. Um den Mannschaftspreis fuhr BMW 1928 bei der deutschen Sechstagefahrt.

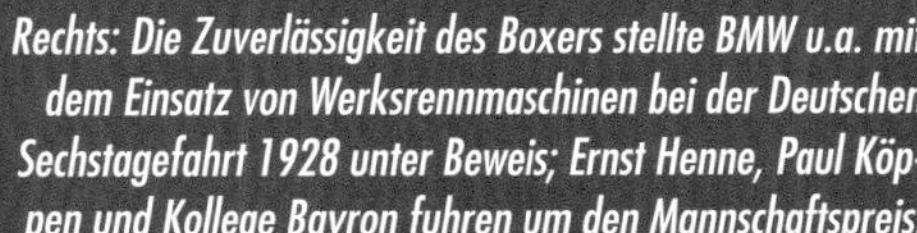
Rechts: Die Zuverlässigkeit des Boxers stellte BMW u.a. mit dem Einsatz von Werksrennmaschinen bei der Deutschen Sechstagefahrt 1928 unter Beweis; Ernst Henne, Paul Köppen und Kollege Bayron fuhren um den Mannschaftspreis.

Hans Soenius beim Eilenriede-Rennen, bei dem er als Werksfahrer in der 500-cm³-Klasse siegte. Der Kölner war am Ende der Saison 1928 Deutscher Meister.

Auf einer sorgfältig getunten R 57 gewann Otto Steinfellner 1929 den Großen Preis von Österreich. Mit dem Fuß verhinderte er, daß die Maschine auf der rutschigen Fahrbahn ausbrach.

1928-1929:
R 62 745 cm^3

Der erste 750er Boxer von BMW

Was sich im Rennsport bereits bewährt hatte, wurde 1928 auf die Serie übertragen: BMW präsentierte (neben den neuen 500ern R 52 und R 57) zwei Modelle, die erstmals einen Dreiviertelliter Hubraum besaßen: die seitengesteuerte R 62 und die ohv-Sportmaschine R 63. Damit beanspruchte man noch stärker als bisher die Führungsrolle im deutschen Motorradbau. DKW war damals mit 60 000 produzierten Einheiten pro Jahr der weltgrößte Motorradhersteller; die zweitaktenden Maschinen aus Zschopau waren ausgefeilte Konstruktionen, und DKW hatte ein hervoragendes Vertriebs- und Servicenetz. Bei den 750er Boxern spiegelten die Typenbezeichnungen 1928 zum ersten Mal nicht den Hubraum wider.

Der seitengesteuerte Motor (Typ M 56) des neuen 750er Tourers R 62 hatte einen Zylinderinhalt von 745 cm^3 und basierte konstruktiv auf der R 52-Technik. Dank der Vergrößerung der Bohrung auf 78 mm war er indes quadratisch ausgelegt. Die Höchstleistung betrug 18 PS bei 3400/min^{-1}. Größere, längsverrippte Ventildeckel waren das wesentliche äußere Kennzeichen des R 62-sv-Motors. Beatmet wurden die auf 5,5 : 1 verdichteten Brennräume vom bekannten 22-mm-Zweischiebervergaser. Auf das hebelgeschaltete Dreiganggetriebe wurde die Kraft zunächst durch eine Einscheiben-Trockenkupplung, ab Motornummer 64101 durch die neu entwickelte und zuletzt bereits in der R 57 verbaute Zweischeibenkupplung übertragen. Der Kickstarter operierte erstmals quer zur Fahrtrichtung – und dabei sollte es jahrzehntelang bleiben.

Das Fahrwerk der mit Doppelschleifen-Stahlrohrrahmen und blattgefederter Vorderradführung (hier allerdings auf sechs Blätter verstärkt) samt 200-mm-Trommelbremse und Außenbackenbremse für hinten stammte von der R 52. Bereift war die 155 kg schwere Maschine vorn und hinten in 26 x 3,5 Zoll Niederdruck oder 26 x 3,25 Hochdruck. Die neue 750er bewegte sich mit 1650 RM im Rahmen der etablierten BMW-Preispolitik. Zum Aufpreis von 250 RM lieferte das Werk Lichtanlage und Signalhorn von Bosch sowie den Tachometer des Frankfurter Herstellers OTA. Auch ein satt gepolsterter Soziussitz war als Extra zu haben. Mit einem Verbrauch von 5,0 l/100 km verbrannte die R 62 merklich mehr Kraftstoff als die leichtere R 52. Auch mußte der Fahrer daran denken, regelmäßig Motoröl nachzufüllen – ein bis zwei Liter auf 1000 km!

Die bullige Motorcharakteristik trug dazu bei, daß die R 62 nicht nur im zivilen Bereich, sondern auch von Behörden kräftig geordert wurde: Bis zum Produktionsende (bereits 1929) verließen 4355 Exemplare das Werk, oft ausgestattet mit einem Seitenwagen.

Ansonsten war das Jahr 1928 der Höhepunkt der „Goldenen 20er", die Ruhe vor dem Sturm der Weltwirtschaftskrise. Die Deutschen entdeckten immer mehr die Freuden des Reisens, am 15. Mai verkehrt erstmals der Luxuszug „Rheingold" am Rhein entlang auf der Strecke Hoek van Holland-Basel. Eine eher politisch motivierte Reise unternahm Gustav Hartmann, alias „Eiserner Gustav": Er startete am 2. April 1928 in Berlin mit seiner Droschke und dem Wallach Grasmus zu einer Reise ins 1000 km entfernte Paris, wo er am 4. Juni 1928 ankam. Mit dieser Fahrt wollte er gegen den Niedergang des Droschkengewerbes und die steigende Zahl von Autos demonstrieren. Über Motorräder hat er sich nicht beschwert! Bei seiner Rückkehr in Berlin wurde er von einer begeisterten Menge begrüßt. Die Stadt hat dem legendären Kutscher ein Denkmal gesetzt.

Rechte Seite oben: Diese restaurierte R 62 von 1928 wurde für das Januarblatt des BMW-Kalenders 1981 in Szene gesetzt. Auffällig: der erstmals quer zur Fahrtrichtung operierende Kickstarter. Die verlängerte Auspuffanlage ist zeitgenössisches Zubehör.

Unten: Originalaufnahme der R 62 von 1928 mit aufpreispflichtigem Scheinwerfer. Von der R 52 war die 750er außen nicht zu unterscheiden. Man beachte die direkt nach den schmalen Schalldämpfern endenden Auspuffrohre.

Die Zeichnung zeigt die oben im Motorblock der R 62 liegende, zahnradgetriebene Nockenwelle, die über Kurzstößel auf die Ventile wirkt. Der Begriff „stehende Ventile" geht auf die Anordnung bei vertikal stehenden Einzylinder-Motoren zurück.

Steckbrief R 62 (alle Daten im Anhang)

Bauzeit	1928-1929
Typ intern, Ventile	M 56, sv
Einheiten	4355
Hubraum	745 cm^3
Leistung	18 PS bei 3400/min^{-1}
Gemischaufbereitung	1 BMW-Vergaser
Getriebe	3-Gang
Rahmen	Stahlrohr
Vorderradführung	Blattfeder-Gabel
Hinterradführung	starr
Bremsen vorn/hinten	Trommel 200 mm/Welle
Reifen vorn/hinten	26 x 3,5 oder 26 x 3,25
Leergewicht	155 kg
Höchstgeschwindigkeit	115 km/h
Preis	1650 RM

1928-1929:

R 62-Gespanne

Die R 62 war ein ausgezeichnetes Gespann-Motorrad und war die Vorläuferin der legendären Typen R 11 und der R 12 (die allerdings einen Preßstahlrahmen hatten, mehr darüber später). Vor allem für Behörden, die Reichspost und die Reichswehr, die seit 1919 existierte, war das R 62-Gespann das ideale Allround-Fahrzeug. Ende 1929 umfaßte das Royal-Programm zehn Bootstypen. Darunter waren auch preislich besonders interessante Modelle, die dem Kunden den Einstieg in die Welt des Gespannfahrens erleichtern sollten. Erstmals warb man auch mit Erfolgen im Geländesport, der im heraufziehenden Jahrzehnt und im Rahmen der Kriegsvorbereitungen große Bedeutung erlangen sollte. Prospekttext: *„Ob beim Geländesport, auf Reisen oder im täglichen Gebrauch – immer ist der Besitzer einer kraftvollen Maschine mit Seitenwagen im Vorteil."*

Links: Der 750er sv-Motor der R 62 basierte auf dem R 52-Triebwerk, war aber quadratisch ausgelegt. Gut zu erkennen sind Nockenwellen- und Ventilantrieb. Erstmals operierte der Kickstarter quer zur Fahrtrichtung.

Unten: R 62-Gespann von 1929 mit Royal-Boot mit Windschutzscheibe und Persenning. Die Blattfedergabel ist veraltet, doch die auf 200 mm Durchmesser vergrößerte Trommelbremse war eine wichtige Neuerung.

1928-1929:
R 63 735 cm³

Neuer Dreiviertelliter-Sportboxer

Mit der ebenfalls 1928 vorgestellten R 63 stellte BMW dem Tourenmodell R 62 wieder ein Sportmodell zur Seite, das zwar fahrwerks- und rahmentechnisch mit dem Tourer weitgehend identisch war, aber wie bei die R 57 z.B. einen überarbeiteten ohv-Motor mit zentraler Nockenwelle und langen Stößelstangen besaß, die auf die in den Zylinderköpfen liegenden Ventile wirkten. Für die Gemischaufbereitung sorgte ein 24er, zentral angeordneter Zweischiebervergaser. Das Triebwerk (Typ M 60) hatte einen Hubraum von 735 cm^3 und leistete 24 PS bei 4000/min^{-1}.

Dank einer Auslegung als Kurzhuber mit einer Bohrung von stattlichen 83 und dem „klassischen" Hub von 68 mm war der Boxer der R 63 deutlich drehfreudiger als das 750er Touren-Triebwerk, was stärker zu sportlicher Fahrweise herausforderte. 120 km/h Spitzentempo waren angesichts des simplen, hinten immer noch ungefederten Rohrrahmen-Chassis mit der blattgefederten Rohrgabel eine echte Herausforderung. Das hebelgeschaltete Dreigang-Getriebe war anfangs wieder mit der Einscheibenkupplung kombiniert, doch ab Motornummer 75845 wurde auch bei der R 63 die Zweischeibenkupplung montiert. Die (schmächtige) Bereifung, durchweg auf Tiefbettfelgen aufgezogen, war für vorne und hinten gleich; die Größen: vorne 26 x 3,5 Zoll auf 19 x 3-Felge oder 27 x 2,75 Zoll auf 21 x 2,5-Felge; hinten 26 x 3,5 Zoll auf 19 x 3-Felge oder 27 x 2,75 auf 21 x 2,5-Felge. Vorn besaß die R 63 die 200-mm-Trommelbremse, die (unterhalb der Trittbretter gedämpften) Auspuffrohre liefen bis zum Hinterradgetriebe.

Obwohl die R 63 mit einem Preis von 2100 RM in der Oberklasse rangierte und nur ein Jahr lang produziert wurde, konnten 794 Exemplare an den Mann, mitunter auch an die Frau gebracht werden. Die Sporterfolge von BMW wirkten sich gerade bei der schweren R 63 positiv auf den Absatz aus.

Rechts: Titelblatt „Motor & Sport" Heft 17 vom April 1929. Das Motiv zeigt einen Fahrer in Tropenausrüstung auf einer BMW R 63 vor einer indisch-stilisierten Kulisse. BMW machte im Fernen Osten den englischen Herstellern bereits damals Konkurrenz.

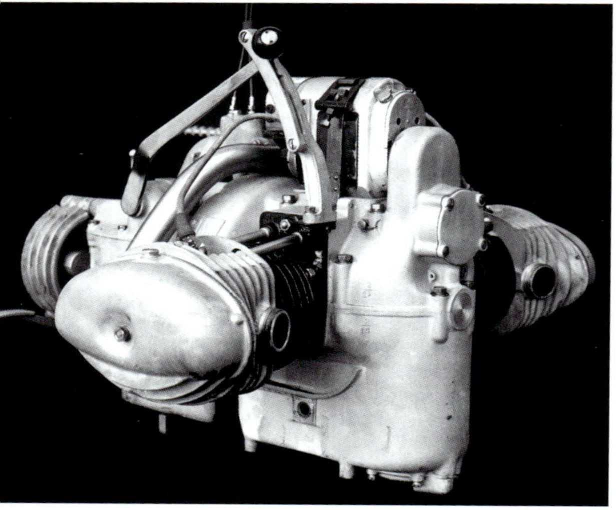

Unten rechts: Als Flugmotor war der Boxer der R 63 eigentlich nicht gedacht. Das Foto von 1936 zeigt einen „Pou-du-ciel", wie er ab 1932 von dem Franzosen Henry Mignet konstruiert und als Bausatz verkauft wurde. Ein Münchner Hobbypilot hat den Doppeldecker mit dem R 63-Boxer flott gemacht. Der „Pou" („Floh") gilt als Urahn der Ultraleicht-Flugzeuge.

Oben links: Ansicht eines fabrikneuen ohv-Boxermotors, wie er ab 1928 in die R 63 eingebaut wurde. Der Schalthebel ist bei dieser R 63 gerade wie bei den Werksrennern. Darunter: Ansicht der Antriebseinheit einer restaurierten R 63, aufgenommen 1980. Das Dreiganggetriebe ist angeflanscht. Zu erkennen sind Luftfiltergehäuse, Ansaugrohr, auf die Welle wirkende Bremse.

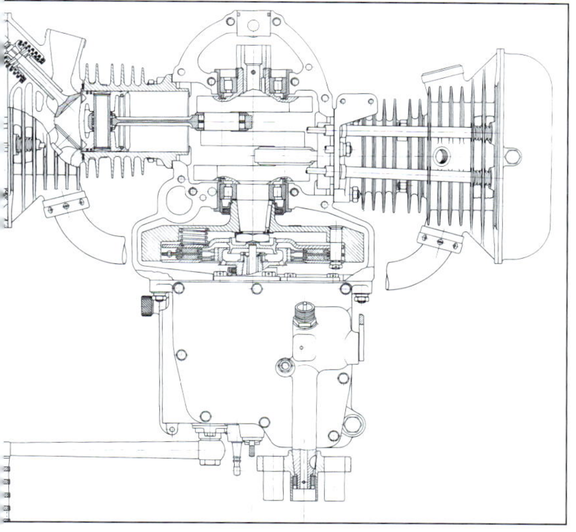

Steckbrief R 63 (alle Daten im Anhang)

Bauzeit	1928-1929
Typ intern, Ventile	M 60, ohv
Einheiten	794
Hubraum	735 cm³
Leistung	24 PS bei 4000/min⁻¹
Gemischaufbereitung	1 BMW-Vergaser
Getriebe	3-Gang
Rahmen	Stahlrohr
Vorderradführung	Blattfeder-Gabel
Hinterradführung	starr
Bremsen vorn/hinten	Trommel 200 mm/Welle
Reifen vorn/hinten	26 x 3,5 oder 27 x 2,75
Leergewicht	152 kg
Höchstgeschwindigkeit	120 km/h
Preis	2100 RM

Das Farbfoto aus dem Jahr 1980 zeigt eine toprestaurierte BMW R 63 von 1928/29 im Sporttrimm ohne Scheinwerfer vor dem BMW-Verwaltungsgebäude. Das SW-Foto ist eine Originalaufnahme von 1928; es könnte eine R 63, aber auch eine R 57 sein.

1928-1929:
R 63 im Rennsport

Von 1926 bis 1934 produzierte BMW neben den ohv-Serienmodellen u.a. die auf diesen basierende 750er Rennmaschine, mit der Josef Stelzer 1927 auf dem Nürburgring den Großen Preis von Deutschland gewann und sich anschließend Europameister der 750er Klasse nennen durfte.

Zunächst standen vom Rohrrahmen-Chassis her die Rennversionen der R 37 mit kurzem und langem Radstand Pate. Die schmächtigen Trommel- und Wellenbremsen wurden ab 1930 vorn und hinten durch neu konstruierte Halbnabenbremsen ersetzt, vorn mit Bremsmoment-Abstützungsgelenk. 1934 erhielt der 750er Racer eine hydraulisch gedämpfte Telegabel, wie sie später auch in der Serie Einzug hielt.

Der Kurzhubmotor der R 63 besaß in der Rennvariante (Sportmotor M 60) ein verstärktes Motorgehäuse mit großer Ölwanne und einem Zusatzöltank im Getriebegehäuse-Unterteil (Spitzname für das Triebwerk: „Bauchmotor"). Häufig wurden oberhalb der oberen Rahmenrohre zusätzliche Benzintanks installiert. Kompressor-Rennmaschinen wurden erstmals 1928 an den Start geschickt, fielen jedoch aus.

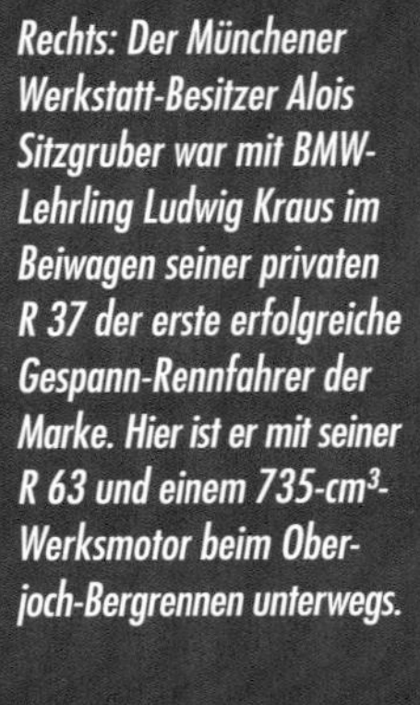

Rechts: Der Münchener Werkstatt-Besitzer Alois Sitzgruber war mit BMW-Lehrling Ludwig Kraus im Beiwagen seiner privaten R 37 der erste erfolgreiche Gespann-Rennfahrer der Marke. Hier ist er mit seiner R 63 und einem 735-cm³-Werksmotor beim Oberjoch-Bergrennen unterwegs.

Idol der 1920er Jahre: Toni Bauhofer

Auf der 750er mit Saugmotor holte Toni Bauhofer 1928 den Titel für BMW. Der 1894 geborene Münchner war ein Naturtalent und gewann insgesamt viermal die Deutsche Motorrad-Straßenmeisterschaft: 1924 in der Einliterklasse auf Megola, 1928 in der Klasse über 500 cm³ auf BMW, 1930 und 1932 in der Halbliterklasse auf DKW.

Zwischen 1926 und 1929 siegte er auf 500er und 750er BMW-Maschinen zehnmal bei bedeutenden Rennen (z.B. Eilenriede, Marienberger Dreieck, Tschechoslowakische TT und Kolberger Bäderrennen). Insgesamt fuhr Toni Bauhofer in seiner Laufbahn rund 250 Siege im In- und Ausland ein. 1961 wurde er mit dem ADAC-Sportabzeichen mit Brillanten ausgezeichnet. Er starb am 10. Januar 1968.

Mechaniker und Rennfahrer: Josef Stelzer

Josef Stelzer wurde nach seiner Zeit bei Megola 1924 BMW-Werksfahrer, war zudem als gelernter Mechaniker an der Weiterentwicklung der Rennmaschinen beteiligt. 1926 siegte er auf dem 500er Boxer beim Großen Preis von Deutschland für Motorräder auf der Berliner AVUS. Der 1994 in München Geborene starb 1942 unter nicht geklärten Umständen (Unfallfolgen oder Krankheit).

Unten: Das Bergrennen in Rostoky bei Prag am 5. Mai 1929 wurde in der Kategorie bis 750 cm³ auf einer stark gestrippten BMW R 63 gewonnen. Die spektakulären Hill Climb-Wettbewerbe waren neu in Europa.

Interessante Anekdote: Stelzer benutzte als erster deutscher Fahrer den Gasdrehgriff, siegte mit dem entsprechend ausgerüsteten Boxer 1929 bei drei 1000-cm³-Läufen (Eilenriede, AVUS, Solitude) und wurde schließlich Deutscher Meister in der Einliterklasse. Halbliter-Meister wurde 1929 Hans Soenius. Weitere Informationen zum Motorradsport s. folgendes Kapitel.

Links: Als Mitarbeiter aus Serienfertigung und Einfahrabteilung bestritten Josef Mauermayer und Ludwig Kraus im Werksauftrag Zuverlässigkeits- und Geländefahrten, hier mit einem BMW R 63-Gespann bei der Dreitage-Harz-Fahrt 1930.

Unten: BMW-Händler Theo Schoth aus Berlin mit einem 735-cm³-Werksmotor in seinem R 63-Gespann während des Großen Preises von Deutschland am 9. Juli 1933, den er in seiner Klasse überlegen gewann.

Kapitel 3:
1929 bis 1934

Weltrekorde und Rennsport

Von 1929 bis 1937 machte BMW Schlagzeilen mit Weltrekorden. Ernst Henne fuhr 1929 auf der 750er Kompressor-Maschine zunächst 216,75 km/h, steigerte sich dann bis 1934 im Duell mit englischen Fahrern bis auf 246,069 km/h. Im Straßenrennsport war das BMW-Werksteam zunächst sehr erfolgreich: Hans Soenius wurde 1929 Deutscher Meister. Doch nach dem tödlichen Unfall von Karl Stegmann zog BMW sich offiziell zurück. 1931 bis 1934 holten immerhin Privatfahrer mehrere Titel für die Weiß-Blauen. Bei den Six Days gelang BMW von 1933 bis 1935 ein Hattrick.

Rechts: Ernst Henne auf Weltrekordfahrt am 19. April 1931 mit der 40 PS starken 750er Kompressor-Maschine. Zeitweise hob das Vorderrad ab!

Unten: Der 500er Kompressor-Motor wurde bei Rekordfahrten und im Rennsport eingesetzt. Er leistete 31 bis 35 PS bei rund 6000/min^{-1}. Der Kickstarter operierte noch längs zur Fahrtrichtung.

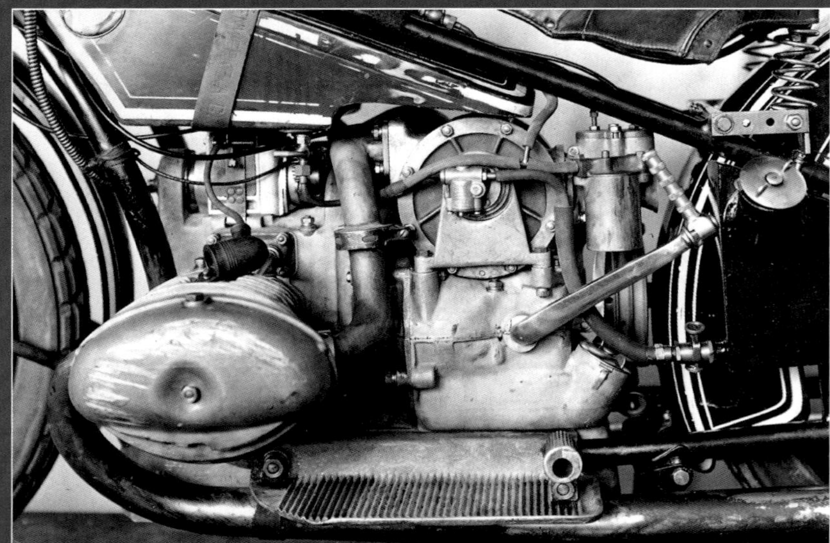

1929, 500 cm³, ohv, Kompressor

1931, 750 cm³, ohv, Kompressor:

221,5 km/h

Anmerkung: *In der Literatur, auf Internetseiten und auch bei BMW Classic*
Weil das Kürzel „WR" aber historisch nicht belegt ist, verzichten wir in diese

0er und 750er Rennmaschinen meist als „WR 500" und „WR 750" bezeichnet.
ängig darauf.

1929-1934:
Weltrekorde

Ernst Henne im Duell mit England

1929 wurden wichtige Weichen für die Weiterentwicklung der Rennmotorräder gestellt und damit die Voraussetzungen der großen Erfolge in der Zeit bis zum Beginn des Zweiten Weltkriegs 1939 geschaffen. Einerseits gelang es Rennmotorenentwickler Sepp Hopf, Chefkonstrukteur Max Friz von der Notwendigkeit zu überzeugen, die Werksrenner mit Kompressortechnik aufzurüsten. Bereits 1926 hatte Hopf-Vorgänger Rudolf Schleicher mit einer Kompressor-Version des Boxers geliebäugelt, war jedoch mit seinen Plänen am strikten Veto von Friz gescheitert, der die Entwicklung von Kompressormotoren für unnötig und reine Geldverschwendung hielt (s. a. weiter vorn).

Auf der anderen Seite gab es da den aufstrebenden Rennfahrer Ernst Henne, der sich Rekordfahrten in den Kopf gesetzt hatte, Rekordfahrten mit Kompressor-Boxern. Und dies ließ er auch Franz-Josef Popp wissen, den umtriebigen BMW-Generaldirektor, der sich in Erinnerung an den Höhenflugrekord von 1919 schnell im Klaren über die Werbewirksamkeit von Rekorden für das prosperierende Motorradgeschäft war.

Oben: Szene vor dem Start zum Weltrekord am frühen Morgen des 19. September 1929 an der Ingolstädter Landstraße im Münchener Norden mit Ernst Henne im Wollpullover und Sepp Hopf. Die Abdeckungen an der 750er Kompressor-Rennmaschine waren aus mit Klebeband befestigtem Sperrholz.

Weltrekordmaschine 750 cm³ mit Kompressor

Auf sein Geheiß rüsteten Friz und Hopf den auf der 1928 vorgestellten R 63 basierenden 750er ohv-Boxer der Werksrennmaschine mit einem französischen Cozette-Kompressor aus, der auf dem Getriebegehäuse angeordnet war und dessen Welle quer zur Fahrtrichtung lief. Der Motor wurde ausgiebig auf dem Prüfstand getestet und schließlich in ein Werksrennmaschinen-Fahrgestell mit konkaven Unterzügen wie bei der R 37, verkürztem Tank, ohne Hinterradfederung und ohne Vorderradbremse implantiert. Die Seiten wurden mit aerodynamischen Elementen verkleidet, die man aus Sperrholz angefertigt, lackiert und mit Klebeband befestigt hatte. Scheiben deckten die Speichen des Hinterrads ab. Als Treibstoff wurde Methanol eingesetzt. Es war das perfekte „Arbeitsgerät" für den Draufgänger Ernst Henne.

Im Vertrauen auf die Fahrkünste Hennes gab Popp schließlich grünes Licht für einen Angriff auf den damals von dem Engländer Bert Le Vack auf einer 1000er Brough Superior mit 206,4 km/h gehaltenen Geschwindigkeits-Weltrekord. Zunächst wäre die Sache beinahe ins Auge gegangen: Während einer Testfahrt auf der Ingolstädter Landstraße im Norden von München löste sich bei über 200 km/h der Wulst des Vorderreifens aus dem Felgenbett. Wild schlingernd jagte die Maschine über die sechs Meter breite Straße, fegte haarscharf an den Zeitnehmertischen vorbei, verfehlte nur knapp einen kräftigen Alleebaum und kam erst nach zwei Kilometern zum Stehen.

1929 erster Henne-Weltrekord: 216,75 km/h

Doch am 19. September 1929 klappte es: Ungeschützt auf der 750er mehr liegend als sitzend stellte Henne mit 216,75 km/h einen neuen Weltrekord über die Meile mit fliegendem Start auf – angesichts der eher rudimentären Fahrwerkstechnik der vorne blatt- und hinten ungefederten BMW ein sagenhafter Wert. Wie 1919 war BMW wieder in aller Munde, die Münchner hatten ihr Motorradlabel als Premiummarke etabliert, wie man heute sagen würde.

Bei einem weiteren Rekordversuch am 15. Oktober 1929 wurde eine 500er Kompressormaschine genommen, deren Motor im gleichen Fahrgestell wie dem der 750er Rekordmaschine saß. Gegenüber dieser wies sie modifizierte Seitenverkleidungen und Vollabdeckungen der beiden Zylinder auf. Henne erzielte mit der 500er 196,72 km/h und damit einen neuen Klassenrekord. Bei künftigen Fahrten ließ man die Zylinderabdeckungen wieder weg – sie hatten den kühlenden Fahrtwind zu stark abgehalten.

Der extrem werbewirksame Henne-Weltrekord vom September 1929 hielt nicht lange: Der Brite Joe S. Wright erreichte am 31. August 1930 auf einer OEC-Temple mit Einliter-JAP-V2-Motor die neue Bestmarke: 220,99 km/h. Das Duell war eröffnet, und BMW würde sich nicht lange bitten lassen. Das Werk und Henne setzten in der Folgezeit nicht nur auf immer stärkere Motoren, sondern auch auf aerodynamische Verbesserungen: Nicht nur die Maschinen, sondern auch Helm und sogar die Stiefelabsätze wurden stromlinienförmig verkleidet.

Oben: Die Ingolstädter Landstraße diente Ernst Henne als Rekordpiste. Hier ist er im weißen Overall unterwegs.

Rechts: Die 500er Klassenrekord-Maschine mit wuchtigen Zylinderhauben, die allerdings die Wärmeabstrahlung der Zylinder behinderten. Der nach unten gebogene Lenker erforderte enorme Kraft beim Kurshalten. Am 15. Oktober 1929 erreichte Henne mit dieser Maschine 196,72 km/h.

1929, 500 cm³, ohv, Kompressor:

196,72 km/h

Für die Rekordfahrten 1930 baute man eine zweite 750er Maschine mit längs angeordnetem Zoller-Kompressor und auffällig verrippten Ventildeckeln auf. Im September trat Ernst Henne erneut auf der Ingolstädter Landstraße an und überbot mit 221,5 km/h den zwischenzeitlich aufgestellten Rekord des Engländers Joe Wright (Zenith-JAP), aber denkbar knapp um 0,6 km/h.

1931 neuer Rekord mit 244,4 km/h

Im Rahmen der 1931er Rekordversuche fuhr Henne mit Seitenwagen neuen Klassenrekord – 190,27 km/h. Beim Rekordversuch solo im April erreichte er nicht das gesteckte Ziel. Doch am 3. November 1931 holte sich der Münchner auf einer abermals modifizierten Maschine mit 244,4 km/h den Weltrekord zurück und verbesserte ihn 1934 noch einmal auf 246,069 km/h. Drei Jahre später, 1937, würde Henne mit seiner nun vollverkleideten Kompressor-BMW noch einmal mächtig auftrumpfen.

1931, November, 750 cm^3, ohv, Kompressor:

244,4 km/h

Links: Rechts: Für die Rekordfahrten im Jahr 1931 hatte Sepp Hopf bereits 1930 ein zweites Motorrad aufgebaut. Der 750er Boxer entsprach der neuesten Version mit längs angeordnetem Zoller-Kompressor und verrippten Ventildeckeln. Im September 1931 trat Ernst Henne erneut auf der Ingolstädter Landstraße an und überbot mit 221,5 km/h den zwischenzeitlich aufgestellten Rekord des Engländers Joe Wright (Zenith-JAP) denkbar knapp um 0,6 km/h. Danach konnten er und BMW in der Werbung mit diesem Foto glänzen; es entstand auf der Einfahrbahn des Werks.

Rechts: Die Rekordmaschine für die Fahrten am Jahresende 1931. Ventildeckel, Versteifungsbleche am Auspuffkrümmer und kleine Aerodynamik-Hilfen am Hinterrad waren neu. Die von Josef Hopf erdachte „Topfscheiben"-Lagerung für den Kompressor ließ die Leistung deutlich steigen. Ergebnis: neuer Weltrekord mit 244,4 km/h am 3. November.

Mitte unten: Henne trat 1930 nicht mehr bei Straßenrennen an, begab sich aber mit der 750er Kompressor-BMW aufs Glatteis und beteiligte sich auf einem zugefrorenen See im schwedischen Oestersund an Rekordfahrten. Eiskalt erreichte er dabei 198,02 km/h.

Mit Seitenwagen fuhr Ernst Henne im Rahmen der 1931er Versuche neuen Klassenrekord – 190,27 km/h.

1934, 750 cm³, ohv, Kompressor:

246,069 km/h

Rekordversuch im April 1931; im November aber mit ähnlicher Maschine 244,4 km/h (s. Foto oben).

Im April 1931 trat BMW noch einmal auf der Neunkircher Allee bei Wiener Neustadt an. Ernst Henne (mit Vollbart) konnte hier jedoch nicht mit neuen Rekorden dienen. Doch am 3. November 1931 holte er sich mit 244,4 km/h den Weltrekord zurück und verbesserte ihn 1934 noch einmal auf 246,069 km/h. Bemerkenswert waren die Aerodynamikhilfen am Hinterrad und die Gesäßverlängerung mittels windschnittiger Tüte.

1929-1935:

Werksrennsport

500er und 750er ohv mit und ohne Zoller-Kompressor

Nicht nur bei Rekordfahrten, sondern auch im Rundstrecken-Rennsport machten ab Ende der 1920er Jahre kraftstrotzende BMW-Kompressor-Maschinen mit ihren aufgeladenen 494- und 735-cm^3-Boxermotoren von sich reden. Bemerkenswerterweise wurden die 1930 mit der R 11 vorgestellten Modelle mit Preßstahlfahrwerk überwiegend nur im Geländesport eingesetzt (Six Days, Harzfahrt z.B.). Auf die Typen mit Blattfedergabel folgten 1935 Rennmotorräder des Typs 255 mit Telegabel als Vorläuferinnen der R 5. Rennsportidole wie die BMW-Werkspiloten Toni Bauhofer, Ernst Henne, Josef Stelzer, Ernst Zündorf, Karl Gall und Otto Ley prägten die Szene bis in die frühen 1930er Jahre mit zahlreichen Straßenrenn- und Geländesport-Siegen.

Für 1929 hatte man die 750er Kompressor-Maschinen weiter verbessert. Eine neu konstruierte Ankerplatte der Vorderradbremse verbesserte das Bremsverhalten. Den Cozette-Lader ersetzte Hopf durch einen Kompressor von Zoller, der auf komplizierte Weise von der Stirnradkaskade aus über ein zusätzliches Zahnrad, eine Welle und Kegelzahnräder angetrieben wurde. Angeworfen werden konnte die Kompressor-BMW mit dem noch tradi-

Oben: Die verrippten Ventildeckel der Rennmotoren wurden 1931 nur kurzzeitig verbaut. Neu war auch die Vollnabe für das Hinterrad mit integrierter Trommelbremse.

Oben: Hans Soenius fuhr beim Großen Preis von Deutschland am 29. Juni 1930 eine der drei 750er Kompressor-BMW, stürzte aber aufgrund einer blockierenden Hinterradbremse. Unten: An den Werks-Rennmaschinen waren für 1930 weitere Verbesserungen vorgenommen worden. Der Zoller-Drehkolben-Lader war nun in Längsrichtung auf dem Getriebegehäuse montiert. Man beachte den kleinen Tank, die aufwendig abgestützte Vorderrad-Trommelbremse und die Hinterrad-Trommelbremse.

tionell längs orientierten Kickstarter. Doch beim Rennstart mußte angeschoben werden, was wegen der hohen Kompression in den Zylindern durchaus mit Schwierigkeiten verbunden war. Auch deshalb griff die BMW-Rennabteilung mitunter auf Maschinen mit weniger hoch verdichteten Saugmotoren zurück. Zum Zusatz-Benzinbehälter auf dem Tank gesellte sich ein Ölbehälter im hinteren Rahmendreieck, der den Schmierstoffvorrat auf neun Liter erweiterte. Der Lader erhielt eine eigene Ölpumpe.

Beim Marienberger Dreiecksrennen am 2. Juni 1929 setzten Ernst Henne und Hans Soenius erstmals die „kleine" 500er Kompressor-BMW ein. Henne wurde Zweiter, Toni Bauhofer siegte auf der 750er mit Saugmotor. Hans Soenius holte 1929 – nach 1927 und 1928 – den nationalen Meistertitel in der Halbliterklasse zum dritten Mal hintereinander für BMW (Soenius-Porträt s. weiter vorn).

Bei den Werks-Rennmaschinen wurde 1930 die Wellenbremse durch eine Vollnabenbremse am Hinterrad ersetzt, die man versuchsweise mit der Betätigung der Vorderradbremse koppelte – ein frühes Vorläufersystem der Integralbremse. Der Zoller-Drehkolben-Lader war nun in Längsrichtung auf dem Getriebegehäuse montiert und bekam einen Kettenantrieb von der Kurbelwelle aus. Wie bei der Rekordmaschine montierte man kurzzeitig verrippte Ventildeckel.

1930 Rücktritt von BMW nach tödlichem Unfall

Hans Soenius stürzte auf dem Nürburgring, nachdem die neue Hinterradbremse blockiert hatte. Ernst Henne trat nicht mehr im Straßenrennsport an, sondern jagte auch 1930 weiterhin Rekorde, etwa auf einem zugefrorenen See in Schweden, wo er auf Glatteis wahnsinnige 198,02 km/h erreichte! Karl Stegmann gewann auf der 750er Kompressor-BMW das Eilenriederennen und den GP von Ungarn, verunglückte dann aber tödlich beim Bergrennen in der Tschechoslowakei. BMW reagierte prompt auf das tragische Ereignis und trat vom Rennsport zurück. Knittel: *„Werbung wollte BMW künftig nur noch mit Weltrekorden machen."*

Die Rennmaschinen wurden an Privatfahrer abgegeben. Am Ende der Saison stand Privatier Fritz Wiese als Deutscher Meister auf BMW 500 fest. Privatfahrer siegten weiterhin auf dem Boxer: 1931 und 1932 ging der DM-Titel an Ralph Roese, 1934 wurde Kurt Mansfeld Bergmeister in der 1000er Klasse.

Ein Paukenschlag war die Rückkehr von Rudolf Schleicher 1931 als Leiter der Motorradentwicklung

Oben: die 750er Kompressor-BMW von 1929 mit Zoller-Lader und abgestützter Vorderradbremse. Unten: Kompressor-Motor mit Zoller-Lader auf dem Prüfstand 1929.

Oben und unten: Für das AVUS-Rennen um den Großen Preis von Deutschland im Juli 1933, das Sepp Stelzer gewann, hatte Josef Hopf drei spezielle, mit Zusatztanks ausgerüstete Kompressor-Maschinen aufbauen lassen. Die Werksmaschinen waren Ende 1930 verkauft worden, weshalb Serienfahrgestelle von R 57 und R 63 Verwendung fanden, hier mit kleiner Trommelbremse vorn.

bei BMW. Die Erfahrung des genialen Konstrukteurs färbte auch auf die von Fritz Fiedler verantwortete Entwicklung der neuen Automobil-Triebwerke ab, vom 303 mit dem ersten ohv-Sechszylindermotor bis zum legendären Sportwagen 328. Motorblock und Zylinderkopf der Automotoren wurden aus kostengünstig zu produzierendem Grauguß hergestellt. Das von Schleicher im Motorradbau angewandte Baukastenprinzip übertrug sich auf die Automotoren von BMW; viele Sechszylinder-Teile waren identisch mit denen des Vierzylindermotors des 3/20. Vorteil: Auf dessen Fertigungsmaschinen konnte auch der Sechszylinder bearbeitet werden. Amerikanische Konstruktionsprinzipien des Großserienbaus dienten als Vorbild; immerhin produzierte BMW seit 1928 den Neunzylinder-Flugmotor BMW Hornet als Lizenzbau des Pratt & Whitney R-1690.

Die Weiterentwicklung der Motorräder für den Straßenrennsport wurde ab 1931 nur halbherzig betrieben. Für den Geländesport standen ab 1930 die neuen, kräftig motorisierten, (bedingt) offroadtauglichen Modelle mit Rahmen und Gabel aus Preßstahl zur Verfügung (R 11, R 12, R 16, mehr dazu später). Vorrang hatte die Weiterentwicklung von Motoren und Fahrgestellen für die Serie. Karl Gall und Sepp Stelzer setzten die „alten" Kompressor-Straßenmaschinen nach 1930 jeweils 1933 und 1935 auf der AVUS, dazwischen 1934 im Training auf dem Sachsenring. Sepp Stelzer siegte beim GP Deutschland auf der AVUS 1933 und stellte dabei mit 162,2 km/h einen neuen Streckenrekord auf. Das war Futter für die Fans, die sehnsüchtig auf die Rückkehr von BMW in den Straßenrennsport warteten.

Ab 1933 dreimal Sieg bei den Six Days

Beim Geländesport aber ging BMW, getragen vom neuen Zeitgeist, ab 1933 in die Vollen. Deutschlandweit promotete, regionale Offroad-Veranstaltungen wie die über mehrere Tage laufende Harzfahrt zogen ein riesiges Publikum am Rand der Staub-, Schlamm- und Schotterpisten an. Und man scheute sich nicht – wie Sepp Mauermayer – in SA-Uniform auf ein BMW-Gespanns zu steigen. Die Uniformträger, vor allem auch der Wehrmacht ab 1935, sollten als Motorradsportler ab jetzt immer zahlreicher werden.

Bei den Six Days 1933 in Wales trat BMW mit zwei Solomaschinen und einem Gespann des Typs R 16 an, der das solide Preßstahl-Fahrwerk besaß. Die weitgehend serienmäßigen Saugmotoren der Wettbewerbs-Boxer hatten 735 cm^3 Hubraum und leisteten 33 PS. Der Einsatz wurde belohnt: Das BMW-Team mit Ernst Henne, Josef Stelzer und Josef „Sepp" Mauermayer siegte und gewann zum ersten Mal die prestigeträchtige Trophy-Wertung für das Deutsche Reich (s.a. Foto im Abschnitt „R 16 im Sport").

Bei der Silbervasen- und Mannschaftswertung reichte es jeweils nur für Platz 4. Als Trophy-Sieger richtete Deutschland 1934 die Six Days (Sechstagefahrt) in Garmisch-Partenkirchen aus. Und wieder gewann die deutsche Mannschaft mit Henne, Stelzer, Mauermayer und erstmalig Ludwig „Wiggerl" Kraus auf BMW die Trophy. 1935 dann der dritte Trophy-Sieg bei den Sechstagefahrt in Oberstdorf/Allgäu mit der BMW-Mannschaft Henne, Stelzer, Kraus, Müller. Auch die Silbervase und der Clubpreis gingen in diesem Jahr an die Teams des Deutschen Reichs (s.a. Kapitel „Sport und Rekorde 1935-1936").

Oben: Josef Stelzer 1933 mit der 500er auf Siegesfahrt. Unten: Mit zwei 500er Kompressor-BMW reisten Karl Gall und Karl Stegmann (rechts) im April 1930 zum Großen Preis von Ungarn. Stegmann holte in Budapest nach seinem Erfolg beim Eilenriede-Rennen den zweiten Sieg, verunglückte jedoch tödlich beim Bergrennen im tschechischen Königsaal-Jilovic. BMW trat danach vom Werksrennsport zurück.

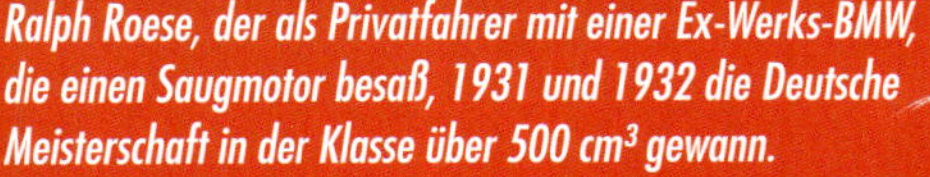

Ralph Roese, der als Privatfahrer mit einer Ex-Werks-BMW, die einen Saugmotor besaß, 1931 und 1932 die Deutsche Meisterschaft in der Klasse über 500 cm³ gewann.

Oben: 1934 Kurt Mansfeld fuhr immer noch seine von der BMW-Rennabteilung erstandene Ex-Werksmaschine. Den Zweivergaser-Motor betreute der junge Rennmonteur Josef Achatz; Mansfeld gewann die Deutsche Bergmeisterschaft in der Klasse bis 1000 cm³. Unten: BMW-Werksfahrer Josef Mauermayer in SA-Uniform am Lenker des BMW R 63-Gespanns bei der Harzfahrt 1933. In der NS-Zeit bekam der Motorrad-Geländesport im Hinblick auf militärische Einsätze besondere Bedeutung zugewiesen

Restaurierte R 11 Serie 4 von 1933 mit Zentralvergaser und Zubehör, fotografiert 1990.

Kapitel 4.
1929 bis 1942

Von der R 11, R 12 zur R 17

1928 präsentierte BMW in Berlin und London die zweite Generation der Boxermodelle, die nun nicht mehr ein Chassis aus Stahlrohr, sondern einen Rahmen und eine Gabel aus Preßstahl besaßen. Die Produktion begann im Winter 1929/30, zuerst für den Export. Bis 1942 wurden mit den Typen R 11 und R 12 robuste Alltagsmaschinen mit seitengesteuerten 750er Motoren produziert, wobei die R 12 in großer Stückzahl an Militär und Behörden ging. Im Sport erfolgreich war die obengesteuerte 750er R 16, gefolgt von der gleich starken R 17. Ein Prototyp im Art Deco-Stil war die R 7 von 1934.

Der 18 PS leistende, seitengesteuerte Boxer der R 11 Serie 4 von 1933 mit SUM-Zentralvergaser und seinen langen Ansaugrohren.

1929-1934:
R 11 745 cm³

Preßstahl statt Stahlrohr

Das Jahr 1929 war nicht nur beim BMW-Motorradbau, sondern in allen Bereichen des öffentlichen Lebens durch einschneidende Ereignisse geprägt, vor allem durch die Weltwirtschaftskrise, die am 24. Oktober 1929 an der New Yorker Wall Street begann. In Deutschland warf die Diktatur bei schweren Zusammenstößen zwischen NSDAP und KPD ihre Schatten voraus.

Bis zum Beginn der großen Krise lief es bei BMW recht gut. Der Lizenzbau des Austin 7, nun als BMW Dixi vermarktet, verkaufte sich allein bis Herbst 1929 rund 8500mal, und die Hornet-Sternmotoren für Flugzeuge wurden zunehmend, vor allem ab 1930, geordert. Die Motivation, den Motorradbau fortzuführen und sogar durch neue Modelle noch effizienter zu machen, war absolut vorhanden. Die Weltrekorde von Ernst Henne paßten da perfekt.

Vollkommen neues Erscheinungsbild

Knapp ein Jahr vor Produktionsbeginn im Winter 1929/30 präsentierte BMW mit der R 11 und der R 16 zwei Boxermodelle mit völlig neuer Rahmen- und Gabelkonstruktion aus Preßstahl und radikal geändertem Erscheinungsbild. Stefan Knittel: *„Die Vorab-Präsentation der Preßstahl-Boxer könnte aufgrund der lobenden Presseberichte vom Juni 1928 über die brandneue Wanderer K 500 (Einzylinder-Kardanmodell im ‚Stahl-Chassis') erfolgt sein. Die Modelle wurden auf der London Motor Cycle Show im Olympia Palace vom 5. bis zum 11. November 1928 und auf der Berliner Automobil- und Motorrad-Ausstellung am Kai- serdamm vom 8. bis zum 18. November 1928 gezeigt. Die Abbildungen dieser Maschinen zeigen vorn um das BMW Emblem herum eckig verlaufende Zierstreifen sowie eine Gabel mit kürzerer Blattfeder und Rohrbügel. R 11 und 16 waren halt noch nicht fertig, daher lief die Produktion der Rohrrahmenmodelle 1929 noch weiter, die R 57 wurde sogar noch 1930 gebaut."* Die ersten serienmäßigen Einheiten gingen Ende 1929 in den Export, der deutsche Markt wurde erst ab August 1930 bedient.

Eine ins Auge springende Modifikation der neuen BMW-Modelle war auch der aufgesetzte Kuppeltank, der den eingehängten Dreieckstank ablöste. R 11 und R 16 waren zudem die ersten BMW-Motorräder, die serienmäßig mit Beleuchtung und Tachometer ausgeliefert wurden. Bis dahin war dieses später unverzichtbare Zubehör nur gegen Aufpreis lieferbar gewesen.

Serie 1

Serie 2

Serie 3

Links: R 11 der Serie 4, die von 1933 bis 1934 gebaut wurde. Sei besaß die neu konstruierte Tank-Kulissenschaltung und einen Reibungsdämpfer an der blattgefederten Vordergabel, Das Leergewicht betrug 162 kg. Gut zu erkennen: Batterie-Zündanlage über dem Motor, SUM-Dreidüsen-Zentralvergaser, quer zu betätigende Kickstarteinrichtung.

Steckbrief R 11 Serie 1 (s.a. Anhang)

Bauzeit	1929-1930
Typ intern, Ventile	M 56, sv
Einheiten	7500 (Serie 1 bis 5)
Hubraum	745 cm³
Leistung	18 PS bei 3400/min^{-1}
Gemischaufbereitung	1 BMW-Vergaser
Getriebe	3-Gang
Rahmen	Preßstahl
Vorderradführung	Blattfed.-Preßstahlgabel
Hinterradführung	starr
Bremsen vorn/hinten	Tr. 200 mm/Welle
Reifen vorn/hinten	26 x 3,5 oder 26 x 3,25
Leergewicht	162 kg
Höchstgeschwindigkeit	95 km/h
Preis	1750 RM

Steckbrief R 11 Serie 5 (s.a. Anhang)

Bauzeit	1934
Typ intern, Ventile	M 56 S 5, sv
Einheiten	7500 (Serie 1 bis 5)
Hubraum	745 cm³
Leistung	20 PS bei 4000/min^{-1}
Gemischaufbereitung	2 Amal-Vergaser
Getriebe	3-Gang
Rahmen	Preßstahl
Vorderradführung	Blattfed.-Preßstahlgabel
Hinterradführung	starr
Bremsen vorn/hinten	Tr. 200 mm/Welle
Reifen vorn/hinten	26 x 3,5 oder 26 x 3,25
Leergewicht	162 kg
Höchstgeschwindigkeit	112 km/h
Preis	1630 RM

Linke Seite: Die R 11-Serien 1 (1929-30), 2 (1930-31) und 3 (1931-32) besaßen einen Zentralvergaser, ab 1930 eine Zweischeibenkupplung und eine stärkere Kardanbremse, was auf den Fotos gut zu erkennen ist.

Die nur 1934 produzierte R 11 der Serie 5 besaß einen neu durchkonstruierten, 20 FS starken Motor mit zwei Vergasern. Die Tank-Kulissenschaltung war bereits mit Ende der der Serie 4 eingeführt worden. Neu waren die sogenannten„Fischschwanz"-Schcll dämpfer, die in dieser Form lange Zeit Bestand haben sollten. Serienmäßig waren Scheinwerfer und Tachometer.

Der verwindungsfeste und wie beim Auto kostengünstig maschinell zu produzierende Preßstahlrahmen löste für lange Zeit den traditionellen Rohrrahmen ab. Wie BMW zugeben mußte, *„waren die bisher üblichen gelöteten Rohrrahmen der ständig gestiegenen Fahrleistung der Motorräder nur bedingt gewachsen. Insbesondere im Gespannbetrieb auf schlecht befestigten Straßen waren Rahmenrisse bis hin zu Brüchen aufgetreten."* Die meisten Reklamationen waren von der Reichswehr gekommen, die ihre R 62-Gespanne hart beansprucht hatte.

Dank Preßstahl keine Chassisprobleme mehr

Mit der Preßstahltechnik wollte man die Probleme endlich beseitigen. Selbst die Holme der weiterhin blattgefederten Vorderradgabel (neun Federblätter) bestanden nun aus gepreßtem Stahlblech. Im Alltagsbetrieb zeigte sich dann tatsächlich, daß die Preßstahlkonstruktion wesentlich robuster und langlebiger war als der zuvor eingesetzte, zierliche Rohrahmenverbund aus gemufften und verlöteten Rohren. Die Grundkonstruktion des Doppelrohrrahmens hatte man beibehalten, nur wurden nun die beiden Schleifen aus einem Stück gefertigt und um den Steuerkopf herum vernietet.

Die Niettechnik war allerdings keine Innovation von BMW, sondern von dem Motorradkonstrukteur Ernst Neumann-Neander mit seiner 1924 in Euskirchen bei Köln gegründeten Neander Motorfahrzeug GmbH entwickelt worden. Legendär ist das ab 1926 aus Preßstahl gefertigte und aufwendig vernietete Modell P3, das mit Einbaumotoren von 150 bis 1000 cm³ ausgerüstet werden konnte. 1928 verkaufte Neumann-Neander die Lizenz für diesen Rahmen an den Autobauer Opel, der auf dieser Basis die Opel Motoclub herstellte. BMW hat dann einfach nur genau hingeschaut. Im Stahlbau wurde ja auch schon lange genietet: Eiffelturm, Titanic...

Die Maschinen wirkten auch optisch wuchtiger und belastbarer. Bei BMW ordnet man heute die Umstellung auf Preßstahl als beispielgebend ein: *„Da Anfang der dreißiger Jahre auch andere deutsche Hersteller, wie beispielsweise Zündapp, Wanderer oder Küchen auf Preßstahlrahmen zurückgriffen und quergestellte Boxermotoren einbauten (Windhoff, Gnome-Rhône), war im Ausland von der ‚Deutschen Schule' des Motorradbaus die Rede."*

Ein Treppenwitz der Motorradgeschichte ist, daß Douglas, der Ideengeber für den ersten Boxermotor von BMW, 1934 ein Modell mit quergestelltem Boxer und Wellenantrieb vorstellte, das aber selbst in England gegen die dort stark begehrten BMW-Maschinen keine Chance hatte.

Die R 11 mit Preßstahlchassis wurde von 1929 bis 1934 (und damit als erste BMW über einen längeren Zeitraum hinweg) in fünf verschiedenen, im Detail immer wieder verbesserten Serien gebaut. Nicht unerwähnt bleiben soll, daß die Preßstahl-Vorderradführung nach anfänglichen Problemen neu berechnet und abgestimmt werden mußte. Insgesamt verließen in fünf Jahren 7500 Einheiten das Werk in München, was erstaunlich vor dem Hintergrund der Weltwirtschaftskrise war. Um den Absatz auf vertretbarem Niveau zu halten, senkte BMW den Preis für die R 11 schon im zweiten Produktionsjahr 1930 von 1750 auf 1630 RM.

Kein Umsatzeinbruch bei BMW trotz politischer Wirren

Das war gut so, denn bei sinkender Wirtschaftskraft stiegen die Arbeitslosenzahlen ab 1931 dramatisch an. Banken brachen zusammen, die Börse stellte den Betrieb ein – bis April 1932. Dies alles begünstigte den Aufstieg der NSDAP, die im März 1933 bei einer Neuwahl wieder stärkste Partei wurde. Mit den Stimmen der Zentrums-Partei wurde Adolf Hitler zum Reichskanzler gewählt, und mit dem „Ermächtigungsgesetz" wurde aus der jungen Weimarer Demokratie eine Diktatur.

Die politischen Umbrüche beeinträchtigten letztlich nicht den Erfolg der neuen BMW-Modelle, die durch ihre Gesamtkonzeption wieder einmal die Liebhaber und Käufer des Boxers überzeugten. Was konnte also die R 11? Für soliden Vortrieb sorgte der 18 PS bei 3400/min^{-1} (ab 1934 20 PS bei 4000/min^{-1}) starke 745-cm³-sv-Boxer (Typ M 56), wie er im Jahr zuvor erstmals bei der R 62 eingesetzt worden war. Mit dem unverwüstlichen, seitengesteuerten Triebwerk erreichte die R 11 zunächst 100, ab 1934 112 km/h Höchstgeschwindigkeit. Das Gemisch für den mit 78/78 mm quadratisch ausgelegten und mit 5,5 : 1 verdichteten Motor erfolgte durch einen Vergaser von BMW oder Sum, im letzten Baujahr 1934 durch zwei von der Firma Fischer in Frankfurt Oberrad in Lizenz produ-

Rechts: Der seitengesteuerte, neu durchkonstruierte 745-cm³-Boxermotor Typ M 56 S5 der fünften R 11-Serie von 1934 mit 20 PS bei 4000/min^{-1}, 2 Amal-Vergasern, Nockenwellenantrieb durch Steuerkette, Batteriezündung (optisch wie Zündlichtmagnet); die verstärkte Wellenbremse war einstellbar.

Unten: Rahmen und Gabel der R 11 und Folgemodelle bestanden aus im Steuerkopfbereich genieteten Preßstahlprofilen, die einen steiferen Verbund als die Rohrkonstruktion ergaben und kostengünstig zu produzieren waren.

Die wichtigsten Modifikationen 1929-1934 im Überblick:

Die fünf Serien der R 11

R 11 Serie 1 (1929-30): Preis 1750 RM, 745 cm³, 18 PS, Typ M 56, 1 BMW-Zweischieber-Zentralvergaser Durchlaß 24 mm, Leergewicht 162 kg

R 11 Serie 2 (1930-31): Preis 1750 RM, 745 cm³, 18 PS, Typ M 56 S2, 1 Sum-Dreidüsen-Zentralvergaser Durchlaß 24 mm, Verbreiterung der Wellenbremse, Zweischeibenkupplung, Leergewicht 162 kg

R 11 Serie 3 (1931-32): Preis 1630 RM, 745 cm³, 18 PS, Typ M 56 S3, 1 Sum-Dreidüsen-Zentralvergaser CK 3/500 F I, hebelgeschaltetes Dreigang-Getriebe, Leergewicht 162 kg

R 11 Serie 4 (1933-34): Preis 1630 RM, 745 cm³, 18 PS, Typ M 56 S4, 1 Sum-Dreidüsen-Zentralvergaser Sum CK 3/500 F I, Tank-Kulissenschaltung, Reibungsdämpfer an der blattgefederten Vordergabel, Sattel mit zwei auf Zug wirkenden Federn, Leergewicht 162 kg

R 11 Serie 5 (1934): Preis 1630 RM, 745 cm³, 20 PS, Typ M 56 S5, neu durchkonstruierter 745-cm³-Sv-Boxermotor, 2 Fischer-Amal-Nadeldüsen-Vergaser 6/406 SP und 6/407 SP, Nockenwellenantrieb durch Steuerkette, Batteriezündung, Naßluftfilter, Tank-Kulissenschaltung, Leergewicht 162 kg

Anmerkung BMW Classic:
Der Zeitpunkt der Modifikationen läßt sich nicht auf bestimmte Motor- oder Fahrgestellnummern festlegen. Auch sind diese Modifikationen nicht zwangsläufig gleichzeitig eingeführt worden.

Oben: Bei der R 11 der Serie 2 von 1930 wurde das Getriebe noch über den geschwungenen Hebel geschaltet. Bei diesem Motorrad ist eine gerade auslaufende Auspuffanlage montiert. Rechts: BMW-Schnittzeichnung Motor und Antrieb R 11 Serie 3 von 1931; Ventiltrieb, Getriebe mit Kickstareinrichtung und Abtrieb mit verstärker Kardanbremse sind perfekt dargestellt.

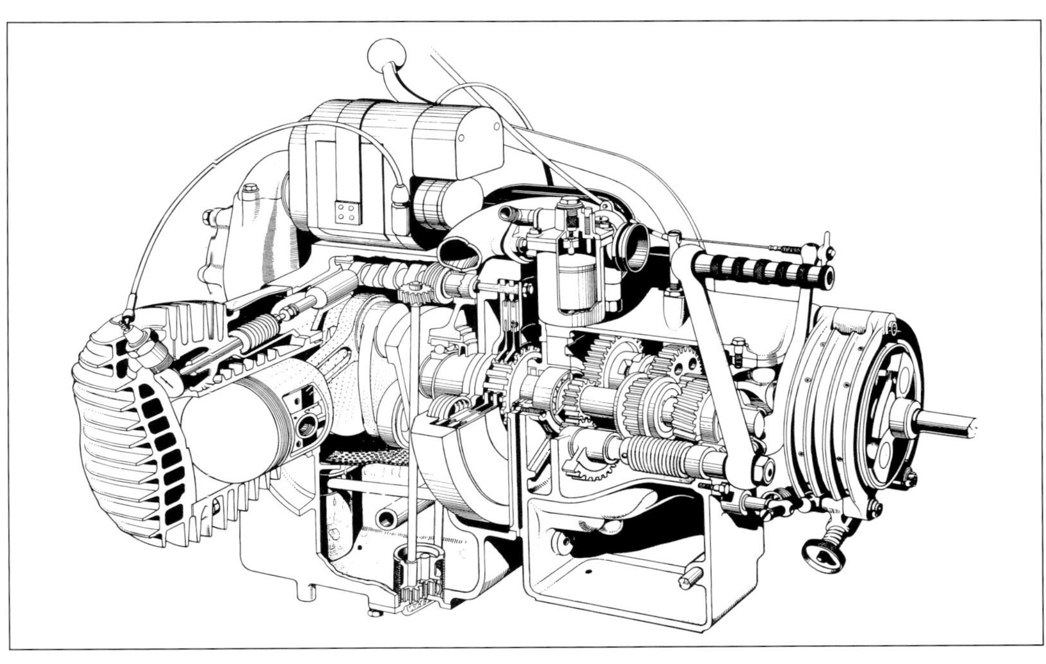

zierte britische Amal-Vergaser (Sum ist der abgekürzte Name der Sum Vergaser-Gesellschaft Carl Wirsum & Co. KG, Berlin, aktiv ab 1920). Bei einem von dem Journalisten Gustav Mueller in der Zeitschrift *„Das Motorrad“* veröffentlichten Dauertest über 15 000 km mit einem R 11-Gespann verbrauchte die Maschine durchschnittlich nur knapp 6 Liter Benzin auf 100 km. Die Teile des Motors sollen nach der Demontage wie neu ausgesehen haben.

Das spezifisch abgestimmte, hebel-, ab 1933 kulissengeschaltete Dreiganggetriebe kooperierte zuerst mit der Einscheiben-Trocken-, ab 1930 mit einer neuen Zweischeiben-Trockenkupplung. Trommelgebremstes Vorderrad mit 200-mm-Trommel und ungefedertes Hinterrad waren weiterhin Standard. Die Bereifung war dem (gegenüber der R 62 um 7 kg gestiegenen) Gewicht von 162 kg angepaßt worden: vorn und hinten 26 x 3,5 Niederdruck oder 26 x 3,25 Hochdruck, montiert auf sogenannten „Sicherheitsfelgen". Der wieder 14 Liter fassende, aber nun zwischen die oberen Rahmenzüge eingebettete Tank ermöglichte Reichweiten von rund 250 km. Ein wichtiger Fortschritt waren die erstmalig verbauten Steckachsen vorne und hinten. Auch wegen des höheren Gewichts schaffte die R 11 nur rund 95 km/h Spitze.

Offiziell blieb es bis 1934 bei der Typenbezeichnung R 11, nur intern unterschied man im Laufe der Jahre fünf Serien, deren interessanteste die fünfte mit neu durchkonstruiertem Boxermotor und zwei Vergasern war (Details s. Tabelle). Weitere BMW-Meilensteine der frühen 1930er Jahre waren das steuer- und führerscheinfreie Einzylindermodell R 2 mit 6 PS (s. a. Abschnitt R 16) und das Lastendreirad F 76 mit R 2-Motor, Hinterradantrieb und zwei gelenkten Vorderrädern – technischer Vorläufer der Isetta, wenn man so will.

Schnittzeichnung der R 11 Serie 3 von 1931 mit Sum-Einfachvergaser, Direktschalthebel und druckgefedertem Sattel. Die Schalldämpfer liegen unterhalb der Trittbretter.

1929-1934:
R 11-Gespann

Die von Royal bevorzugte L-Bauweise des Seitenwagen-Fahrgestells genügte nicht immer den hohen Ansprüchen vor allem der Fahrer von leistungsstarken BMW-Boxermodellen. Wer einen Vierpunktanschluß haben wollte, mußte den Seitenwagen bis 1929 über Klemmpratzen an die Unterzüge des Doppelschleifen-Rohrrahmens anschließen.

Bessere Voraussetzungen für die Anbringung des stabilen Vierpunkt-Chassis boten die ab 1929 mit der R 11 und der R 16 sowie ab 1935 mit der R 12 gefertigten Doppelschleifen-Preßstahlrahmen, die direkt ab Werk mit Befestigungsaugen unterhalb des Sattels und vorn am Rahmen ausgerüstet werden konnten. Der Anschluß am Hinterachsgetriebe war serienmäßig vorhanden.

Die Reichswehr bestellte bereits 1929 die 18 PS starke R 11 mit Royal-Boot, das über einen weit nach oben und hinten gezogenen, abknöpfbaren Wetterschutz verfügte. Die Militärversion war ab Werk in Tarnfarbe lackiert und verzichetete auf jede art von Zierrat.

R 11 Serie 3 von 1931 oder 1932 mit Royal-Reiseseitenwagen. Passendes Zubehör wie Soziussattel, Beifahrer-Trittbretter und Reserverad komplettierten die Ausstattung des vom bulligen 745er Motor angetriebenen Gefährts. So ein Fahrzeug war der Traum aller Gespannfahrer.

1929-1934:
R 11 im Sport

An den zahlreichen Zuverlässigkeitsfahrten der 1930er Jahre beteiligten sich Mannschaften mit weitgehend serienmäßigen BMW-Gespannen auf Basis der robusten Modelle R 11 oder später R 12. Zu dieser Sportkategorie gehörten vor allem Großveranstaltungen wie die „Märkische Orientierungsfahrt", die „Ostpreußenfahrt", die „Drei-Tage-Mittelgebirgsfahrt" oder die „Winterfahrten", an denen ab 1935 verstärkt Mannschaften der Reichswehr, später der Wehrmacht oder anderer staatlicher bzw. NS-Organisationen teilnahmen. Besonders talentierte Fahrer bekamen in Hoffnung auf eventuelle Behördenaufträge Werksmaterial anvertraut.

Rechts: Rekordfahrer und BMW-„Aushängeschild" Ernst Henne mit dem Royal-„Stromlinien"-Gespann (mit R 11 oder R 16) auf der IAMA in Berlin 1933.

Unten: Wehrmachtsteam mit dem Obergefreiten Gies und Beifahrer Seeliger auf R 11-Gespann in Tarnlackierung bei der Drei-Tage-Mittelgebirgsfahrt im Juni 1935.

1929-1934:
R 16 736 cm³

Sportboxer mit neuem Chassis

Parallel zu den sv-Basismodellen der Serien R 11 bot BMW 1929 wiederum ein Sportmotorrad an: die R 16 mit dem 736-cm³-ohv-Motor aus der R 63 und zunächst 25 PS bei 4000/min^{-1}. Das Triebwerk vom Typ M 60 stammte unverändert vom Vorläufermodell R 63. Wie die R 11 basierte auch die R 16 auf dem neuartigen Preßstahlrahmen mit der ebenfalls aus Stahlprofilen gefertigten Vorderradgabel. Eine Hinterradfederung gab es weiterhin nicht.

Insgesamt wurden von der R 16 bis 1934 fünf Serien gebaut, in die jeweils wichtige, zum großen Teil mit denen der R 11 identische Detailverbesserungen einflossen. Mit der Serie 3 von 1932 führte BMW die Zweivergaseranlage von Amal ein, die Leistung stieg auch dank erhöhter Verdichtung auf 33 PS bei 4500/min^{-1}, was (laut Werk) für eine Spitze von 126 km/h sorgte. Nach heutigen Maßstäben war die R 16 eher ein Leichtgewicht, sie wog nur 165 kg. Auch aus diesem Grund war sie sehr beliebt bei Privatrennfahrern. Aber auch das Werk setzte die R 16 im Rennsport ein, bei den Six Days zum Beispiel, und zwar solo und mit Beiwagen (s.a. weiter unten).

Rechts: Titelblatt „Motor & Sport" Heft 7/1929. Die brandneue R 16 zieht eine Skifahrerin über die verschneite Piste – „Skijörning" hieß diese zünftige Sportart.

Unten: Die erste Serie der R 16 wurde von 1929 bis 1930 produziert. Der Zentralvergaser-Boxer leistete 25 PS. Scheinwerfer, Hupe und Tachometer waren serienmäßig. Design und Rahmenkonstruktion hatten sich gegenüber dem Vorläufermodell R 63 radikal geändert. Die BMW-Modele waren puristische und stilvolle Fahrmaschinen.

Steckbrief R 16 Serie 1 (s.a. Anhang)	
Bauzeit	1929-1930
Typ intern, Ventile	M 60, ohv
Einheiten	1006 (Serie 1 bis 5)
Hubraum	736 cm^3
Leistung	25 PS bei 4000/min^{-1}
Gemischaufbereitung	1 BMW-Vergaser
Getriebe	3-Gang
Rahmen	Preßstahl
Vorderradführung	Blattfed.-Preßstahlgabel
Hinterradführung	starr
Bremsen vorn/hinten	Tr. 200 mm/Welle
Reifen vorn/hinten	26 x 3,5 oder 26 x 3,25
Leergewicht	165 kg
Höchstgeschwindigkeit	120 km/h
Preis	2200 RM

Steckbrief R 16 Serie 5 (s.a. Anhang)	
Bauzeit	1934
Typ intern, Ventile	M 60 S 4, ohv
Einheiten	1006 (Serie 1 bis 5)
Hubraum	736 cm^3
Leistung	33 PS bei 4500/min^{-1}
Gemischaufbereitung	2 Amal-Vergaser
Getriebe	3-Gang
Rahmen	Preßstahl
Vorderradführung	Blattfed.-Preßstahlgabel
Hinterradführung	starr
Bremsen vorn/hinten	Tr. 200 mm/Welle
Reifen vorn/hinten	26 x 3,5 oder 26 x 3,25
Leergewicht	165 kg
Höchstgeschwindigkeit	126 km/h
Preis	2040 RM

Bis zur Serie 5 von 1934 wurde die R 16 immer ein wenig weiterentwickelt. Wichtigste Modifikation war die ab 1932 verbaute Zweivergaseranlage, die neben höherer Verdichtung für 33 PS sorgte. Mit der Serie 3 ab 1932 wechselte BMW von der Hebel- auf die Tankschaltung, der neu entworfene Ledersattel war nun zuggefedert und weiter vorne abgestützt. Die fünfte Serie von 1934 war mit einem stark modifizierten Boxer ausgerüstet, dessen Nockenwelle nun mit einer Steuerkette angetrieben wurde. Markant war die neue Auspuffanlage mit „Fischschwanz"-Schalldämpfern.

Ein Artikel in der Zeitschrift *„Motor und Sport"* lobte die Fahreigenschaften und Leistungsfähigkeit des Sportboxers über den grünen Klee. Eine Testfahrt über 556 km von Potsdam nach Frankfurt am Main legte die R 16 in 9,5 Stunden zurück, was einem Durchschnittstempo von 60 km/h entsprach. Dabei verbrauchte die Maschine 6,2 l/100 km. Fragen warf indes die ermittelte Maximalgeschwindigkeit auf – 142 km/h und damit 16 km/h mehr als das Werk angab. Hatte man den Motor entsprechend präpariert? Es wäre kein Einzelfall in der langen Geschichte derart fürsorglicher „Pressearbeit" gewesen.

Preissenkung im Gefolge der Weltwirtschaftskrise

1933 erhielten die umgangssprachlich als „750er" bezeichneten Motoren käfiggeführte Rollen-Pleuellager und verstärkte Hinterachsgetriebe. Die Serien vier und fünf bekamen eine Tank-Kulissenschaltung, die den langen Hebel ablöste. Ab 1933 federte der Sattel auf Zug. Für die fünfte Serie von 1934 wurde der Motor umkonstruiert; der Nockenwellenantrieb erfolgte jetzt nicht mehr durch Zahnräder, sondern über eine Steuerkette. Äußerlich war die letzte Serie von 1934 durch die Auspuffanlage mit „Fischschwanz"-Schalldämpfern zu erkennen.

Insgesamt fanden zwischen 1929 und 1934 1006 Einheiten der R 16 ihre Abnehmer – trotz des anfänglich hohen Preises von 2200 RM, der noch vor der Weltwirtschaftskrise festgelegt worden war. Immerhin war auch die R 16 von

Anfang an serienmäßig mit Beleuchtung und Tachometer ausgerüstet. Aber wie bei der R 11 versuchte BMW 1930 auch bei der R 16 einem Absatzeinbruch durch Senkung des Preises von 2200 auf 1880 RM zu begegnen.

Der Verkauf von Flugmotoren aus München und Kleinwagen aus der Eisenacher Fabrik („Dixi" 3/15) ging 1931 stark zurück, sodaß wieder mal alle Hoffnungen auf dem Motorrad lagen. Mit der Einführung der eilends entwickelten, technisch weitgehend auf dem Boxer basierenden Einzylindermodelle R 2 1931 (15 207 verkaufte Einheiten bis 1936) und R 4 1932 (15 295 Exemplare bis 1937) hatten die Bayern aber das richtige Gespür bewiesen und kamen auf diese Weise relativ gut durch die Krise.

Ab 1932 ging es dann wieder steil bergauf. Die vollkommen neu entwickelten Mittelklassewagen 303 (ab 1933, 1,2 Liter Hubraum) und 315 (ab 1934, 1,5 Liter) mit dem erstmals verbauten Kühlergrill in Nierenform und den von Fritz Fiedler konstruierten Sechszylindermotoren verkauften sich bestens, und auch die Flugmotoren fanden wieder zunehmend Abnehmer, bald auch für Flugzeuge der Luftwaffe. 1934 wurde der Flugmotorenbau in die BMW Flugmotorenbau GmbH ausgegliedert. Einen Sprung nach vorn machte nach der „Machtergreifung" 1933 auch der Absatz von Motorrädern vor allem der Serien R 11, R 12 und R 4: Polizei, Reichswehr und SA orderten die Maschinen in großen Stückzahlen.

Rechts: eine für den Rennsport umgerüstete R 16 der Serie 3 vor dem Gebäude des BMW-Händlers Schoth in Berlin; markant sind die zwei offenen Vergaser, die ungedämpfte Auspuffanlage, der nach unten gebogene „Hennelenker", die Tankverlängerung, das Sitzkissen und der Startnummerträger; das Foto entstand 1931

Unten links: Titelblatt „Motor & Sport" Heft 10/1929 mit der neuen R 16 und einem britisch anmutenden Fahrer, der ungeniert mit einem übergroßen BMW-Logo statt der Lampe Werbung für den „treuen Sportkameraden B.M.W. 750 ccm" macht. Diese Art der PR war üblich und wurde vom Werk bezahlt.

1929-1934:

R 16 als Gespann

Bevorzugte Zugmaschine war ab 1929 die R 16, deren ohv-Boxer 735 cm^3 Hubraum besaß und 25, später 33 PS entwickelte. Als Zubehör für das R 16-Gespann bot BMW Beinschilder an. Eine wichtige Verbesserung war die Einführung der Kugelanschlüsse Mitte der 1930er Jahre.

Ein spektakuläres Beiwagenmodell präsentierten BMW und Royal 1933 auf der Internationalen Automobil- und Motorradausstellung in Berlin: den komplett geschlossenen, aerodynamisch geformten „Luxus-Reise-Seitenwagen", bei dem sogar das dritte Rad vollverkleidet war. Die Kabine bildete mit dem Ovalboot eine Einheit, stieg vorn mit einer großen Windschutzscheibe schräg an, besaß zwei große und zwei kleine Seitenfester auf jeder Seite sowie hinten eine kleine Heckscheibe, unter der sich die Gepäckabteil mit verschließbarer Klappe befand. Bekannt sind auch Sonderlackierungen, etwa im Zebra-Look. Stefan Knittel: „Die geschlossenen Seitenwagenkarosserien, wie sie in England noch in den 1960er Jahren zum Straßenbild gehörten, konnten sich in Deutschland allerdings nicht durchsetzen. Der Kunde blieb bei der offenen Boots- oder ‚Zeppelin'-Karosserie."

Oben: matt lackierte BMW R 16 Serie 2 mit Zubehör und Seitenwagen in Sonderausführung vermutlich für die österreichische Armee, aufgenommen um 1930.

Rechts oben: Motor und Getriebe der R 16 Serie 2 von 1930 mit einfachem Vergaser in der Mitte.
Darunter: Antriebseinheit mit Kardanbremse und zwei Amal-Vergasern der R 16 Serie 3 von 1932.

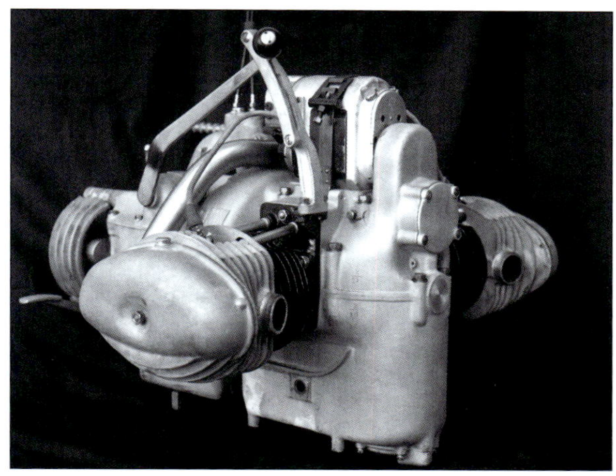

Die wichtigsten Modifikationen 1929-1934 im Überblick:

Die fünf Serien der R 16

R 16 Serie 1 (1929-1930): Preis 2200 RM, 736 cm^3, Typ M 60, 25 PS bei 4000/min^{-1}, Bohrung 83 mm, Hub 68 mm, 1 Zentralvergaser BMW Spezial 26 mm, Verdichtung 6,5 : 1, Vmax 120 km/h, Tankinhalt 14 l, Hebelschaltung, Leergewicht 165 kg

R 16 Serie 2 (1930-1932): Preis 1880 RM, 736 cm^3, Typ M 60 S2, 25 PS bei 4000/min^{-1}, Bohrung 83 mm, Hub 68 mm, 1 Zentralvergaser BMW Spezial 26 mm, Verdichtung 6,5 : 1, Vmax 120 km/h, Tankinhalt 14 l, Hebelschaltung, Leergewicht 165 kg, Verbreiterung der Kardanbremse, Zweischeibenkupplung

R 16 Serie 3 (1932): Preis 2040 RM, 736 cm^3, Typ M 60 S3, 33 PS bei 4500/min^{-1}, Bohrung 83 mm, Hub 68 mm, 2 Amal-Vergaser Typ 6/011 R.H. und L.H., Verdichtung 7 : 1, Vmax 126 km/h, Tankinhalt 14 l, Hebelschaltung, Leergewicht 165 kg, Zugfedersattel, Stoßdämpfer

R 16 Serie 4 (1933): Preis 2040 RM, 736 cm^3, Typ M 60 S4, 33 PS bei 4500/min^{-1}, Bohrung 83 mm, Hub 68 mm, 2 Amal-Vergaser Typ 6/011 R.H. und L.H., Verdichtung 7 : 1 (gegen Produktionsende 6,5 : 1), Vmax 126 km/h, Tankinhalt 14 l, Tankschaltung, Batteriezündung, Leergewicht 165 kg

R 16 Serie 5 (1934): Preis 2040 RM, 736 cm^3, Typ M 60 S5, 33 PS bei 4500/min^{-1}, Bohrung 83 mm, Hub 68 mm, 2 Amal-Vergaser Typ 6/011 R.H. und L.H., Verdichtung 7 : 1 (gegen Produktionsende 6,5 : 1), Vmax 126 km/h, Tankinhalt 14 l, Tankschaltung, Batteriezündung, Leergewicht 165 kg, Nockenwellenantrieb durch Steuerkette

Anmerkung von BMW Classic:
Der Zeitpunkt der Modifikationen läßt sich nicht auf bestimmte Motor- oder Fahrgestellnummern festlegen. Auch sind diese Modifikationen nicht zwangsläufig gleichzeitig eingeführt worden.

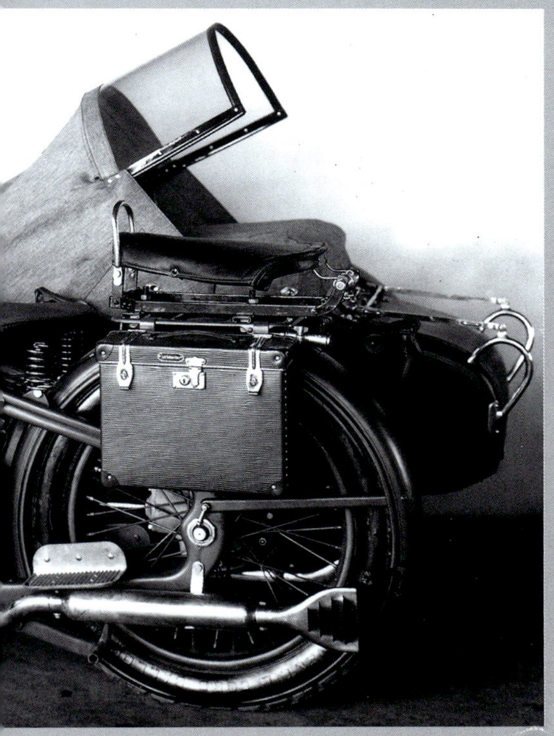

Rechts: Rennfahrer Bela Komlossy mit einem fernreisetauglichen R 16-Gespann im Jahr 1936.

1929-1934:
R 16 im Rennsport

Bis Mitte der 1930er Jahre lieferten die R 16-Vorläuferinnen R 57 und R 63 die Basis für die teilweise mit Kompressor-Motoren ausgerüsteten Werks-Rennmaschinen. Die R 16 mit Preßstahlrahmen wurde nach dem Rückzug von BMW aus dem Werksrennsport 1930 nur von Privatfahrern eingesetzt, gelegentlich auch mit Seitenwagen.

Anders sah das bei den großen nationalen und internationalen Geländesportveranstaltunegn aus. Hier konnte die robuste und leistungsstarke Neukonstruktion ihre Vorzüge beeindruckend in Szene setzen. Wie im Kapitel „Sport und Rekorde 1929-1934“ berichtet, gingen für BMW dabei neben der bewährten Gespann-Crew Sepp Mauermayer/Wiggerl Kraus (beide tätig in der Einfahrabteilung des Werks) sowie die Straßenrennfahrer Ernst Henne und Sepp Stelzer an den Start. Diese Mannschaft stellte 1933 zugleich das Nationalteam für die Internationale Sechstagefahrt dar und trat mit einem Gespann und zwei Solomaschinen des Typs R 16 zum Wettstreit mit den englischen Einzylindern bei den Six Days in Wales an, quasi also auf der Hausstrecke der Gastgeber. Die BMW-Fahrer siegten und holten damit die begehrte Six-Days-Trophy nach Deutschland. In der Rolle des Ausrichterlandes konnte BMW 1934 den Erfolg in Garmisch-Partenkirchen mit der gleichen Mannschaft und den gleichen R 16-Motorrädern wiederholen. 1935 dann der dritte Trophy-Sieg bei der Sechstagefahrt in Oberstdorf/Allgäu mit Henne, Stelzer, Kraus, Müller.

Oben: Schon 1931 schickte BMW die Rennfahrer Ludwig Kraus (im Boot), Sepp Mauermayer, Josef Stelzer (im Bild von links) und Ernst Henne (nicht im Bild) zur Internationalen Sechstagefahrt. Henne und Kraus belegten in der Trophy-Wertung den Zweiten Platz, zusammen mit Julius von Krohn auf Zündapp. Die Maschinen sind (von links) eine R 16 mit Stoye-Beiwagen, eine R 11 und eine R 16.

Rechts: Ernst Henne war bei der nächsten Sechstagefahrt 1932 in den Dolomiten wieder im Sattel einer R 16 dabei.

Oben: Stolz und in den weißen Monturen präsentieren sich 1933 die Sieger der Trophy-Wertung bei den Six Days in Wales: Josef Stelzer, Ludwig Kraus, Josef Mauermayer und Ernst Henne. Die starke und solide R 16 mit dem Preßstahl-Chassis hatte sich gegenüber den englischen Einzylindern eindrucksvoll durchgesetzt.

Links: Absolut exotisch war 1930 das Damenteam mit Sophie Skorpil am Lenker des R 16-Gespanns während des Semmering-Rennens. Die Damen ließen es gegenüber den Herren an Mut und Geschicklichkeit nicht fehlen.

1935-1942:

R 12 745 cm^3

Der Lastesel der Wehrmacht

Im Jahr 1935 bewegte sich das NS-Regime mit großen Schritten auf den Holocaust und den Zweiten Weltkrieg zu. Einige Stichworte: Gründung der Luftwaffe durch Reichsluftfahrtminister Hermann Göring und damit Unterhöhlung des Versailler Vertrags, die Reichswehr wurde zur Wehrmacht, die Reichsmarine zur Kriegsmarine. Die allgemeine Wehrpflicht wurde wieder eingeführt, die Aufrüstung vorangetrieben. „Heim ins Reich" hieß es für das Saarland, das vom Völkerbund wieder fürs Deutsche Reich freigegeben wurde. Mit den Nürnberger Gesetzen schrieben die Nazis ihre Rassenideologie fest.

Für BMW interessant war die Gründung der Heinkel-Werke GmbH Oranienburg, die den Bomber He 111 bauen würde, von dem ein Prototyp zwei BMW-V12-Motoren vom Typ VI (je 46,9 l Hubraum, Benzin-Direkteinspritzung) besaß. Am 28. Mai 1935 absolvierte das Jagdflugzeug Bf 109 der ehemaligen BMW-Mutter Bayerische Flugzeugwerke AG (ab 1938 Messerschmitt AG) seinen Jungfernflug – in der Serie später mit 12-Zylinder-Triebwerken von Junkers, später Daimler-Benz. England antwortete mit der Bristol Blenheim, die im Krieg Schiffe und Stellungen angreifen würde. Wichtige Voraussetzung für die geplante Volksmotorisierung war die Eröffnung des ersten Teilstücks der Reichsautobahn zwischen Frankfurt am Main und Darmstadt am 19. Mai.

Telegabel der R 12 als innovatives Novum

Vor diesem Hintergrund kam die neue BMW R 12 heraus. Im Sektor der Zweizylinder-Maschinen mit und ohne Seitenwagen hatte BMW ab 1933 gegen starke Konkurrenz aus Nürnberg kämpfen müssen: Zündapp war mit den seitengesteuerten Boxermodellen K 500 (498 cm^3, 16 PS) und K 800 (791 cm^3, 22 PS, Vierzylinder-Boxer) auf den Plan getreten. Beide Modelle besaßen einen verwindungssteifen Doppelschleifen-Preßstahlrahmen mit integriertem Kuppeltank und sahen der seit 1929 produzierten R 11 (745 cm^3, 18 PS, seitengesteuert) weitgehend ähnlich.

BMW war gefordert und ließ sich nicht lange bitten. Die am 14. Februar 1935 auf der Berliner IAMA offiziell vorgestellte R 12 basierte zwar auf dem Preßstahlchassis und dem sv-Boxer des Vorläufermodells, war aber in vielen wichtigen Details neu durchdacht worden und mit ihrer neu entwickelten und bruchsicheren Teleskop-Federgabel der Konkurrenz wieder eine Nasenlänge voraus. Es handelte sich bei Rudolf Schleichers Konstruktion um die erste ölgedämpfte Telegabel im Motorradbau. Alfred Angas Scott 1909 in England oder Joseph F. Merkel in den USA (Motorrad-Modell „Flying Merkel" 1911)verwendeten Teleskop-Rohre, die sich auch an den Kurzhebel-Schwingen von NSU, Victoria und Wanderer fanden. 1934 hatte der dänische Hersteller Nimbus das Modell Humlebi (Hummel) mit Telegabel ohne Dämpfung herausgebracht. Und sicher half BMW auch die Entwicklung des ersten Zwei-

Oben: Zweivergaser-R 12 in ziviler Ausführung 1935.

Unten: R 12 mit Einvergaser-Boxer in der frühen Militärausführung 1935 mit ausladendem Vorderrad-Kotflügel, grobstolliger Bereifung und breiten Trittbrettern.

wege-Hydraulikstoßdämpfers durch Monroe 1929. Die Telegabel der R 12 erwies sich im harten Kriegseinsatz (mehr dazu s. unten) den ungehobelten Blattfederschwingen als haushoch überlegen.

Gegenüber der seit 1923 verwendeten, gezogenen Kurzschwinge mit der Blattfeder und den zahlreichen Gelenken war die neue Gabel praktisch wartungsfrei. Sie war auf eine besonders lange Lebensdauer ausgelegt, bot mehr Komfort und eine wesentlich bessere Straßenlage. Die Telegabel setzte also Maßstäbe und machte bald auch international Schule. Noch heute sind Motorräder überwiegend mit hydraulisch gedämpften Telega-

2 Vergaser

Oben: Der Boxermotor mit zwei Amal-Vergasern leistete 20 PS. Dieses R 12-Exemplar von 1936 besitzt den schwungvollen Kotflügel vorn und die damals noch üblichen Trittbretter. Magnet- oder Batteriezündung gab es wahlweise, die Behördenkundschaft favorisiert Magnet.

Links: Frontpartie der R 12 1935 mit der revolutionären Telegabel, tropfenförmigem Scheinwerfer und der großen Halbnaben-Trommelbremse

Rechts: Die Zeichnungen zeigen den Aufbau der ölgedämpften R 12-Telegabel, die in dieser Form bis in die 1950er Jahre hinein Bestand hatte. BMW war 1935 der erste Hersteller, der Serienmotorräder mit hydraulisch gedämpften Telegabeln ausrüstete.

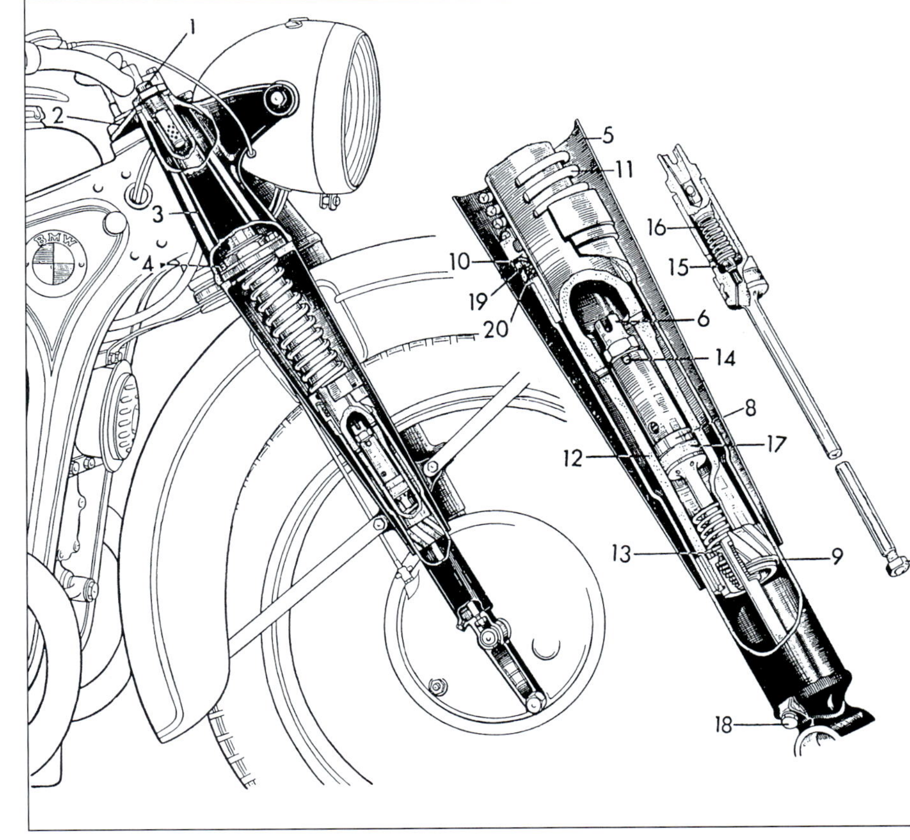

beln ausgerüstet, sieht man vom 1993 mit der R 1100 RS eingeführten BMW-Telelever einmal ab.

Der durchzugsstarke Seitenventil-Motor der R 12 kam mit 745 cm³ Hubraum und quadratischer Auslegung (Bohrung/Hub 78/78 mm) weitgehend

Zu den Verbesserungen an der R 12 gehörten eine verstärkte Kurbelwelle, Magnetzündung und eine 200-mm-Trommelbremse am Hinterrad (statt Kardanbremse). Ein großer Fortschritt war dieAblösung des Dreigang- durch ein neu entwickeltes, vom Tank aus per Kulisse von Hand geschaltetes Viergang-Getriebe. Vorder- und Hinterrad waren nun wegen der identischen Bremsen untereinander austauschbar, wobei das Seitenwagenrad in den Tauschzirkel mit eingebunden werden konnte. Die Reifen, seit 1928 mit Stahlseileinlage, hat-

Links: Der Soldat in Ausgeh-Uniform und Halbschuhen sitzt 1938 etwas verkrampft auf dieser mit Tarnscheinwerfer und Fußrasten ausgerüsteten Einvergaser-R 12 .

Unten links: der 18 PS starke, seitengesteuerte Halbliter-Boxer der R 12 mit Zündanlage, Sum-Zentralvergaser und extrem langen Ansaugrohren.

Steckbrief R 12 1-Vergaser (s. Anhang)

Bauzeit	1935-1942
Typ intern, Ventile	M 56 S 6 oder 212, sv
Einheiten	36 000 (1- + 2-Vergaser)
Hubraum	745 cm^3
Leistung	18 PS bei 3400/min^{-1}
Gemischaufbereitung	1 Sum-Vergaser
Getriebe	4-Gang
Rahmen	Preßstahl
Vorderradführung	Telegabel, ölgedämpft
Hinterradführung	starr
Bremsen vorn/hinten	Trommel 200/200 mm
Reifen vorn/hinten	3,50 x 19/3,50 x 19
Leergewicht	185 kg
Höchstgeschwindigkeit	110 km/h
Preis	1630 RM

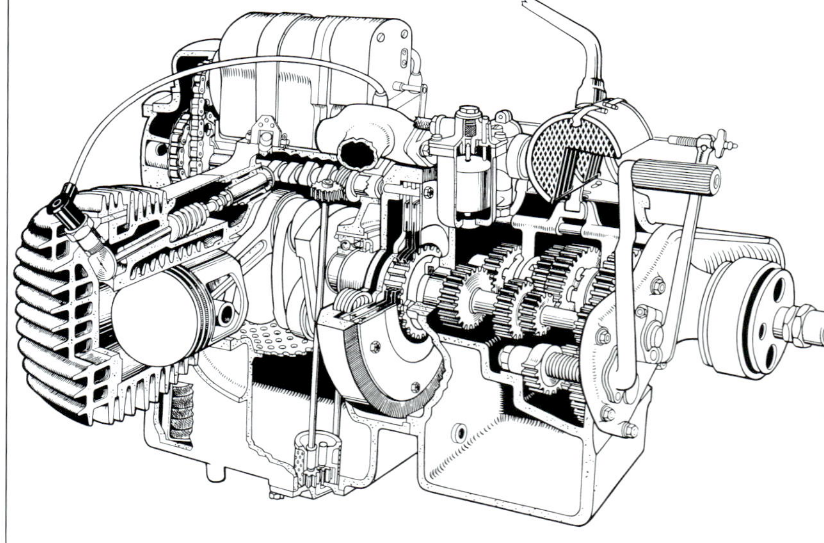

unverändert von der R 11 und wurde mit einem Sum CK-Vergaser mit 25 mm Durchlaß oder zwei Amal 6-Vergasern Typ 406 und 407 angeboten. Das Verdichtungsverhältnis war mit 5,2 : 1 so niedrig, daß auch Benzin minderer Qualität verbrannt werden konnte. Der sv-Boxer der Einvergaser-Version (interne Bezeichnung M 56 S 6 oder 212) leistete 18 PS bei 3400/min^{-1}, das Spitzentempo der Maschine lag bei 110 km/h. Der Zweivergaser-Motor vom gleichen Grundtyp M 56 S 6 brachte es auf 20 PS bei 4000/min^{-1}, die Höchstgeschwindigkeit betrug 120 km/h. An Behörden wurde vorwiegend die Einvergaser-Version geliefert, die Variante mit zwei Vergasern ging meist an Privatkunden.

Schnittzeichnung des R 12-Antriebs mit abweichender Vergaser- und Luftfilter-Anordnung 1935. Zu erkennen sind u.a. die Kettenantriebe für Nockenwelle und Zündanlage, die „stehenden" Ventile, die Zweischeibenkupplung und das Viergang-Getriebe.

ten jetzt einheitlich einen Durchmesser von 19 und eine Breite von 3,5 Zoll. Sie waren auf breiteren Stahlfelgen der Größe 3 x 19 aufgezogen. Das 2,10 m lange Motorrad war mit 185 kg Leergewicht deutlich schwerer als alle Modelle zuvor. Neu waren auch der stromlinienförmig gestaltete Scheinwerfer mit integriertem Tachometer und die breiten und tief heruntergezogenen Kotflügel; der hintere ließ sich für den Radwechsel aufklappen.

Bis 1942 stellte BMW im Werk München 36 000 Einheiten der R 12 her, die damit die bis dahin meistgebaute BMW war – und dank der bedeutenden Behörden- und Militäraufträge ein Bombengeschäft. An Privatkunden ging sie zum einheitlichen Stückpreis von 1630 Reichsmark. Für Großeinkäufer galten spezielle Einkaufskonditionen. Zündapp konterte 1938 mit der KS 600 (ohv-Zylinderköpfe, 600 cm³), die mit ihren 28 PS nun das leistungsstärkste Modell ihres Genres und der R 12 von daher deutlich überlegen war. 1940 brachte Nürnberg zudem das „überschwere Wehrmachts-Krad mit angetriebenem Seitenwagenrad" heraus, die legendäre KS 750 (751 cm³, 26 PS, ohv), die zur gößten Konkurrentin der BMW R 75 werden sollte.

Nach der Befreiung von Paris Ende August 1944. In den sogleich von den Franzosen übernommenen, im Vorort Neuilly gelegenen Instandsetzungswerkstätten der Wehrmacht wurden aus eingelagerten Original-Neuteilen von Januar bis Juni 1945 rund 300 R 12 zusammengesetzt, außerdem einige R 66 und R 71. Auf den Emblemen stand nun „BMW-CMR" (CMR = Centre de Montage et de Réparation).

Das Foto mit der R 12 am Meer entstand 1939 bei einer Griechenlandfahrt: Original-Begleitext: „Kurze Rast an der Mittelmeerküste des griechischen Archipels."

Steckbrief R 12 2-Vergaser (s. Anhang)

Bauzeit	1935-1942
Typ intern, Ventile	M 56 S 6 oder 212, sv
Einheiten	36 000 (1- + 2-Vergaser)
Hubraum	745 cm³
Leistung	20 PS bei 4000/min⁻¹
Gemischaufbereitung	2 Amal-Vergaser
Getriebe	4-Gang
Rahmen	Preßstahl
Vorderradführung	Telegabel, ölgedämpft
Hinterradführung	starr
Bremsen vorn/hinten	Trommel 200/200 mm
Reifen vorn/hinten	3,50 x 19/3,50 x 19
Leergewicht	185 kg
Höchstgeschwindigkeit	120 km/h
Preis	1630 RM

Oben rechts: R 12 auf Griechenlandfahrt 1939; Original-Bildunterschrift: „Kurze Rast an der Mittelmeerküste des griechischen Archipels". Unten links: R 12-Gespann 1936 in Afrika, bis an die Bootsunterkante im Schlamm versunken. Rechts: Produktion im BMW-Werk München 1938, Einbau des Motors in den Rahmen einer R 12 in Behördenausführung.

1935-1942:
R 12-Gespanne

Die R 12 wurde solo, aber noch öfter in Verbindung mit einem Seitenwagen geordert – sie hatte serienmäßig Seitenwagenanschlüsse und war damit zu ihrer Zeit die ideale Gespann-Maschine. Für die Wehrmacht, die fast ausschließlich die Einvergaser-Version bestellte, war die Kombination R 12/Boot (zumindest bis zum Erscheinen der R 75) das Standardgespann. Während die ersten R 12-Modelle mit einer Gabel-/Bolzenkonstruktion am Hinterachsgetriebe für die Seitenwagenbefestigung ausgerüstet waren, verwendete man später nur noch Kugelanschlüsse. Zwar war die Leistung mit 18 PS bei 3400/min^{-1} nicht üppig, doch das enorme Durchzugsvermögen erwies sich vor allem im Gespannbetrieb als vorteilhaft.

Solider Beiwagenrahmen von BMW

Im Bereich der zivilen Gespanne traten BMW und Royal im Laufe der Zeit stärker in Konkurrenz. Denn BMW bot ab 1936 zusätzlich zum üblichen Gespann-Komplettprogramm mit Royal-Seitenwagen auch ein nacktes Gespann-Chassis ohne Boot an. Regel-Zugmaschine war dabei die R 12, die man mit einem äußerst soliden Rechteck-Seitenwagenrahmen und Schrägverbindern zum Preßstahlrahmen ausrüstete. R 12, R 17 und alle folgenden Modelle waren nicht mehr mit Blattfederschwinge, sondern mit Teleskopfedergabel ausgerüstet, was den Fahrkomfort auch eines Gespanns deutlich verbesserte.

BMW-Vertreter warben 1935 mit einem Faltblatt für diese Errungenschaft: *„Ein Erlebnis ist schon eine Probefahrt mit der neuen R 12 mit ‚Teleskop'-Gabel, die ganz neue Fahreigenschaften vermittelt."* Ein anderes Faltblatt zeigte ein R 12-Gespann am Berg: *„Berge sind ihre Stärke! Dank ihrer großen Kraftreserve nehmen BMW-Motorräder selbst schwerste Steigungen spielend und beweisen deshalb gerade bei Bergfahrten so recht ihr hohes Durchzugsvermögen und ihre unübertroffene Geländesicherheit."*

BMW sicherte sich außerdem das lukrative Geschäft mit der Post, indem man den von Royal konzipierten Post-Seitenwagen vertrieb; das Gefährt besaß einen großen Kasten (115 x 60 x 68 cm), Deckel und Dachgepäckträger, Hecktür und Weidenkorb.

Auf Dauer zahlten sich die Alleingänge von BMW im Gespannsektor aber kaum aus. Letztlich war man doch gezwungen, weiter mit Royal zu kooperieren. Die Kombination R 12/Royal-Boot war unschlagbar und erfreute sich vor allem in der Behördenausführung größter Beliebtheit bei Militär, Post oder Zoll, und das nicht nur in Deutschland, sondern auch in vielen anderen Ländern. Selbst vor dem Einsatz der Gespanne als Feuerlöschfahrzeuge schreckte man nicht zurück, wobei hier die Wendigkeit und Schnelligkeit des Dreirads von ausschlaggebender Bedeutung war. Um 1936 war ein R 12-Gespann für den Kundendienst zum Beispiel in der Schweiz unterwegs. Ein passendes Bilddokument ist beschriftet: *„Der BMW Kundendienst bereist auch das Ausland. Pause am Wallensee in der Schweiz."* R 17- und R 12-Gespanne wurden sogar bei der Großwildjagd in Afrika eingesetzt.

Oben rechts: Wehrmachtsoldaten auf einem R 12-Gespann mit Stoye TS Luxus Ende der 1930er Jahre.

Unten links: BMW R 12 mit solidem und aufwendig geführtem Seitenwagenrahmen als Basis für Bootsaufbauten; ab 1936 lieferte BMW diese Konstellation ab Werk.

Unten Mitte: ein anderes R 12-Gespann mit dem von Royal konstruierten Boot. Die Maschinem ist wohl ein Prototyp mit dem Kotflügel der R 11.

Oben links: R 12-Gespann mit Feuerlöschgeräten auf Spezial-Fahrgestell um 1935.

Oben rechts: Werbung 1935.

Mitte: BMW R 12 der Deutschen Reichspost in Sonderlackierung und mit Spezial-Seitenwagen für die Auslieferung von Päckchen und Paketen. BMW verkaufte entsprechend ausgerüstete Gespanne ab 1935 an die Post.

Rechts: ein von Riemerschmidt zum Schneemobil umfunktioniertes R 12-Gespann mit umlaufender Gummiraupe und Beiwagen-Kufe statt Rad.

1935-1939:
R 12 im Sport

Mit den Gespannen auf Basis der R 12 mit Telegabel hatten die Geländesportler ab 1935 wieder alle Trümpfe in der Hand. Besonders oft gingen jetzt Teams der neu gegründeten Wehrmacht an den Start. Im weitesten Sinne gehörten diese Einsätze zu den Vorbereitungen des Zweiten Weltkriegs, in dem BMW-Gespanne eine wichtige Rolle spielen würden.

Besonders hart gefordert wurden die Teams bei Veranstaltungen wie der Drei-Tage-Mittelgebirgsfahrt, der Dreitage-Harz-Fahrt, der Ostpreußen-Fahrt oder den Winterfahrten. Es erforderte Kraft, Geschicklichkeit und Durchhaltevermögen, die schweren R 12-Dreiräder über unbefestigte Pisten zu treiben, zumal ja das dritte Rad des Seitenwagens noch nicht – wie später bei der R 75 – mit angetrieben wurde. Vor allem bei den Bergprüfungen war das bullige Drehmoment des seitengesteuerten Boxermotors von Vorteil.

Rechts: Geländefahrten hatten vor dem Krieg einen besonderen Stellenwert im Motorsport. Hier steuert der Rennfahrer Gustav Fink ein R 12-Gespann bei der Deutschen Mittelgebirgsfahrt durch den Wald; Aufnahme vom 3. Juni 1936.

Unten: R 12- oder R 17-Royal-Gespann bei einer Bergprüfung während der Drei-Tage-Mittelgebirgsfahrt 1936 mit dem Rennfahrer Paul Weiss am Lenker.

1939-1945:

R 12 im Krieg

Das Gespann bot im Bereich der militärischen Verwendung neue Perspektiven, konnte es doch drei Soldaten samt Ausrüstung selbst in unwegsamem Gelände rasch nach vorne bringen. Außerdem nahm das motorisierte Dreirad dem Infanteristen das mühsame Schleppen von Gepäck, Schutzausrüstung und Waffen ab, was der Ermüdung vorbeugte und die Kampfkraft erhielt. So nahm es nicht Wunder, daß die Armeen in ganz Europa bald motorisierte, auf das Gespann gestützte „Kradschützeneinheiten" aufstellten. Der Motorradindustrie, die zu Beginn der 1930er Jahre noch mit den Nachwehen der Weltwirtschaftskrise zu kämpfen hatte, stärkten die sich mehrenden Militäraufträge nicht unerheblich den Rücken.

Nicht nur BMW, sondern auch Zündapp verdiente kräftig an der Idee vom flotten Kradschützen, produzierte allein vom Wehrmachtsgespann KS 600 mehr als 18 000 Exemplare. Die Boxer-Zweizylinder-KS 750, deren Besonderheit der um fünf Grad zur Horizontalen angehobene Zylinderwinkel war, brachte es ebenfalls auf über 18 000 Einheiten. Von 1938 bis 1942 wurde ein Großteil der sich insgesamt auf 36 000 Einheiten belaufenden R 12-Produk-

Rechts: Wehrmachtsoldat, vermutlich Kradmelder, mit seinem totel verschlammten R 12-Gespann, aufgenommen möglichweise während des Rußland-Feldzugs 1942. Im Hintergrund ein Tankwagen der Wehrmacht.

Unten: mit Maschinengewehren aufgerüstete Kradschützeneinheit auf R 12-Gespannen zu Kriegsbeginn während einer Parade nach dem Einmarsch in ein besetztes Land, möglicherweise Tschechoslowakei.

tion von der Wehrmacht abgenommen und im Krieg an der Front und in den besetzten Gebieten eingesetzt. Das Militär bevorzugte die Einvergaser-Version, die gegenüber der Zweivergaser-Version zwar zwei PS weniger leistete, aber erheblich wartungsfreundlicher war, weil das zeitraubende Synchronisieren der Vergaser entfiel. Behörden und Militär gaben zudem der Magnetzündung den Vorzug gegenüber der störanfälligen Batteriezündung. Auch Polizei, Post und NS-Organisationen wie die SA fuhren vorzugsweise R 12 – mit und ohne Seitenwagen, in Straßen- und Geländeausführung. Aber nicht nur die staatlichen deutschen Organisationen wurden beliefert, sondern auch die Heeresverwaltungen Griechenlands, Rumäniens, Bulgariens und der Niederlande. Kleinere Stückzahlen gingen sogar nach China und Südamerika. Behörden zahlten für ein komplettes Gespann 1610 Reichsmark, für eine Solo-R 12 nur 1270 RM.

Speziell ausgerüstete Militärversionen

Die Militärausführung der R 12 verfügte über einen besonders solide abgefederten Fahrersattel und einen entsprechend robusten Beifahrersitz mit Haltebügel sowie Packtaschen an beiden Seiten. Während zunächst der ausladende Vorder-Kotflügel und der tiefgezogene Hinterrad-Flügel der Zivilversion verbaut wurden, ging man im Krieg zu deutlich schmaleren Schmutzfängern über; Vorteil: Die mit grobstolligen Reifen der Größe 3,50 x 19 vorn wie hinten belegten Räder setzten sich nicht so schnell mit Schlamm zu. Die Kriegsproduktion der R 12 unterschied sich durch Fußrasten von der zuvor mit Trittbrettern ausgerüsteten Maschine.

Bei einer Länge von 2100, einer Breite von 900 und einer Höhe von 940 mm (Rückspiegel waren zunächst nicht vorgesehen) war die R 12 mit 185 kg schon solo kein Leichtgewicht. Zusammen mit 14 Litern Kraftstoff, Seitenwagen, im Extremfall drei Mann Besatzung und Ausrüstung inkl. Bewaffnung kamen rund 500 kg Gesamtgewicht zusammen. Daß Motor und Chassis dies verkrafteten,

Oben: R 12 Einvergaser-Modell von 1935 in Militärausführung mit schmalen Kotflügeln und Fußrasten.

Unten: ein R 12 -Gespann passiert (vermutlich 1941) eine Behelfs-Balkenbrücke.

zumal bei gnadenlosem Geländeeinsatz, sprach für die Robustheit des sv-Boxers und des BMW-Seitenwagenrahmens. Während es eine normale Solo-R 12 auf 110 km/h Spitzengeschwindigkeit bringen konnte, war beim Gespann bei maximal 80 km/h die Luft raus, und dies auf ebener Strecke. Negativ war, daß im Gelände die Traktion zu wünschen übrig ließ. Daher verlangte die Wehrmacht die Entwicklung eines Fahrzeugs mit zusätzlich angetriebenem Beiwagenrad. Das Ergebnis war die R 75 (s. weiter hinten).

Oben: Das R 12-Gespann in Militärausführung mit hochgelegtem Beiboot auf robustem Rohrrahmen war der dreirädrige Lastesel der Wehrmacht.

Unten links: Details eines R 12-Prototyps mit hochgelegtem Luftfilter. Mitte: „Cockpit" der R 12 von 1940 mit Scheinwerfer und integriertem Tachometer. Rechts: R 12-Wehrmachtsgespann 1935.

1935-1937:

R 17 736 cm³

Exklusiver Sportboxer

Für Boxer-Enthusiasten und Privatrennfahrer produzierte BMW ab 1935 das 750er Sportmodell R 17 mit ohv-Motor und 33 PS. Sie war – wie das Vorläufermodell R 16 – mit 2040 RM das teuerste, aber auch das schnellste deutsche Serienmotorrad der mittleren und späten 1930er Jahre. Chassis und Radführung waren identisch mit dem, was die zeitgleich präsentierte R 12 zu bieten hatte: Preßstahlrahmen, Kuppeltank mit 14 Liter Inhalt, innovative Teleskopgabel mit hydraulischer Dämpfung, tropfenförmiger Scheinwerfer und vieles mehr. Unbestritten nahm BMW mit der R 12 und der R 17 nun die Spitzenstellung im Fahrwerksbau ein.

Die Internet-Enzyklopädie Wikipedia bemerkt: *„Die BMW R 17 war das schnellste rein deutsche Straßenmotorrad vor dem Zweiten Weltkrieg. Stärker und schneller waren nur wenige Sportmodelle mit großen J.A.P.-Einbaumotoren aus England (z.B. Brough Superior).“*

Oben: In der Frühzeit fuhr man auch im Winter Motorrad, wie dieses 1935 aufgenommene Foto einer R 17 vor aufgetürmtem Schnee beweist. Helm, Schnürstiefel und Lederbekleidung schützten den Fahrer.

Links oben: Blick auf das ohv-Triebwerk der R 17 mit seinen obenliegenden Stößelrohren, dem Vierganggetriebe mit Tank-Kulissenschaltung und einem der beiden Amal-Vergaser mit Drahtgeflecht-Luftfilter.

Links unten: Cockpit der R 17 mit modernem Scheinwerfer inklusive Tachometer, Lenkungsdämpfer, schlankem Tank und außenliegenden Hebeln am breiten Lenker.

Vorgestellt wurde die R 17 zusammen mit der R 12 auf der Berliner IAMA am 14. Februar 1935. Die Kotflügel von R 12 und R 17 waren grundsätzlich identisch, 1935 in der ersten Version, 1936/37 im „Barock“-Design. Der ohv-Boxermotor stach mit den glattflächigen Ventilabdeckungen der vorherigen ohv-Modelle natürlich besonders ins Auge.

Der von der R 16 übernommene, obengesteuerte Boxermotor vom Typ M 60 mit 736 cm³ Hubraum und seinen modernen Leichtmetall-Zylinderköpfen leistete 33 PS bei 5000/min^{-1}, wobei er von zwei Amal-Vergasern des Typs 76/424 mit Benzin-Luft-Gemisch versorgt wurde. BMW sagt: *„Mit einer Spitze von 140 km/h war die R 17 eine der sportlichsten Maschinen auf dem Markt und selbst mit Beiwagen noch erstaunliche 120 km/h schnell. Während die früher verbauten Blattfedern dem Fahrer dabei oft das Äußerste abverlangten, ermöglichte es die neue Telegabel, auch längere Strecken mit hohen Durchschnittsgeschwindigkeiten ohne Ermüdungserscheinungen zu bewältigen.“* Aber nach damaligen Maßstäben.

Viel Leistung, aber nur wenig Komfort

Schon das Pilotieren der 165 kg schweren Solomaschine erforderte eine starke Hand und eine belastbare Wirbelsäule, denn das Hinterrad war nach wie vor ungefedert. Wikipedia präzisiert: *„Mit 33 PS aus 736 cm³ bei immer noch ungefedertem Hinterrad war ein für damalige Verhältnisse extrem schnelles und nur von versierten Fahrern beherrschbares Straßensportmodell entstanden.“* Immerhin besaß die R 17 jetzt ebenfalls vorne und hinten 200-mm-Trommelbremsen und voluminösere Reifen in 3,5 x 19 Zoll.

Beim hohen Verkaufspreis von 2040 RM blieb es nur bis zum Februar 1936: Mit Einführung der R 5 für nur 1550 RM senkte BMW den Preis für die R 17 auf 1975 RM. 1938 übernahm die R 66 mit 600 cm³ und 30 PS im modernen Fahrwerk die Rolle als Spitzenmodell, bei einem Preis von 1695 RM. Die geringe

Oben: Studioaufnahme von 1993 einer toprestaurierrten R 17. Die Leichtmetall-Komponenten kontrastieren auf unnachahmliche Weise mit der tiefschwarzen Lackierung und den von Hand kunstvoll aufgetragenen weißen Linien.

Links: Originalaufnahme der R 17 von 1936. die Maschine sieht aus dieser Perspektive besonders dynamisch aus.

Steckbrief R 17 (alle Daten s. Anhang)	
Bauzeit	1935-1937
Typ intern, Ventile	M 60, ohv
Einheiten	434
Hubraum	736 cm^3
Leistung	33 PS bei 5000/min^{-1}
Gemischaufbereitung	2 Amal-Vergaser
Getriebe	4-Gang
Rahmen	Preßstahl
Vorderradführung	Telegabel, ölgedämpft
Hinterradführung	starr
Bremsen vorn/hinten	Trommel 200/200 mm
Reifen vorn/hinten	3,50 x 19/3,50 x 19
Leergewicht	165 kg
Höchstgeschwindigkeit	140 km/h
Preis	2040 RM

Produktionsrate von 434 Einheiten machte die R 17 schon damals zu einem exklusiven Liebhaberstück. Exemplare dieses schönen Motorrads, die den Krieg überdauert haben, wurden meist restauriert und sind heute teure Sammlerobjekte.

1935-1937:
R 17-Gespanne

Die R 17 war mit ihrem 33 PS starken ohv-Boxermotor die ideale Zugmaschine für Langstrecken- und Abenteuerfahrten. Mitunter wurde sie auch auf anderen Kontinenten entsprechend eingesetzt, wie z.B. das Foto unten beweist. Wie alle Boxermodelle ab 1936 war auch die R 17 serienmäßig mit Anschlußkugeln am Rahmen ausgerüstet, was den An- und Abbau eines Boots wesentlich vereinfachte. Werktags nutzte man das Gespann als Transportmittel, an den Wochenenden wurde für sportliche Ausfahrten der Seitenwagen einfach abgeklemmt. Immer häufiger wurden die BMW-Gespanne mit Seitenwagenbremse geordert. Für das dritte Rad griff man auf die trommelgebremsten Speichenräder der Motorräder zurück.

Oben: restauriertes R 17-Gespann mit Royal-Seitenwagen, fotografiert 1980. Man beachte die große Windschutzscheibe. Links: 1936 nahm man mit diesem vollgepackten R 17-Gespann in militärischer Tarnlackierung an einer Großwildjagd in Afrika teil.

1935-1937:
R 17 im Sport

Im Motorrad-Rundstreckensport wurde die R 17 nur von Privatfahrern eingesetzt, und zwar sowohl als Solomaschine, als auch in Gespann-Konstellation, wie das nebenstehende Foto von einem Team zeigt, das in Australien antrat. Im Geländesport jedoch schickte das Werk durchaus speziell aufbereitete Maschinen an den Start, zum Beispiel bei der Sechstagefahrt vom 12. bis zum 17. Juli 1937 im walisischen Llandrindod Wells.

Bei dieser Veranstaltung kämpfte auch eine Mannschaft des NSKK auf einem R 17-Gespann um den Pokal (NSKK = Nationalsozialistisches Kraftfahrkorps, paramilitärische Unterorganisation der NSDAP). Die Deutschen belegten in der Trophy-Wertung den Zweiten Platz (wie schon 1936 in Freudenstadt), ganz knapp hinter den Engländern. In der Silbervasen-Wertung plazierte sich das Deutsche Reich hinter den Niederlanden auf Platz zwei und drei. Julius Patha wurde 1936 mit der R 17 ungarischer Meister in der Gespannklasse.

R 17-Gespann bei einem Rennen in Australien um 1935.

1934-1935:

R 7 793 cm³

Prototyp im Art Déco-Design

Für BMW war 1933 das Erscheinen der kardangetriebenen Zündapp K 800 mit Vierzylinder-Boxermotor (791 cm³, zuerst 20, ab 1935 22 PS) eine regelrechte Provokation. Man mußte der Konkurrenz ein neues, möglichst spektakuläres Flaggschiff entgegensetzen und beauftragte daher den Motorrad-Chefkonstrukteur Alfred Böning, mit seinem Team ein Motorrad mit Stromlinien-Karosserie und besonders hubraumstarkem Zweizylider-Boxer-Triebwerk zu entwickeln. Beim Design orientierte man sich am Art déco, obwohl diese Stilrichtung, die sich in der avantgardistischen Gestaltung luxuriöser Objekte ausdrückte, ihren Höhepunkt bereits Ende der 1920er Jahre vor dem Hintergrund der Weltwirtschaftskrise überschritten hatte.

Die Arbeiten dauerten rund ein Jahr, 1934 war der erste von zwei Prototypen des neuen Baumusters 206 fahrbereit. Mit der Realisierung der unkonventionellen Maschine taten die Münchner auch hinsichtlich der Technik einen großen Sprung nach vorne: Die R 7 war 1934 die erste BMW mit hydraulisch gedämpfter Telegabel. Für die Typen R 12 und R 17 (auf die die R 7 ursprünglich nachfolgen sollte) wurde diese zukunftsweisende Vorderradführung dann perfektioniert.

Doch das Projekt wurde nicht zu Ende geführt, sondern 1936 abgebrochen, und die halbfertigen Maschinen verschwanden für Jahrzehnte in den Tiefen eines Lagergebäudes. Die Gründe dafür schildert Stefan Knittel: *„Die an sich auch von Generaldirektor Popp geförderte Konstruktion bewährte sich im Versuchsstadium ganz und gar nicht. Es fehlte an der notwendigen Chassis-Steifheit,*

Oben: Originalaufnahme des R 7-Prototyps von 1934. Die Maschine war die erste BMW mit gedämpfter Telegabel. Unten: Studiofoto des restaurierten Prototyps, aufgenommen am 10. Dezember 2007.

denn der Motor war ohne zusätzliche Abstrebungen unten in die Blechkonstruktion eingehängt und verursachte zusätzliche Verwindungen. Es dürften vermutlich auch die hohen Produktionskosten dazu geführt haben, daß man es schließlich bei den Prototypen beließ". Erst in den frühen 2000er Jahren wurde einer der Prototypen wiederentdeckt und dann mit großem Aufwand restauriert bzw. hinsichtlich wichtiger Elemente richtig fertiggestellt.

Die Wiederauferstehung der R 7 ist Stefan Knittel zu verdanken. Er erinnert sich: *„Ich habe die Palette mit Motor und ‚Monocoque' im Museumskeller entdeckt und nie mehr aus den Augen verloren. Es war dann bei den jeweiligen Archivleuten bekannt, daß der Knittel genau weiß, was das ist. Etwa 2005 wurde ich dann unterrichtet, daß es jetzt ein Budget gäbe und ich ganz bestimmt der Erste sein würde, der nach 1934/35 wieder damit fahren dürfe. Was sich auch so abspielen sollte, da Classic-Chef Karl Baumer sich bei mir bedankte mit den Worten: ‚Ich weiß, ohne Sie wäre der Schrott schon längst vernichtet worden.' Und das mit dem Schrott hatte ja Langzeit-Archivar Hans Fleischmann schon immer gesagt: ‚Den Böning hat's damit geschmissen, des Glump brauch ma ned.'"*

Steckbrief R 7 (alle Daten s. Anhang)

Bauzeit	1934-1935
Typ intern, Ventile	R 7, ohv
Einheiten	2 Prototypen
Hubraum	793 cm^3
Leistung	35 PS bei 5000/min^{-1}
Gemischaufbereitung	2 Vergaser
Getriebe	4-Gang
Rahmen	Preßstahlschale
Vorderradführung	Telegabel, ölgedämpft
Hinterradführung	starr
Bremsen vorn/hinten	Trommel 200/200 mm
Reifen vorn/hinten	3,50 x 19/3,50 x 19
Leergewicht	178 kg
Höchstgeschwindigkeit	145 km/h
Preis	nicht vermarktet

Die R 7 wäre ein für die mittleren 1930er Jahre völlig ungewöhnliches Motorrad geworden, das mit seinen karosserieähnlichen, lackierten bzw. verchromten Stahlflächen und der aerodynamisch abfallenden Linie auch das Styling zeitgenössischer Stromlinien-Automobile widergespiegelt hätte. Technisch basierte die R 7 auf einem weiterentwickelten Preßstahl-Brückenrahmen mit großen Flächen, den man als Schalenrahmen bezeichnete. Auch der Lenker bestand aus Stahlblech. Der Tank saß zwischen den seitlichen Schalen. Motor und Getriebe waren eine glattflächige Einheit, nur die Zylinder standen markant hervor. Während vorne erstmals eine gedämpfte Telegabel operierte, blieb es beim ungefederten Hinterrad. Alle Details vom Scheinwerfer über die Instrumente und Hebel bis zum Sitz waren speziell entworfen und in Handarbeit angefertigt worden. Letztlich war die R 7 auch ein Ideen- und Technologieträger.

Die Kraftquelle war ein von Leonhard Ischinger komplett neu konstruierter ohv-Boxermotor mit einem erstmals ungeteilten Kurbelgehäuse, was abermals wegweisend war. In diesem Tunnel-Gehäuse drehte sich eine einteilige, geschmiedete Kurbelwelle. Die Pleuellager waren geteilt und liefen auf Gleitlagern.

Ohv-Motor mit wegweisenden Details

Beim ersten Prototyp waren Zylinder und Zylinderkopf aus je einem Teil gegossen, wodurch auf Zylinderkopfdichtungen verzichtet werden konnte. Und zum ersten Mal war bei einem BMW-Motorrad die zentrale Nockenwelle unterhalb der Kurbelwelle angeordnet, was die Bauhöhe deutlich reduzierte (erst mit der /5-Baureihe ab 1969 griff man wieder auf diese Bauweise zurück). Stößelstangen und Kipphebel betätigten die je zwei in den Zylinderköpfen liegenden Ventile. In vielen Einzelheiten wie den Zylinderkopfhauben unterschied sich das Triebwerk zusätzlich deutlich von damaligen Serien-Boxern. Man plante drei Varianten mit Hubräumen von 500 bis 800 cm^3.

Für den Motor des vor einigen Jahren fertiggestellten Prototyps gibt BMW einen Hubraum von 789,5 cm^3, eine Bohrung von 83 und einen Hub von 73 mm an. Die Leistung soll 35 PS bei 5000/min^{-1} betragen, was ausreichend sein dürfte für eine Höchstgeschwindigkeit von 145 km/h.

Oben: Das Foto vom zweiten Prototyp der R 7 entstand 1936. Das seitliche, markantere Design unterscheidet sich von dem des 1934er Fahrzeugs auf der vorigen Seite.

Links: Mit großem Aufwand ließ BMW den in einer Lagerhalle wiedergefundenen Prototyp restaurieren; Foto von 2007. Die Motor-Getriebe-Einheit ist glattflächig in die Stromlinie der Karosserie integriert. Schalldämpfer und Vorderkotflügel wirken barock.

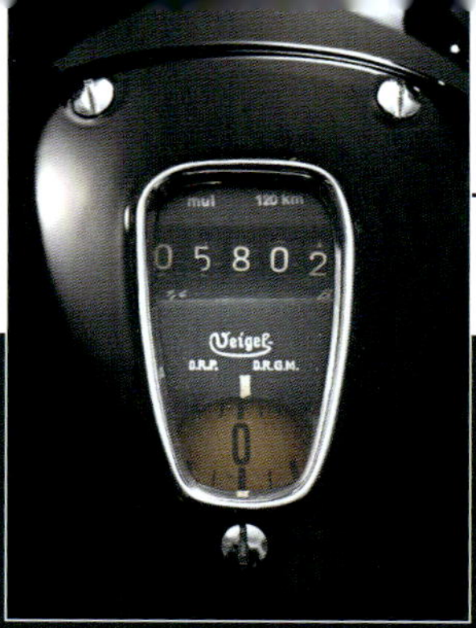

Damit wäre die R 7 – zusammen mit der R 17 – eines der schnellsten Motorräder ihrer Zeit gewesen. Zwei Halbnaben-Trommelbremsen sollten das 2,20 m lange und 178 kg schwere Motorrad verzögern. Von der R 16 stammte das 1933 eingeführte, kulissengeschaltete Vierganggetriebe.

Preislich wäre die R 7 sicher in der Gegend von 3500 bis 4000 RM angesiedelt und damit ein echtes Luxusprodukt gewesen. Aber vielleicht entsprach das irgendwie etwas seltsam aussehende Motorrad nicht so recht der BMW-Philosophie, die stark sportorientiert war. Daher entschied sich der Vorstand für die konsequent sportlich ausgelegte und im Vergleich zur R 7 puristische Konstruktion von Rudolf Schleicher – das Modell BMW R 5 mit geschweißtem Rohr- statt üppigem Pressstahlrahmen, das dann 1936 in Serie ging.

Oft wird kolportiert, daß die R 7 ursprünglich R 5 heißen sollte. Doch Knittel korrigiert: *„Das mit R 5 ist eine Erfindung. Es gab keine Modellbezichnung, lediglich Baumuster- bzw. Konstruktionsnummern 205 bis 208."*

Oben, rechts: weitere Ansichten des restaurierten Prototyps, aufgenommen 2007. Selbst Tachometer und Rücklicht wurden speziell gestylt. Die Telegabel wurde 1935 von den Serienmodellen R 12 und R 17 übernommen. Die Stromlinien-BMW besaß einen neu entwickelten ohv-Boxer mit erstmals unter der Kurbelwelle angeordneter Nockenwelle. Die futuristische R 7 war ursprünglich als Nachfolgerin von R 12 und R 17 geplant.

Dieses 1995 entstandene, wunderbare Studioaufnahme einer perfekt restaurierten R 5 zeigt die zeitlsose Eleganz dieser Sportmaschine. Die puristische R 5, die alle äußeren Details ihrer Konstruktion unverhüllt zur Schau stellt, ist vielleicht die schönste BMW, die je gebaut wurde.

Kapitel 6: 1936-1937

Von der R 5 zur R 6

Die Blaupause für den 1936 vorgestellten Halbliter-Boxer R 5 lieferte die zuvor im Rennsport erfolgreich eingesetzte Werksrennmaschine 255. Auf Komprerssor und Königswellen mußte die R 5 zwar verzichten, doch mit ihrem leichten Rohrrahmen, der Telegabel und dem drehfreudigen Motor fuhr sie der Konkurrenz im normalen Straßenverkehr locker davon. Mit dem gleichen Fahrwerk und erstmals mit einem seitengesteuerten 600er Triebwerk erschien 1937 ein solides Alltagsmotorrad: die R 6.

Der Boxermotor Typ 254 war ebenso wie das angeflanschte Viergang-Getriebe eine komplette Neukonstrukion mit obenliegenden Ventilen und zwei kettengetriebenen Nockenwellen. Man beachte auch die neuartige Gestänge-Fußschaltung.

BMW

1936-1937:
R 5 494 cm³
Sportboxer mit Rennsportgenen

Ein Paradebeispiel dafür, daß der Motorsport den Serienbau beeinflußt und voranbringt, war die BMW R 5, die vorab im Januar 1936 in Mailand und am 15. Februar 1936 auf der Berliner Automobil- und Motorradausstellung präsentiert wurde. Ein Vorserienexemplar hatte Fahrwerksspezialist Helmut Werner Bönsch bereits im Winter 1935/36 testen können.

Die Sportmaschine basierte in puncto Design, Rahmen und Getriebe auf den erfolgreichen, von Rudolf Schleicher entwickelten Werksrennmaschinen des Typs 255, die 1935 mit Kompressor und Königswellen-Steuerung für Furore gesorgt hatten. (s.a. Kapitel „Sport und Rekorde 1935-1936"). Warum waren sich Renn- und Serienmaschine so ähnlich? Stefan Knittel kennt die Antwort: *„Die große Ähnlichkeit zwischen Werksrennmaschine 255 und Serienmodell R 5 war eindeutig beabsichtigt. Schleicher zog die sportlich leichter wirkende Linienführung den Blechrahmen-Tourern vor, wie sich auch in der weiteren Modellplanung zeigte."*

Schleicher, seit 1934 Technischer Direktor für Motorräder und Automobile, hatte von einer Serienversion des Rennboxers geträumt. Doch dies lehnte der Vorstand ab: Fertigungs- und Wartungsaufwand sowie der Verkaufspreis wären zu hoch gewesen. Daher ging die R 5 als abgespeckte Rennmaschine mit völlig anderem Motor in Serie.

Im Serien-Motorradbau von BMW war die filigrane und zeitlos schöne R 5 das erste Modell der dritten Boxer-Generation. Sie prägte den Stil der Boxer bis Ende der 1960er Jahre. Selbst bei Neoklassikern der 1980er und 1990er Jahre fanden sich noch stilistische Elemente aus jener Zeit. Die R 5 imprägnierte so sehr die BMW-Motorradgeschichte, daß die Münchner (und die Berliner im Werk Spandau) 2018 mit der Studie R 18 und 2020 mit dem serienmäßigen Cruiser R 18 ausdrücklich an die R 5 erinnerten (wobei Letztere nirgendwo aus Plastik, sondern nur aus Stahl und Leichtmetall bestand, abgesehen von Sattel, Reifen und Elektrik-Elementen).

Sehen wir uns die R 5 im Detail an. Nach sieben Jahren war BMW beim sportlichen Halbliter-Serienmodell zum klassischen, im Rennsport erprobten Rohrrahmen zurückgekehrt. Die nahtlos gezogenen Rohre des R 5-Rahmens hatten

Oben: seltene Fahraufnahme; BMW R 5 bei der Dreigrenzengebirgsfahrt in Ungarn im Oktober 1936, im Sattel der Rennfahrer Egervari Mlinko.

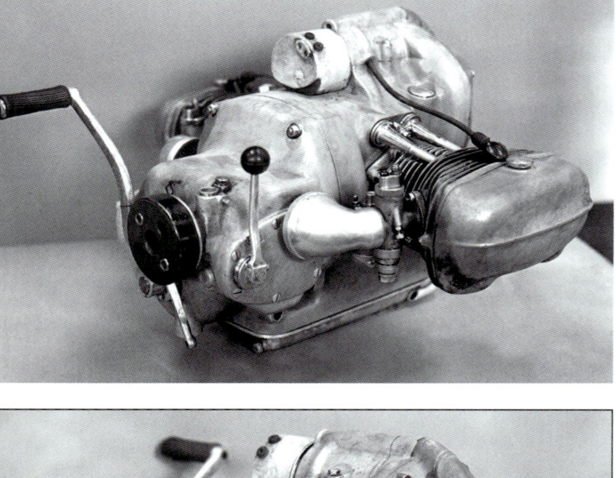

Links oben und unten: Antriebseinheit einer Vorserien-R 5 von 1935 mit leichten Abweichungen gegenüber der Serie. Motor- und Getriebe des Typs 254 besitzen Tunnelgehäuse. Ins Auge fallen der Stirndeckel mit dem Zündverteiler und die neuartige Hardyscheibe.

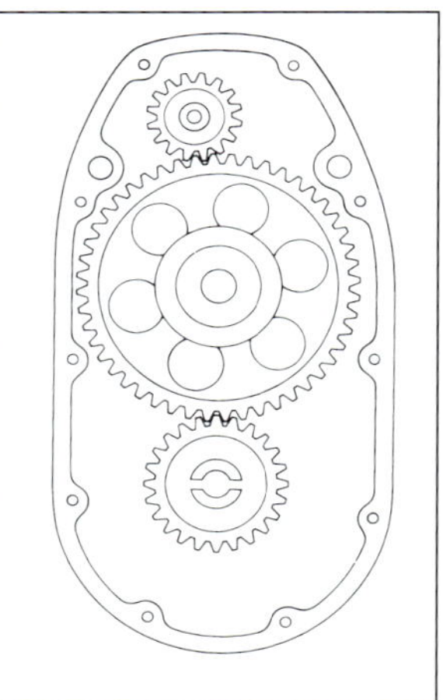

Rechts: Vergleich der Ventilsteuerung; links mit Zahnradkaskade und einer Nockenwelle (großes Zahnrad Mitte, zum Beispiel R 57), rechts Antrieb von zwei Nockenwellen über Kette bei der R 5.

Steckbrief R 5 (alle Daten s.Anhang)

Bauzeit	1936-1937
Typ intern, Ventile	254, ohv. Neukonstruktion
Ventilsteuerung	zwei kettengetriebene Nockenwellen
Einheiten	2652
Hubraum	494 cm^3
Leistung	24 PS bei 5500/min^{-1}
Gemischaufbereitung	2 Amal-Vergaser
Getriebe	4-Gang, Fußschaltung
Rahmen	Stahlrohr, schutzgasgeschweißt
Vorderradführung	Telegabel, ölgedämpft
Hinterradführung	starr
Bremsen vorn/hinten	Trommel 200/200 mm hint. Pedalbetätigung
Reifen vorn/hinten	3,50 x 19/3,50 x 19
Leergewicht	165 kg
Tank	Tropfentank, 15 Liter
Höchstgeschwindigkeit	140 km/h
Preis	1630 RM

Oben: Eine schöne, vielleicht etwas überrestaurierte R 5 mit polierten Zylinderkopfhauben und verchromter Hupe. Prägendes Stilmerkmal ist vor allem der tropfenförmig verlaufende Tank, in den nun das Werkzeugfach integriert war.

Rechts: Schnittzeichnung des R 5-Motors vom Typ 254 1936. Die Umstellung auf zwei Nockenwellen erlaubte kurze Stößel, was höhere Drehzahlen ermöglichte. Die Ölpumpe wurde von der rechten Nockenwelle angetrieben.

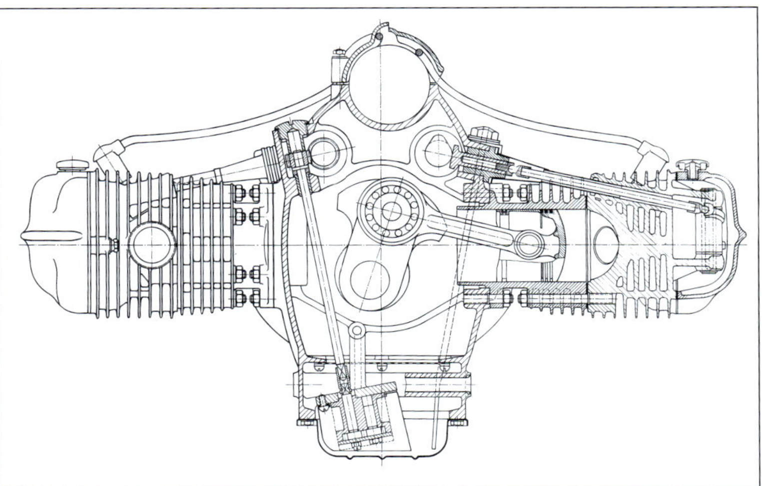

einen ovalen Querschnitt, liefen konisch zu, waren elektrisch miteinander verschweißt (in der Serie erstmals im Schutzgas-Verfahren) und bildeten einen stabilen Verbund aus zwei parallel laufenden Dreieckskonstruktionen. Zu den guten Fahreigenschaften trug maßgeblich die revolutionäre Telegabel bei, bei der sogar die Dämpfung verstellbar war. Sie verfügte über schlanke Standrohre und hatte einen größeren Federweg als die alte Blattfedergabel. Gemäß dem Urteil von Zeitgenossen verbesserte der leichte Rohrrahmen die Fahreigenschaften so sehr, „daß die R 5 dem hubraumstärkeren Preßstahlmodell R 17 in puncto Durchschnittsgeschwindigkeit überlegen war."

Neuartig war der Vorderrad-Kippständer, der gleichzeitig als Schutzblechstrebe diente. Wie die R 17 rollte die 165 kg schwere R 5 auf Reifen der Größe 3,5

x 19 Zoll und verzögerte mit zwei 200 mm großen Trommelbremsen. Zum sportlich-eleganten Erscheinungsbild trugen auch der tropfenförmige, von den Rennmaschinen her bereits bekannte, 15 Liter fassende „Tropfentank" und die schmalen Kotflügel bei. Bequem und einstellbar war der Gummischwingsattel.

Neu konstruierter ohv-Boxer mit zwei Nockenwellen

Der kompakte ohv-Zweizylindermotor vom Typ 254 war von Leonhard Ischinger komplett neu konstruiert worden und hatte nichts mit dem Königswellen-dohc-Rennmotor vom Typ 255 gemein. (Bohrung 66, Hub 72 mm). Der Ischinger-Boxer hatte einen Hubraum von 494 cm³ und ein quadratisch ausgelegtes Bohrung-/Hub-Verhältnis von 68 x 68 mm), war mit 6,7 : 1 verdichtet und wies zahlreiche bedeutende Neuerungen auf: einteiliges Tunnelgehäuse wie beim Prototyp R 7, zwei steuerkettengetriebene Nockenwellen, sehr kurze Stößelstangen, doppelte Haarnadelfedern pro Ventil und zwei Fischer-Amal-Vergaser des Typs 5/423 (Lizenzfertigung der englischen Originale), von denen jeder einen speziellen Naßluftfilter besaß (Spitzname „Ohrenfilter").

Bald stellte sich jedoch heraus, daß sich die zum Getriebe hin gewandten Luftfilter schnell mit Dreck zusetzten. Daher wurde das Getriebegehäuse 1937 so geändert, daß es einen zentralen Luftfiltereinsatz aufnehmen konnte. Von den Vergasern führten nun zwei verchromte Ansaugrohre zum großen Rundfilter mit Stahlwollefüllung. Die Zahnrad-Ölpumpe wurde von der rechten Nockenwelle aus über eine Schneckenrad-Untersetzung und eine Zwischenwelle angetrieben.

Auf dem Motorgehäuse saß (unter einem ab 1937 zur besseren Kühlung gerippten Alu-

Links oben: Antriebseinheit der R 5 1936 mit „Ohrenfiltern" und Zusatz-Schalthebel.
Mitte: Boxermotor und Getriebe der R 5 von 1937 mit in den Getriebeblock verlegtem Luftfilter und langen Ansaugrohren. Zu erkennen ist die erstmals verbaute Hebel-/Gestänge-Mechanik der Schaltung.

Oben rechts: Die beiden Ventile pro Zylinderkopf wurden über kurze Stösselstangen, einstellbare Kipphebel und doppelte Haarnadelfedern betätigt.

Unten links: Auch von vorn treten die wesentlichen Elemente der R 5 perfekt hervor: Boxermotor, Telegabel mit Steckachse, schmaler Kotflügel, Rundscheinwerfer, filigrane Hebel. Perfektes, zeitlos schönes Industriedesign.

Rechts: Draufsetzen, gasgeben, losfahren – die R 5 von oben gesehen. Zylinder und Vergaser sind konstruktionsbedingt asymmetrisch angeordnet. Rechts ist der Fußbremshebel zu erkennen. Foto von 1937.

miniumdeckel) die spritzwasserdicht gekapselte Bosch-Gleichstrom-Lichtmaschine mit Laderegler. Die Zündanlage war eine von der linken Nockenwelle angetriebene Bosch-Batteriezündung mit manueller Verstellung der Vorzündung. Der Zündverteiler saß unter dem Stirndeckel oben auf der linken Nockenwelle. Bei den Rennmaschinen saß der Kompressor vorn auf dem Gehäuse und wurde von der Kurbelwelle angetrieben. Ein Motorrad wie die R 5 konnte nicht mit leerer Batterie (oder ohne Batterie) mit dem Kickstarter gestartet werden, ließ sich dann aber anschieben – von großem Vorteil auch bei Sportveranstal- tungen.

Die radikal geänderte Ventilsteuerung ermöglichte bis dahin bei BMW nie gekannte Drehzahlen: Die Höchstleistung betrug 24 PS bei beachtlichen 5500 Umdrehungen pro Minute. Damit erreichte die R 5 die beeindruckende Höchstgeschwindigkeit von 140 km/h und war damit fast so schnell wie die exklusive, 33 PS starke R 17 mit ihrem 750er Boxer.

Das Vierganggetriebe mit Klauenschaltung war nun ebenfalls als Tunnelgehäuse ausgeführt und deutlich kompakter, weil das Werkzeugfach weggefallen war. Geschaltet wurde nun erstmals nicht mit einem rechts angeordneten Handhebel, sondern – wie zuvor nur bei den Rennmaschinen – mit dem linken Fuß, während englische Maschinen weiterhin mit Rechtsschaltung und Linksbremse ausgerüstet waren. Zusätzlich war am rechten Getriebeblock ein Hilfshandschalthebel montiert, der in dieser Form bis in die 1950er Jahre zu finden war und vom Seitenwagen aus bedient werden konnte. Ansonsten war man auch zur Einscheiben-Trockenkupplung zurückgekehrt.

Über 2600 Einheiten in nur einem Jahr

Eine weitere Neuerung war die Fußbremse, die nicht mehr mit dem Absatz, sondern – wie noch heute üblich – mit der Fußspitze betätigt wurde. Im gleichen Zug waren die altertümlichen Trittbretter Fußrasten gewichen. Auch diese Details hatten sich schon im Rennsport bewährt. Das Werkzeugfach war in den Tank integriert, und zweifarbig lackierte Felgen verrieten auch optisch die Liebe zum Detail. Alles in allem war die R 5 die modernste (deutsche) Maschine jener Jahre, setzte für die beiden folgenden Jahrzehnte klare Zeichen. Die ebenfalls 1936 erschienene Zündapp KS 500 wirkte mit ihrem Preßstahlrahmen und der Trapezgabel neben der neuen BMW R 5 wie völlig aus der Zeit gefallen.

Die sportliche R 5 wurde zwar nur bis 1937 gebaut, doch mit 2652 Einheiten verkaufte sie sich mehr als sechsmal so gut wie die rund 500 RM teurere R 17. Der Preis war mit 1550 RM knapp kalkuliert, trotzdem war die R 5 wesentlich teurer als die (größtenteils veralteten) Halbliter-Maschinen von Ardie, DKW, NSU oder Triumph. Vor dem Hintergrund der 1936 von den Nationalsozialisten mit größtem Pomp inszenierten Olympischen Spiele in Garmisch-Partenkirchen (Winter) und Berlin (Sommer) konnte BMW den neuen Sport-Boxer zielgruppengerecht bewerben. Starke PR für Deutschland machte ein anderer sportlicher Boxer: Max Schmeling besiegte in New York den ungeschlagenen Champion Joe Louis.

Auch im Export machte die R 5 schnell Karriere, vor allem in England, wo die knochigen Einzylinder der eleganten und laufruhigen BMW nicht viel entgegenzusetzen hatten. Das Deutsche Reich unterstützte die Exportanstrengungen von Firmen wie DKW, NSU und BMW. In Deutschland hatten die englischen Maschinen keine Chance mehr.

Oben: restaurierte (oder besterhaltene) R 5 im Jahr 1970. Alle Leichtmetalloberflächen waren bei den Originalfahrzeugen naturmatt. Unten: Prototyp der R 5 von 1935.

1936-1937:
R 5-Gespanne

Als Zugmaschine für Gespanne spielte die R 5 nur eine Nebenrolle. Der Halbliter-Sportboxer war für flotte Solofahrten entwickelt worden und tat sich mit der zusätzlichen Bootslast schwer. Wer ein Dreirad mit BMW-Motor haben wollte, bevorzugte daher die seitengesteuerte 600er R 6, die ebenfalls 1936 erschienen war (s. folgende Seiten), oder die weiterhin angebotene 750er R 12 mit Preßstahl-Chassis. Gleichwohl hatten die üblichen Seitenwagenhersteller Royal oder Stoye Boote im Programm, die leicht waren und daher ganz gut mit der filigranen R 5 harmonierten. Leicht gebaute R 5-Gespanne wurden sogar erfolgreich im Geländesport eingesetzt.

Oben: Die filigrane R 5 (ohv, 494 cm³, 24 PS) mit elegantem Luxus-Seitenwagen und Windschutzscheibe von Stoye. Unten: Kraus/Müller gewannen bei der Drei-Tage-Mittelgebirgsfahrt 1936 auf ihrem R 5-Gespann die Goldmedaille.

1936-1937:
R 5, R 5 SS im Spor

BMW konnte sein Image ab 1936 nicht nur durch das neue Modell R 5 aufpolieren, sondern auch durch große Erfolge im Rennsport und durch neue Rekorde, die Ernst Henne mit dem abermals verbesserten Kompressor-Boxer herausfuhr (Details s. folgendes Kapitel „Sport und Rekorde 1935-1936").

1937 wurde für einige ausgewählte Fahrer eine Kleinserie von Wettbewerbsmotorrädern auf Basis der R 5 aufgelegt; die Maschine glich mit ihrem von der BMW-Rennabteilung getunten Saugmotor noch deutlicher als das Serienmodell dem Werksrenner 255. Die Realisierung betreute Rennfahrer Sepp Stelzer. Die R 5 SS (SuperSport) leistete rund 4 PS mehr als die Serienversion und erreichte eine Höchstgeschwindigkeit von 160 km/h. Damit blieb sie zwar deutlich unter der Leistung der Kompressor-Werksmaschinen, für Nachwuchsfahrer war sie aber dennoch ein gutes Einstiegsmodell in den Motorrad-Rennsport.

Die Modifikationen der SS zielten vor allem auf Gewichtsersparnis ab: schmale Kotflügel, filigrane Sattelstütze, Erleichterungs- bzw. Belüftungsbohrungen, Aluminiumfelgen. Hinten war ein „Rennbrötchen" für liegende Fahrweise montiert. Scheinwerfer und Rücklicht fehlten, die Auspuffrohre besaßen keine Schalldämpfer und liefen nach hinten konisch zu. Die Bowdenzüge verliefen nicht mehr innen, sondern wurden außen geführt. Und die Spezial-Vergaser atmeten frei über lange Trichter. Der Tank war größer und ähnelte den Benzinbehältern der Werksrenner.

Die R 5 und die Rennsportversion SS wurden bis 1940 bei zahlreichen lokalen und nationalen Sportveranstaltungen eingesetzt, darunter auch bei den Sechstagefahrten 1936 und 1937, an denen sich wieder Mannschaften des NSKK beteiligten. Trainiert wurde unter anderem im Rahmen der Ausbildung auf der Heereskraftfahrschule Berlin. Zahlreiche R 5-Exemplare gelangten auch nach England und sogar nach Übersee, wo sie ebenfalls erfolgreich an den Start gingen.

Oben rechts: zwei BMW R 5 jagen sich 1936 beim Schlußrennen einer Geländeveranstaltung in Deutschland.

Rechts: R 5 bei der Sechstagefahrt 1937 in Wales. Original-Bildtext: „Sechstagefahrt in Wales! Bilder unseres nach England entsandten Sonderfotografen vom 2. Tag der Internationalen Motorrad-Sechstagefahrt. Korpsführer Hühnlein läßt sich auf der Kontrollstelle in Taly Bount von dem BMW-Fahrer Bergmüller (NSKK) über den Verlauf der 2. Etappe berichten."

Farbfotos rechts: die 1937 vorgestellte BMW R 5 SS, fotografiert 2002 in restauriertem Zustand. Die R 5 SS war eine stark vom Serienmodell abweichende Rennmaschine für Privatfahrer. Besonderheiten: Spezial-Vergaser ohne Luftfiter, aber mit Ansaugtrichtern, Benzintank aus dem Rennsport, schmale Schutzbleche, Vergasertrichter, offene Auspuffanlage, Alufelgen, Getriebe der ersten Bauserie, diverse Erleichterungs- bzw. Belüftungsbohrungen, keine Lichtanlage.

Links: der Rennfahrer Carlos Danurka-Ganadir auf BMW R 5 SS beim Rennen im Autódromo Nacional in Montevideo/Uruguay am 12. Februar 1939.

Unten: der Fahrlehrer Hans Lodermeier auf BMW R 5 1937 auf dem Hof der Heereskraftfahrschule Berlin (Motorsportschule Döberitz-Elsgrund).

Rechts: der Rennfahrer Alois Drax mit einem R 51 SS-Prototyp (Versuchsmotor mit Alu-Zylindern) bei einem Rundstreckenrennen in Deutschland auf gesperrten öffentlichen Straßen.

80
66
72

1937:
R 6 600 cm³

Neu konzipierter Alltags-Boxer

Für Alltagsfahrer und Abnehmer bei Armee und Polizei bot BMW ab 1937 ein einfach ausgestattetes und gegenüber der R 5 fast 200 RM billigeres Touren- und Seitenwagenmodell an, die R 6. Den Antrieb besorgte ein seitengesteuerter, aber ebenfalls neu entwickelter Boxermotor mit erstmals 600 cm³ Hubraum. Das seitengesteuerte Triebwerk (Typ 261) verfügte – im Gegensatz zum innovativen ohv-Motor der R 5 – nur (wie zu früheren Zeiten) über eine einzige, zentral angeordnete und stirnradgetriebene Nockenwelle, leistete aber immerhin 18 PS bei 4500/min^{-1}. Bei einer Bohrung von 70 und einem Hub von 78 mm war der 6,0 : 1 verdichtete 600er Boxer langhubig und drehmomentstark ausgelegt, was vor allem für den Gespannbetrieb vorteilhaft war.

Für die Gemischaufbereitung waren zwei Vergaser Amal M 75/426/S zuständig. Auf die beiden „Ohren-Luftfilter" der ersten R 5-Exemplare hatte man von Anfang an verzichtet und sofort einen zentralen Luftfilter auf dem Getriebegehäuse montiert. Von außen war der neue sv-Motor vor allem durch seine markanten, längs gerippten und teilweise abgedeckten Zylinderköpfe zu erkennen. Die Höchstgeschwindigkeit der Maschine lag bei 125 km/h.

Fahrwerk von der R 5, neuer sv-Motor

Hinsichtlich Chassis, Fahrwerk und Ausstattung war die R 6 mit der richtungweisenden R 5 identisch: verwindungssteifer, schutzgasgeschweißter

Steckbrief R 6 (alle Daten s.Anhang)

Bauzeit	1937
Typ intern, Ventile	261, sv, Neukonstruktion
Einheiten	1850
Hubraum	600 cm³
Leistung	18 PS bei 4500/min^{-1}
Gemischaufbereitung	2 Amal-Vergaser
Getriebe	4-Gang, Fußschaltung
Rahmen	Stahlrohr schutzgasgeschweißt
Vorderradführung	Telegabel, ölgedämpft
Hinterradführung	starr
Bremsen vorn/hinten	Trommel 200/200 mm hinten pedalbetätigt
Reifen vorn/hinten	3,50 x 19/3,50 x 19
Leergewicht	175 kg
Höchstgeschwindigkeit	125 km/h
Preis	1850 RM

Oben: Die 1937 eingeführte R 6 war die erste 600er von BMW und der Auftakt einer ganzen Reihe von Maschinen mit diesem Haubraum. Der Motor war neu konzipiert worden und war mit 18 PS ausreichend leistungsstark. Mit dem Rohrrahmen aus dem Rennsport, der Telegabel, dem Tropfentank und dem Fischschwanz-Auspuff stand die R 6 der sportlichen R 5 in puncto Eleganz nicht nach.

Rechts: Die Nachfrage nach dem soliden Alltags-Motorrad ließ nichts zu wünschen übrig. In nur knapp einem Jahr konnte BMW 1850 Exemplare der R 6 verkaufen. Das Foto zeigt fabrikneue Maschinen 1937 in der Auslieferungshalle des Werks München. Es handelt sich wahrscheinlich um Behördenmotorräder mit schwarz lackierten Felgen.

Oben: R 6 von 1937, vermutlich Prototyp ohne Zylinderkopfschutz und mit schwarzen Schalldämpfern. Ein praktisches Detail war der ausklappbare Ständer am Vorderrad.

Links: Der R 6-Motor besaß zwei Vergaser und – wie die R 5 des zweiten Baujahrs – einen zentral ins Getriebegehäuse integrierten Luftfilter. Innovative, im Rennsport erprobte Details waren die Fußschaltung und die Fußrasten. Trittbretter und Tankschaltung waren endgültig passé.

Rechts: Das Foto von 1937 mit den beiden Schornsteinfegern präsentiert die BMW R 6 als populäres und nützliches Alltagsfahrzeug.

Ovalrohrrahmen, hydraulisch gedämpfte Telegabel, ungefedertes Hinterrad, jetzt mit dem linken Fuß oder einem Handhebel rechts zu schaltendes Vierganggetriebe, rechts mit der Fußspitze zu betätigende Hinterradbremse, 200-mm-Bremstrommeln vorne und hinten, Reifen in 3,5 x 19 Zoll, 15-Liter-Tropfentank mit integriertem Werkzeugfach, zweifarbig lackierte Felgen, bequemer, gummibezogener Schwingsattel. Bei Maschinen, die für Behörden bestimmt waren, waren die Felgen meist einfarbig schwarz lackiert. Auch die „Fischschwanz"-Schalldämpfer waren schwarz beschichtet. Das Leergewicht der R 6 lag mit 175 kg um 10 kg höher als bei der R 5.

Daß die mit 1375 Reichsmark bis dahin preisgünstigste BMW nur bis Ende 1937 gebaut wurde, hing mit der Umstellung auf Hinterrad-Federung zum Modelljahr 1938 zusammen, wie wir in den folgenden Abschnitten sehen werden. Immerhin ließen sich in der kurzen Zeit 1850 R 6-Exemplare absetzen.

Kapitel 7:
1935 bis 1936

Rennsport und Rekorde

1935 und 1936 machte BMW mit Rennsportsiegen und Weltrekorden abermals Schlagzeilen. Ausgerüstet mit den neuen Halbliter-Kompressor-Rennmaschinen des Typs 255 gewann die Werksmannschaft 1935 in Oberstdorf zum dritten Mal die Trophy-Wertung der Six Days. Auch im Straßenrennsport zeigte BMW ab 1935 wieder erfolgreich Flagge. Und Ernst Henne fuhr mit 750er und 500er Maschinen abermals Weltrekorde.

Unten: Bei 66 mm Bohrung und 72 mm Hub hatte der von Leonhard Ischinger im Auftrag seines Chefs Rudolf Schleicher konstruierte dohc-Königswellen-Boxermotor einen Hubraum von 494 cm³. Der von Josef Hopf von Jahr zu Jahr stufenweise weiterentwickelte Drehkolben-Kompressor saß nun vorn am Motor, wurde von der Kurbelwelle direkt angetrieben und versorgte die Zylinder über Druckrohre mit abgestimmten Längen.

Die komkplett neu entwickelte Kompressor-BMW war 1935 auch bei der Sechstagefahrt in Oberstdorf am Start, wo die Werksfahrer Josef Stelzer (Startnummer 114), Ernst Henne (171) und Ludwig Kraus/Josef Müller (8) gleichermaßen bravourös mit den etwa 50 PS bei 6000/min^{-1} starken Rennmotoren umgingen. Die Technik erwies sich als zuverlässig, und die Six Days-Trophy konnte erneut gewonnen werden.

1935-1936:

Rennsport

Erfolgreich mit Rennboxer 255

Six-Days: BMW-Kompressor-Boxer erfolgreich
Erneut fand die Sechstagefahrt 1935 in Deutschland statt, und zwar in Oberstdorf/Allgäu. Und BMW wartete diesmal mit ganz besonderen Boxer-Motorrädern auf. Die Engländer hatten im Hinblick auf eine bis zum Schlußrennen offene Entscheidung um den Gesamtsieg vermehrt auf leistungsstarke Einzylinder-Modelle gesetzt. Ernst Henne, Sepp Stelzer und Ludwig „Wiggerl" Kraus mit Sepp Müller im Seitenwagen gingen mit den völlig neu entwickelten Werksmaschinen mit leichten Rohrrahmen, modernen Teleskopgabeln und 50 PS starken Halbliter-Motoren vom Typ 255 mit vorn angebauten Kompressoren und Königswellensteuerung an den Start.

Die gekapselten Wellen wirkten auf je zwei obenliegende Nockenwellen in den Zylinderköpfen – das war für BMW technisch revolutionär. Kaum jemand glaubte beim Anblick dieser zierlichen und komplizierten Neukonstruktionen, daß sie auch nur einen einzigen der sechs Tage mit jeweils 400 bis 500 Kilometer langen Etappen überstehen würden.

Aber man unterschätzte die Ausdauer der Männer und die Zuverlässigkeit der innovativen BMW-Motorräder: Sie gewannen die Trophy abermals und siegten damit zum dritten Mal hintereinander. Auch die Silbervase und der Clubpreis gingen in diesem Jahr an die Teams des Deutschen Reichs.

Die 18. Internationale Sechstagefahrt fand vom 17. bis zum 22. September 1936 in Freudenstadt, dem Schwarzwald, den Allgäuer Alpen sowie dem Chiemgau statt. Die deutsche Mannschaft mußte sich diesmal der Nationalmannschaft Großbritanniens geschlagen geben, die zum neunten Mal die Trophy und die Silbervase gewann (Deutschland 2. bzw. 5. Platz).

1935 offizielle Rückkehr in den Straßenrennsport
1935 kehrte BMW offiziell auch zum Straßenrennsport zurück, und zwar am 26. Mai beim Avusrennen in Berlin. Die neu entwickelten Halbliter-Boxer wurden von den Fans begeistert begrüßt. Karl Gall saß noch auf der „alten" Kompressormaschine und wurde Zweiter. Ludwig Kraus wurde beim Debüt des neuen Boxers Fünfter.

Oben: Die neue Kompressor-BMW bei der Sechstagefahrt 1935 in Oberstdorf am Start.

Rechts: Probelauf für die Sechstagefahrt bei der Dreitage-Mittelgebirgsfahrt 1935, im Bild Josef Stelzer und Ernst Henne. Die Motoren wurden ohne Kompressor eingesetzt, die Tanks zeigten auffällige Riffelbleche als Verzierungen.

Links: Boxermotor 255 der Rennmaschine von 1935 mit 494 cm³ und Kompressor. Über Königswellen wurden je zwei obenliegende Nockenwellen in den Zylinderköpfen angesteuert. Neu: das fußgeschaltete Vierganggetriebe.

Beide Bilder: Beim Werks-Rennmotorrad der dritten Generation von 1935 handelte es sich um eine vollständige Neukonstruktion mit einem Rahmen aus schutzgasgeschweißten, konischen Stahlrohren mit elliptischem Querschnitt. Das Vorderrad mit Vollnabe und Trommelbremse lief in einer hydraulisch gedämpften Telegabel. Das Fahrwerks-Konzept sollte sich im Jahr darauf auch bei den Serienmodellen R 5 und R 6 wiederfinden (s. voriges Kapitel). Der geniale Entwurf stammte von Rudolf Schleicher.

Mit Kompressor, Königswellen-dohc-Ventilsteuerung, leichtem Rohrrahmen, Telegabel, Vierganggetriebe mit Fußschaltung und aufgesetztem „Tropfentank" boten die 50 PS bei $6000/min^{-1}$ starken Renner einen völlig neuartigen Anblick. Und Freude machte natürlich auch der unnachahmliche Boxer-Sound, der aus offenen Rohren an die Ohren drang. Hinsichtlich Rahmen udn Fahrwerk war die neue Rennmaschine die Vorläuferin der R 5.

Beim zweiten Start der 1935er Saison in Hokkenheim brach der Klang allerdings frühzeitig ab: Die Boxer von Gall und Kraus fielen mit Defekten aus, die man unter „Kinderkrankheiten" verbuchte und für die Saison 1936 eliminierte.

1936 wieder Sieg bei einem GP-Lauf

Das zahlte sich zumindest ansatzweise aus: Beim Großen Preis der Schweiz 1936 errang der von DKW abgeworbene Otto Ley den Zweiten Platz. Auf dem Nürburgring und auf dem Sachsenring bei Hohenstein-Ernstthal taten sich die Boxer gegen DKW, Norton und NSU noch schwer. *„Doch beim Großen Preis von Schweden am 30. August war der Knoten geplatzt"*, berichtet Stefan Knittel. *„Otto Ley und Karl Gall schlugen die Werksteams von Norton, FN und DKW. BMW hatte den internationalen Anschluß geschafft."*

Weniger gut lief es dann in Assen und Monza: Die rauhen Pisten machten den leichten Fahrwerken zu schaffen, und die Norton- und Moto Guzzi-Piloten zogen mit robusteren Fahrgestellen den Deutschen davon. Schleicher und seine Leute mußten sich für 1937 etwas einfallen lassen – und die Lösung war die Hinterradfederung, wie wir im Folgenden näher sehen werden.

Oben: Otto Ley nutzte beim Großen Preis von Schweden 1936 den enorm starken Antritt des Kompressor-Motors aus und schoß mit seiner BMW sofort in Führung. An beiden Motorrädern waren erstmalig Abdeckungen vor dem Vergaser montiert, um eine von Luftwirbeln ungestörte Ansaugluft-Zufuhr zu ermöglichen. Ley und Gall waren etwa 15 km/h schneller als die Konkurrenz und fuhren nach 26 Runden zum Doppelsieg mit einer halben Runde Vorsprung.

Unten: Karl Gall präsentiert die Kompressor-BMW beim Münchener Dreiecksrennen 1936; am Bildrand Ernst Müller aus der Rennabteilung. Zu beachten sind die großen Vollnaben-Trommelbremsen der neuen Werksrennmaschinen.

Rechts: Ludwig „Wiggerl" Kraus auf Siegesfahrt beim 1936er Münchener Dreiecksrennen.

Unten: Die politische Prominenz sonnte sich gern im Erfolg „ihrer" Sportler. Hier begrüßt Adolf Hühnlein, NSKK-Chef (Kraftfahrer-Organisation der Nationalsozialisten und oberste Motorsport-Instanz), Ludwig Kraus, der von den NSU-Fahrern Steinbach und Petruschke eingerahmt ist.

1935:

Weltrekord

Kompressor-Boxer mit 100 PS

Am 27. September 1935 gelang es Ernst Henne auf der Autobahn bei Frankfurt, seinen Weltrekord auf 256,046 km/h zu verbessern. Äußerlich glich die BMW-Rekordmaschine dem alten „Arbeitsgerät" von 1932, doch ein größerer Kompressor, eine andere Übersetzung für dessen Kettenantrieb und akribische Prüfstandsarbeit hatten den klassischen 750-cm³-ohv-Motor nun auf deutlich über 100 PS bei 6000/min^{-1} gebracht.

Rechts: Bei den Vorbereitungen zur Rekordfahrt kümmern sich Josef Hopf und Reinhold Strahm noch in letzter Minute um Verbesserungen an Hennes Sitzhaltung und am Motorrad.

Unten: Studiofoto der kaum modifizierten Rekordmaschine von 1935. Für Vortrieb sorgt der „alte", aber mächtig getunte Stoßstangen-Boxer mit 750 cm³ Hubraum. Typisch sind der Handschalthebel im Schlitz der Abdeckung und, zwecks kürzeren Abstands dazu, die enger gekröpfte rechte Lenkerhälfte.

1936:
Weltrekord
Halbliter-Maschine mit Karosse

Für eine abermalige Rekordfahrt, die am 12. Oktober 1936 auf der Autobahn bei Frankfurt stattfand, konstruierten Rudolf Schleicher und sein Team auf Basis des Werksrenners 255 eine völlig neue Maschine mit Rohrrahmen und dem innovativen 500-cm³-Königswellen-dohc-Boxer, dessen Leistung auf beachtliche 90 PS gesteigert werden konnte. Die Literleistung war damit höher als bei der alten 750er Rekordmaschine.

Ein Novum war die von Hand aus dünnen Aluminiumblechen gedengelte Stromlinienkarosserie mit aufklappbarem Cockpit, Stützrädern und großen Kühllufteinlässen vorne. Federführend bei der Entwicklung der Außenhaut war Alfred Kempter gewesen, der Aerodynamik- und Karosserie-Spezialist aus der Versuchsabteilung.

Rechts: Vorbereitungen zu Testfahrten auf der Autobahn bei Hofolding mit dem auf 90 PS gebrachten 500-cm³-Königswellen-dohc-Boxer, wie er zuerst in der Rennmaschine vom Typ 255 verwendet worden war

Der Rekordversuch geriet allerdings zum Horrortrip: Bei über 270 km/h verlor der Pilot fast die Herrschaft über seine plötzlich wild schlingernde Stromlinien-BMW, die Gefahr lief, sich querzustellen, übertraf aber kurz danach mit 272 km/h seinen eigenen bisherigen Weltrekord. Bei einer anschliessenden Untersuchung im Windkanal der Friedrichshafener Zeppelin-Werke stellte sich dann heraus, daß die Aerodynamik nicht in Ordnung war: Man hätte die eiförmige Schale einfach umdrehen müssen, um das Fahrzeug ruhig zu bekommen.

Oben und rechts: Ernst Henne fühlte sich unter dem „Dach" hinter der Cellon-Scheibe unwohl und konnte außerdem das Stromlinien-Zweirad mit dem 500er Kompressor-Boxer nur mühsam auf Kurs halten, übertraf aber dennoch mit 272 km/h seinen eigenen bisherigen Weltrekord recht deutlich.

Diese restaurierte R 51 SuperSport wurde 1994 fotografiert. Das Modell war die käufliche Sportversion der R 51 mit einem auf 28 PS gebrachten Motor. Für Privat-Rennfahrer war die SS der erschwingliche Einstieg in den Motorsport.

Kapitel 8: 1938-1941

Von der R 51 zu R 71 und R 31

Die entscheidende und zukunftsweisende Verbesserung der BMW-Motorräder war die Einführung der Geradweg-Hinterradfederung, die sowohl den ohv-Modellen R 51 und R 66 als auch den sv-Alltags-Motorrädern R 61 und R 71 zugute kam. Die 600er und 750er Modelle waren hervoragende Gespannmaschinen, die ohv-Versionen errangen im Motorradsport zahlreiche Siege. Ab 1935 zeigte der Prototyp R 31, wie ein Nachkriegs-Boxer hätte konstruiert sein können.

Der Boxermotor der R 51 entsprach weitgehend dem Triebwerk der R 5 und leistete wiederum 24 PS. Beatmet wurden die beiden ohv-Zylinder von Fischer-Amal-Vergasern, die ihren Sauerstoff über den zentralen Luftfilter mit ölgetränktem Stahlgittergeflecht bezogen.

1938-1940:

R 51 494 cm³

Erste BMW mit Hinterradfederung

Die R 51 kam 1938 als fahrwerkstechnisch modernisierte Version der R 5 auf den Markt und wirkte bis in die Nachkriegsjahre hinein (R 51/2). Hinsichtlich Rahmen, Motor und Ausstattung entsprach sie der R 5, hatte jedoch als erste BMW eine Geradweg-Hinterradfederung. Achsgetriebe und Antriebswelle waren dem neuen System natürlich angepaßt worden: Ein Kreuzgelenk vor dem Hinterachsgetriebe glich die Auf- und Abbewegungen aus. Erstmals konnte man hier jetzt von Kardanwelle sprechen.

Der Präsentation vorausgegangen war die Sechstagefahrt 1937, bei der BMW erstmals Motorräder mit Hinterradfederung eingesetzt hatte. Alexander von Falkenhausen war mit der Fahrwerksverbesserung betraut worden. Er orientierte sich an der 1936er-Werksrennmaschine von Norton, verbesserte jedoch deren Geradwegfederung in einigen Details.

BMW-Historiker haben dokumentiert, wie sich das neue System bei den Six Days durchsetzte: *„Da die etablierten Fahrer sich zunächst weigerten, die neuen Maschinen zu benutzen und lieber ihren bewährten R 5-Modellen vertrauten, nahm Falkenhausen kurzerhand selbst an der Sechstagefahrt teil und gewann auch prompt eine Goldmedaille. Doch es war nicht allein dieser Erfolg, der die Zuverlässigkeit seiner Konstruktion belegte, es war die Art und Weise, wie Falkenhausen diesen errungen hatte: Während die Mannschaftskameraden abends völlig kaputt in ihre Betten fielen, machte Falkenhausen einen erstaunlich frischen Eindruck. Die neue Hinterradfederung hatte die Bewährungsprobe bestanden, und nicht nur die Werksfahrer wechselten im Folgejahr ihr Fahrzeug.“* Von Falkenhausen war als 26jähriger Diplom-Ingenieur 1934 zu BMW gekommen und hatte zunächst als Assistent von Alfred Böning in der Konstruktionsabteilung gearbeitet. Einen Namen hatte er sich bereits als talentierter Motorradsportler gemacht.

Steckbrief R 51 (alle Daten im Anhang)

Bauzeit	1938-1940
Typ intern, Ventile	254/1, ohv
Einheiten	3775
Hubraum	494 cm³
Leistung	24 PS bei 5600/min^{-1}
Gemischaufbereitung	2 Amal-Vergaser
Getriebe	4-Gang, Fußschaltung
Rahmen	Stahlrohr
Vorderradführung	Telegabel, gedämpft
Hinterradführung	Teleskopfederung
Bremsen vorn/hinten	Trommeln 200 mm
Reifen vorn/hinten	3,5 x 19
Leergewicht	182 kg
Höchstgeschwindigkeit	140 km/h
Preis	1595 RM
zwei Rennsportversionen:	SS und RS

Oben: Präsentation der R 51 in Berlin 1938 mit Hitler und Schleicher. Postkarte mit dem rückseitigen Text: „Der Führer bewundert auf der IAMA 1938 in Berlin die BMW-Zweizylinder-Maschine mit der neuen Hinterradfederung.“

Unten: Alexander von Falkenhausen konstruierte die Hinterradfederung der R 51. Er war auch passionierter Rennfahrer. Hier sehen wir ihn am 22. September 1966 vor Rekordfahrten mit dem Formel 2-Brabham-BMW BT7.

Falkenhausens Hinterradfederung setzt sich zuerst im Sport durch

Während Böning skeptisch war, unterstützte Schleicher die Pläne von Falkenhausens, dessen Ziel es war, die R 5 etwas komfortabler und fahrsicherer zu machen. Moto Guzzi, Norton und Velocette hatten allerdings zuvor im Rennsport bereits deutlich innovativere System eingesetzt (Cantilever- bzw. Federbeinschwinge). Falkenhausen kappte den Doppelschleifenrahmen hinten, schweißte zwei senkrechte Rohre an und versah diese oben und unten mit Auslegern, an denen die ungedämpften und gekapselten Federeinheiten befestigt wurden. Die Steckachse wurde auf beiden Seiten durch Augen an den unteren Federlagern geführt und bewegte sich auf den durchgehenden Führungsbolzen auf und ab. Anschlagpuffer begrenzten den Weg der beiden Schraubenfedern. Von Nachteil waren die 17 kg Mehrgewicht des Systems.

Zur Teilnahme von Falkenhausens an den Six Days schreibt Stefan Knittel: *„Die Geländeetappen und Schotterpisten im Schwarzwald rund um Freudenstadt bewältigte v. Falkenhausen als Mitglied der DDAC-Clubmannschaft mit seiner umgebauten BMW R 5 wesentlich müheloser als die Konkurrenten mit den Starrahmen-Motorrädern.“* (DDAC „Der Deutsche Automobil-Club“ = der ADAC während der NS-Zeit im Zuge der gesellschaftlichen Gleichschaltung). Man kann sich vorstellen, wie die ungefederten Maschinen beim Überqueren von Rillen und Schlaglöchern mit dem Heck hin- und hersprangen und die Schläge an die Wirbelsäulen der Fahrer weitergaben...

Rechte Seite oben: BMW-Werksfahrer Ludwig „Wiggerl“ Kraus 1937 auf einem Prototyp der R 51. Unten: Werksfoto der serienmäßigen R 51 von 1938. Clou war die Hinterradfederung.

Logisch, daß der Serieneinführung der „Hi-RaFe", wie sie auch genannt wurde, nach dem Six Days-Spektakel nichts mehr im Wege stand. 1938 gingen neben der R 51 gleich drei weitere, hinterradgefederte Modelle an den Start: R 61, R 66 und R 71 (s. nächste Abschnitte). Der Doppelschleifen-Rahmen aus ovalen, schutzgasverschweißten Rohren war hinten so modifiziert worden, daß zwei senkrecht stehende Federführungen montiert werden konnten, die mit gekapselten Schraubenfedern die Fahrbahnstöße abfingen. In Verbindung mit der Telegabel aus der R 5 setzte das R 51-Fahrwerk abermals Maßstäbe und ermöglichte schnelles Fahren auch auf schwierigem Untergrund.

Räder untereinander austauschbar

Das massive Federungssystem hatte das Leergewicht deutlich nach oben getrieben – auf 182 kg. 200-mm-Trommelbremsen, Drahtspeichenräder mit Tiefbettfelgen, Reifen in 3,5 x 19 Zoll, fußgeschaltetes Viergang-Getriebe und Einscheiben-Trockenkupplung waren weiterhin Standard. Vorderrad, Hinterrad und gegebenenfalls Beiwagenrad ließen sich dank der Steckachsen leicht untereinander austauschen.

Den luftgekühlten ohv-Zweizylinder-Boxermotor (jetzt Typ 254/1) mit seinem aus Aluminiumguß bestehenden Tunnelgehäuse und der kugelgelagerten Kurbelwelle hatte die R 51 nahezu unverändert von der R 5 übernommen. Einziger Unterschied zum R 5-Motor: eine obere Motorabstützung. Das moderne Aggregat mit der aufwendigen, von zwei steuerkettengetriebenen Nokkenwellen betätigten Ventilführung (in verchromten Stahlrohren laufende Stoßstangen, nadelgelagerte Kipphebel) leistete nun 24 PS bei 5600/min^{-1}, was abermals eine Höchstgeschwindigkeit von beachtlichen 140 km/h ermöglichte. Bei unveränderter Verdichtung von 6,7 : 1 wurde der quadratisch ausgelegte Boxer wieder von zwei Fischer-Amal-Vergasern des Typs 5/423 mit Zentralluftfilter beatmet. Jeder Zylinderkopf verfügte über eine separate Ölfüllung. Die hochverdichteten Motoren der Modelle R 51, R 66 und R 61 (s. weiter unten) benötigten ein Benzin-/Benzol-Gemisch, wie es von Aral, Dynamin, Esso, Olexin und anderen Mineralölfirmen angeboten wurde. Die Zahnrad-Ölpumpe wurde über Schneckenrad und Welle von der rechten Nockenwelle, die Gleichstrom-Lichtmaschine durch die Steuerkette angetrieben. Weiterhin waren die Bosch-Batteriezündanlage mit Zündverteiler und manueller Verstellung der Vorzündung montiert.

Konstruktion der R 51 maßgeblich bis Mitte der 1950er Jahre

Das Vierganggetriebe mit Zusatz-Handhebel rechts lief wieder im Tunnelgehäuse, der Fußschalthebel aber saß jetzt direkt auf dem Schaltungsdeckel. Die Trockenkupplung im Schwungrad der Kurbelwelle war, wie üblich, druckstangenbetätigt. Der Hinterradantrieb war deutlich aufwendiger als bisher. Es lohnt sich, seine Elemente aufzulisten, denn dieses System war BMW-Standard bei den Zwei- und auch den Einzylinder-Modellen bis 1955: Hardyscheibe an der Ausgangswelle des Getriebes zum Winkelausgleich zur ungekapselten Gelenkwelle, verschiebbare Kreuzgelenkgabel zum Längenausgleich auf der Eingangswelle des Kegelrad-Achsgetriebes, nadelgelagertes, gekapseltes Kreuzgelenk zum Winkelausgleich zwischen Gelenkwelle und folgendem Radantrieb, Ritzel zum Antrieb des Tellerrads im Antriebsgehäuse, dort nadelgelagerter Mitnehmerflansch mit Steckverzahnung zum Antrieb des Hinterrads.

An Handlichkeit ließen die R 51 und die stärkere R 66 (s. Folgeabschnitt) nichts zu wünschen übrig, und beide Modelle waren wieder voll seitenwagentauglich, wobei das zulässige Gesamtgewicht mit Boot eine halbe Tonne erreichte. Die R 51 war während ihrer Bauperiode von 1938 bis 1940 ein grosser Verkaufserfolg, insgesamt konnten weltweit 3775 Exemplare abgesetzt werden, und das zu dem moderaten Preis von 1595 Reichsmark. Zusammen

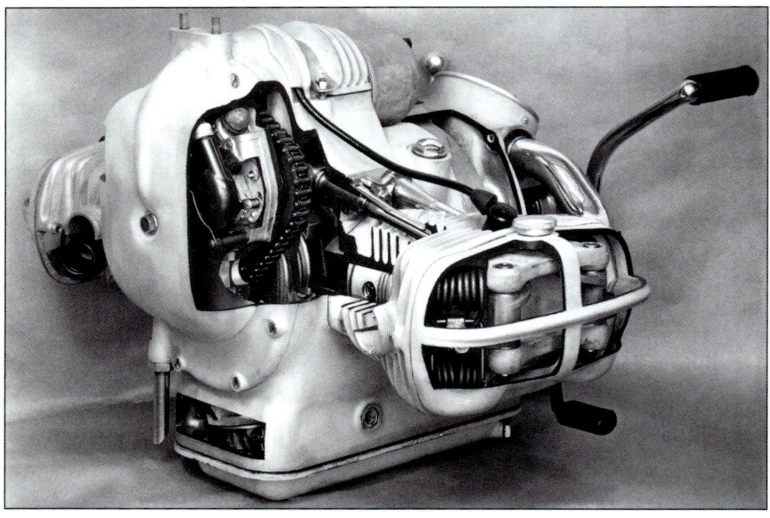

Oben: Fritz Linhardt (13) und J. Höser (15) jagen auf ihren BMW R 51 bei der Internationalen Sechstagefahrt 1939 unter der erst halb geöffneten Bahnschranke hindurch.

Links und folgende Seite: Schnittmodell des ohv-Motors der R 5 und der R 51 von 1937. Zu erkennen sind die Steuerkette mit der linken Nockenwelle, die Stößelstangen und die Kipphebel mit den doppelten Haarnadelfedern.

Rechts: Schnittzeichnung der ölgedämpften Teleskop-Vorderradgabel, wie sie die R 5, die R 51 und andere Modelle der 1930er Jahre esaßen (außer der R 75).

mit den anderen Modellen der modernisierten Bauart trug die R 51 wesentlich zum Gesamterfolg von BMW bei. Hatten die Motorrad-Stückzahlen bereits ab 1934 weit über denen der Automobilproduktion gelegen, wurde 1939 mit 21 667 Motorrädern der Höhepunkt erreicht – gegenüber nur 7610 Wagen.

Ab 1941, der Krieg tobte seit zwei Jahren, produzierte BMW zwar keine Motorräder mehr für den zivilen Markt, aber in großen Stückzahlen die Modelle R 12 und R 75 für Wehrmacht und andere Organisationen des „Dritten Reichs" (mehr dazu s.a. Abschnitte R 12 und R 75). Nachdem BMW die Motorradproduktion 1948 zunächst mit dem Einzylindermodell R 24 wieder aufgenommen hatte, erfuhr die R 51 im Jahr 1950 mit der nur leicht geänderten R 51/2 ihre Wiedergeburt.

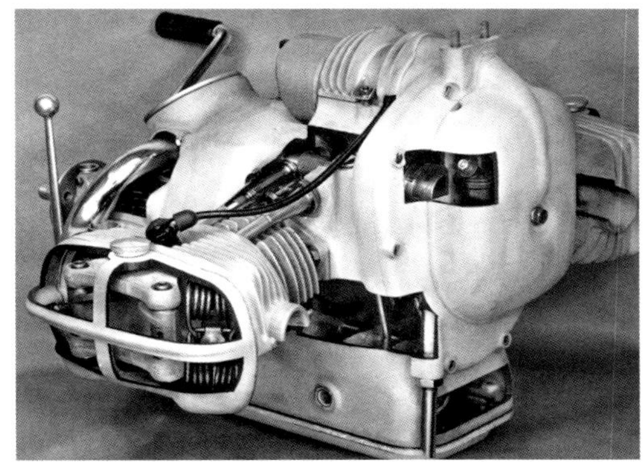

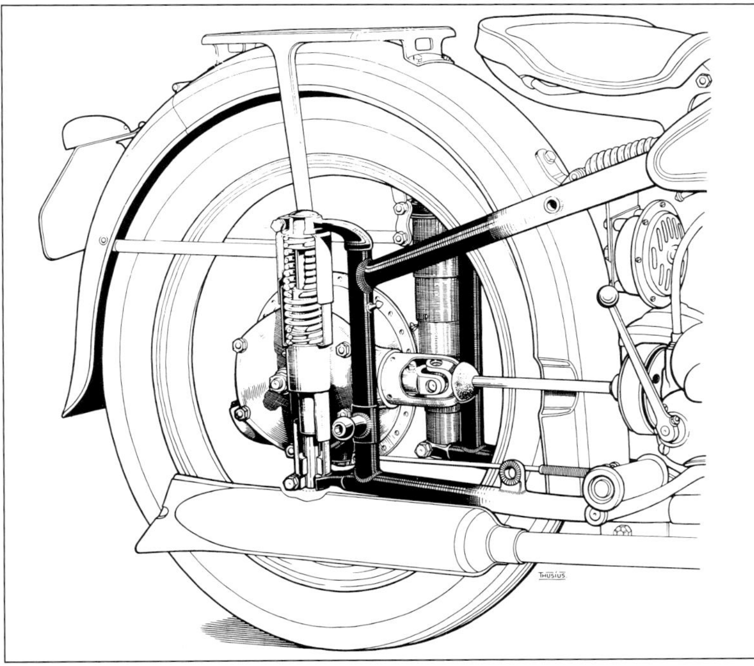

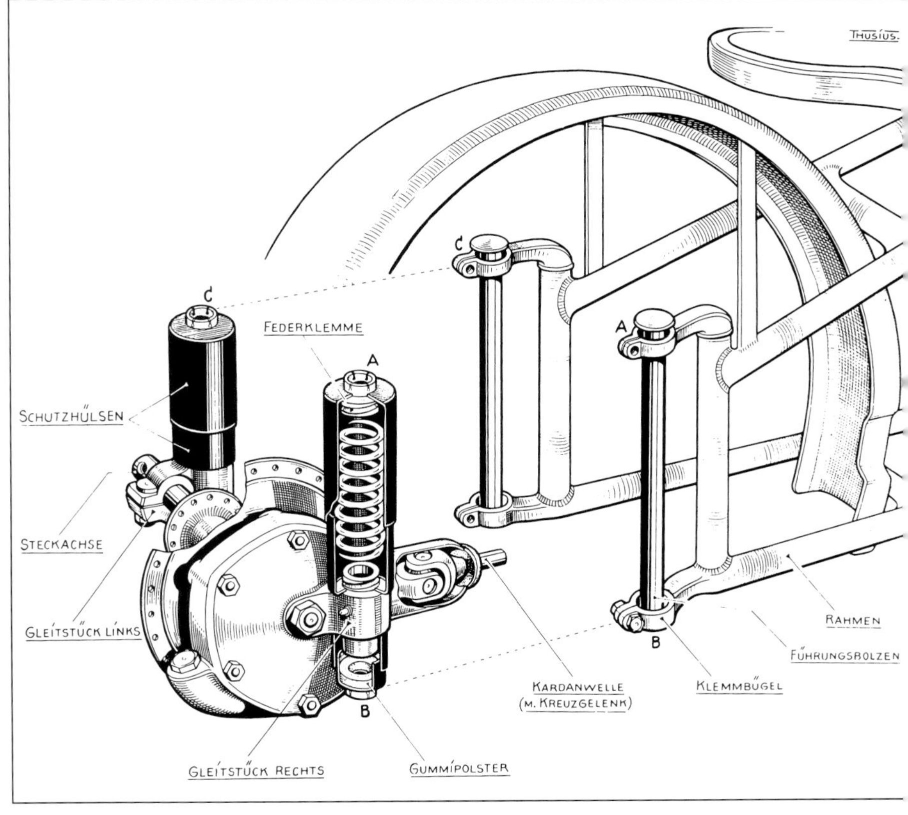

Beide Zeichnungen zeigen die Hinterradfederung, wie sie ab der R 51 und bis 1955 bei allen BMW-Modellen zu finden war. Zu erkennen ist auch das Kreuzgelenk der Kardanwelle.
Foto oben: BMW R 51 in Geländeausführung mit hochgelegter Abgasanlage während des Jasna-Rennens in Schweden 1938 mit dem schwedischen Rennfahrer Ake Laurin am Lenker

1938-1940:
R 51, R 51 SS und RS im Rennsport

Im Straßenrennsport wurde die R 51 oft von Privatfahrern eingesetzt, allerdings fast nie in der Serienausführung, sondern in einer der beiden ab Werk verfügbaren Wettbewerbsversionen R 51 SS (SuperSport) und R 51 RS (Rennsport). Die Rennsportausführungen der R 51 mehrten international bei zahlreichen Straßen- und Rundstreckenrennen die Reputation von BMW. Viele Privatfahrer bauten ihre R 51 nach dem Muster der R 51 SuperSport um.

Der Boxermotor der weitgehend serienmäßigen SS leistete mit 28 PS rund 4 PS mehr; damit erreichte die Maschine knapp 160 km/h und war so ein ideales Einsteigermotorrad für den Rennsport und bei kleineren, lokalen Veranstaltungen auch durchaus konkurrenzfähig.

R 51 RS: werksgetunte Rennmaschine für Nachwuchstalente

Im Gegensatz zum Triebwerk der SS war der Motor der von Sepp Stelzer aufgebauten R 51 RS ein völlig überarbeitetes Aggregat, das 36 PS leistete, genügend für eine Spitzengeschwindigkeit von 180 km/h. Zwar war man damit leistungsmäßig noch weit von den etwa 55 PS starken Werksrennmaschinen eines Schorsch Meier oder Karl Gall entfernt, jedoch hatte man mit der RS ein Motorrad, das bei zahlreichen Großen Preisen und nationalen Meisterschaften Klassensiege einfuhr.

Optisch und von der Ausstattung her unterschied sich die trocken nur 148 kg wiegende RS stark von der Serie und der SS; die Abweichungen gegenüber der Serie: spezielle Vergaser, Kühl- und Verstei-

Oben: Endre Kozma, der ungarische Motorradmeister der Soloklasse 500 cm³, bei einem Rennen im September 1939 auf seiner R 51 RS in Tihany (Ungarn). Die beiden Farbfotos zeigen eine der letzten erhaltenen R 51 RS in restauriertem Zustand, fotografiert 2002.

fungsringe an der hinteren Bremstrommel, größere Räder mit Alufelge vorn, Bereifung 2.50 x 21 und 3.00 x 20, Faltenbälge an der Gabel, 22-Liter-Rennsporttank, Rennsattel mit Sitzkissen hinten, schmale Schutzbleche, zurückverlegte Fußrasten, offene Auspuffrohre, fehlende Beleuchtung, Drehzahlmesser, flacher Rennlenker mit außen liegenden Seilzügen und innen angeschlagenen Hebeln, anders abgestuftes Getriebe.

Die Stößelstangen des ohv-Motors wurden zwar durch zwei Nockenwellen betätigt, diese jedoch mit Zahnrad- statt Kettensteuerung. Weitere Details wie Bosch-Rennmagnetzündung statt Batteriezündung, Zylinder der R 66 mit verringerter Bohrung, bearbeitete Kanäle und größere Ventile trugen zur Leistungssteigerung bei.

Die R 51 RS wurde indes (auch mangels größerer Kapazitäten) nur in einer Kleinserie von 17 Exemplaren hergestellt und nicht frei verkauft. Vielmehr wurde sie in zahlreichen Ländern an vielversprechende Talente abgegeben – ein früher Beitrag des Werks zur Förderung des Rennsportnachwuchses.

Die R 51 spielte bereits als Prototyp eine Rolle im Geländesport. Wie bereits berichtet, gewann der junge Konstrukteur Alex von Falkenhausen mit einer von ihm auf Geradwegfederung umgebauten R 5 eine Goldmedaille bei der Internationale Sechstagefahrt 1937. Weil das neue Federungssystem sich unter härtesten Anforderungen bewährt hatte, hielt es bald darauf Einzug in die Serie – aus der R 5 wurde die R 51. Für Geländewettbewerbe bot BMW u.a. hochgelegte Auspuffanlagen an. Mehr zum Rennsport 1937 bis 1939 im folgenden Kapitel. Eingesetzt wurde die R 51 gern bei Winter- und Zuverlässigkeitsfahrten, aber auch bei den Six Days – mehr dazu im Folgenden.

Oben rechts: Die Vorkriegs-R 51 wurde auch nach dem Krieg noch eingesetzt. Das Foto zeigt Ernst Hoske aus Hameln mit seiner kompressorgetunten R 51 beim Rennen „Rund um Schotten" 1949. Hoske wurde in den 1950er Jahren durch seine schnellen Eigenbauten auf BMW-Basis und seine zahlreichen käuflichen Rennumbausätze (Hoske-Naben und Tanks) bekannt.
Unten rechts: Privatfahrer mit BMW R 51 RS im Rennen.

1938-1941:
R 66 597 cm³

Neu konzipierte Sport-600er

Eine Spezialität für anspruchsvolle Solo- und Gespannfahrer war die ebenfalls 1938 eingeführte und bis 1941 produzierte R 66, die hinsichtlich Preis, Leistung und Hubraum über der R 5 rangierte. Doch während der ohv-Boxermotor der R 5 ein modernes Kurzhubtriebwerk mit zwei Nockenwellen war, begnügte sich der ebenfalls neu entwickelte, aber hinsichtlich der Block- und Zylinderbasis vom R 6-Triebwerk abstammende ohv-Motor der R 66 mit der konservativen Ventilsteuerung – einer über Stirnräder angetriebene, zentrale Nockenwelle. Auch die R 6-Kurbelwelle wurde beibehalten. Auf eigens konstruierten Zylindern mit rosettenartig eingeschnittenen Kühlrippen („Igelzylinder") saßen die geringfügig geänderten Zylinderköpfe der R 5.

Mit einem Hub von 78 und einer Bohrung von 69,8 mm war das 597 cm³ große R 66-Triebwerk (Typ 266/1) als Langhuber ausgelegt. Die hohe Verdichtung von 6,8 : 1 und die Gemischaufbereitung durch zwei großvolumige Amal-Vergaser vom Typ 6/420 S trugen zur hohen Spitzenleistung von 30 PS bei 5300/min^{-1} bei. Der 600er Boxer war ausgesprochen leistungsfreudig und befähigte die wunderschön gezeichnete Maschine zu einer Spitzengeschwindigkeit von 145 km/h. Damit war die R 66 die schnellste BMW der Vorkriegszeit.

Konventioneller Motor, modernes Fahrwerk

Der Doppelschleifen-Stahlrohrrahmen, die Vorderradfederung per Teleskopgabel mit hydraulischer Dämpfung, die innovative Hinterrad-Teleskopfederung, die Bereifung in 3,5 x 19 Zoll vorne wie hinten und die 200-mm-Trommelbremsen unterschieden sich nicht von den entsprechenden Komponenten der R 51. Auch das Viergangetriebe mit Fußschaltung war identisch. Wie bei der R 51 faßte der formschöne, handlinierte Tank 14 Liter Treibstoff. Zu den äußeren Merkmalen der schlanken Sportmaschine gehörten die ovalen, glattflächigen Zylinderhauben und die jetzt bei allen Modellen montierten „Fischschwanz"-Schalldämpfer.

Das voll gefederte Fahrwerk der R 66 fand international große Anerkennung. Knittel zitiert Graham Walker, den Chefredakteur der englischen Zeitschrift *„Cycling": „Die Straßenlage war perfekt, es gab kein Wackeln in den Kurven, man fühlte sich so sicher wie auf Schienen. Dabei blieb die BMW wendig und leicht zu fahren."*

Oben: Werksaufnahme der R 66 von 1938. Zusammen mit der R 51 war die Sportmaschine die Blaupause auch für die Boxer der 1950er Jahre. Die kleinen Fotos zeigen Details des ohv-Motors, etwa die Kipphebel und Haarnadelfedern der Ventilsteuerung.

Unten links: Der englische TT-Pilot Jock West 1938 auf der R 66 anläßlich eines Besuchs bei BMW in München.

Die potente und elegante R 66 verkaufte sich mit 1699 Einheiten nur halb so gut wie die R 51, obwohl sie 20 Prozent mehr Hubraum und Leistung besaß, zudem eine höhere Spitzengeschwindigkeit ermöglichte. Der Preis konnte nicht die Ursache gewesen sein: Mit 1695 RM war die R 66 nur 100 Reichsmark teurer als das Halblitermodell. Marktpositionierung und Image spielten eine Rolle: Die R 66 war als technisch aufwendige Gespannmaschine promotet worden und profitierte daher nicht vom Renommee der im Rennsport erfolgreichen Halbliter-Boxer R 5 und R 51. Und es fehlte natürlich eine kompromißlose Rennsportversion wie bei der R 51, die mit SS und vor allem der RS eine große motorsportbegeisterte Zielgruppe ansprach.

Als 100 000ste BMW seit 1923 lief am 24. November 1938 eine R 66 vom Band. BMW hatte einen Marktanteil von 10 Prozent an den 1938 in Deutschland zugelassenen 327 580 Motorrädern. Rund die Hälfte der BMW-Maschinen waren Boxer mit 500, 600 und 750 cm³ Hubraum.

Steckbrief R 66 (alle Daten im Anhang)

Bauzeit	1938-1941
Typ intern, Ventile	266/1, ohv, Neukonstruktion
Ventilsteuerung	zentrale, stirnradgetriebene Nockenwelle
Einheiten	1669
Hubraum	597 cm^3
Leistung	30 PS bei 5300/min^{-1}
Gemischaufbereitung	2 Amal-Vergaser
Getriebe	4-Gang, fußgeschaltet
Rahmen	Stahlrohr, schutzgasgeschweißt
Vorderradführung	Telegabel, gedämpft
Hinterradführung	Teleskopfederung
Bremsen vorn/hinten	Trommeln 200 mm
Reifen vorn/hinten	3,5 x 19
Leergewicht	187 kg
Höchstgeschwindigkeit	145 km/h
Preis	1695 RM

Die BMW R 66 von 1938 überzeugt durch ihre zeitlose Eleganz. Alle technischen Elemente werden unverhüllt zur Schau gestellt. Legendär und stilbildend ist der formschöne „Tropfentank". Die technische Zeichnung von 1938 hebt besonders die Vorderradführung per hydraulisch gedämpfter Telegabel mit Blechhüllenkapselung und die ungedämpfte Hinterradfederung hervor.

1937-1939:
R 66 im Sport, als Gespann

Wie die meisten anderen BMW-ohv-Boxer wurde auch die R 66 geradezu flächendeckend im Motorradsport eingesetzt, und zwar vorranging als Gespann-Lokomotive bei den bekannten nationalen und internationalen Geländesportveranstaltungen und dabei vorrangig bei den Sechstagefahrten. Als Organisator und Mannschaftsbetreuer tat sich vor allem das NSKK hervor, das für alles zuständig war, was sich motorisiert im Staatsauftrag bewegte – bis hin zum Arbeitertransport am Westwall und zum Transport von Juden in die Vernichtungslager.

Prototypen der R 66 nahmen mit respektablem Erfolg an den Six Days 1937 in Wales teil (2. Platz in der Trophy, 2. und 3. Platz in der Silbervasen-Wertung). Bei den Six Days 1938, ebenfalls in Wales, kam die BMW-fahrende deutsche Mannschaft nur auf Platz drei in der Trophy-Wertung, gewann aber die Silbervase. Bei der Sechstagefahrt 1939 in Salzburg hingegen gingen beide Trophäen an die strafpunktefrei gebliebenen Mannschaften des Deutschen Reiches (s.a. Sport-Kapitel).

Oben rechts: Ludwig Kraus und Beifahrer auf R 66-Werksgespann bei der Sechstagefahrt 1937 in Wales.

Oben: die R 66 als ziviles Gespann mit Royal-Boot um 1938. Ludwig Kraus bringt Windschutzscheibe und Handschutz an.

Rechts: Josef „Sepp" Müller mit dem R 66-Gespann bei der Sechstagefahrt 1938. Der 600er ohv-Boxermotor dürfte mehr als die serienmäßigen 30 PS abgegeben haben.

Oben: Sport und Abenteuer, Landschaft und Technik. Dieses Foto vermittelt sehr gut die Bedingungen, die bei den großen Wettbewerben der späten 1930er Jahre herrschten. Im Bild ein R 66-Gespann mit Stoye-Seitenwagen auf einem Schotterweg bei der Deutschen Alpenfahrt 1939. Mit dem Kopf scheint der „Schmiermaxe" haarscharf am Eisengeländer entlangzurutschen, doch in Wirklichkeit war noch ein Meter Platz.

Rechts: R 66-Gespann auf einer Paßstraße bei der Sechstagefahrt rund um Salzburg im August 1939. Die deutschen Mannschaften lagen vorn, dann kam der Abbruch wegen Kriegsgefahr für die ausländischen Teilnehmer, offizielles Ergebnis gab es keins.

1938-1941:
R 61 600 cm³
Robuste Alltagsmaschine

Parallel zu den neuen Sportmodellen R 51 und R 66 brachte BMW 1938 auch wieder zwei Touren-Motorräder heraus, die weitgehend auf den Vorläufermodellen basierten und die gleichen Rahmen-, Fahrwerk- und Ausrüstungsmerkmale zeigten wie die Sportversionen: die R 61 und die R 71. Die R 61 löste die zuvor zwei Jahre lang angebotene R 6 ab und war bei einem Preis von 1420 Reichsmark wieder das Einsteigermodell in die Boxerwelt.

Wichtigster Unterschied zur R 6 war die neuartige Geradweg-Hinterradfederung mit dem entsprechend wie bei der R 51 geänderten Rahmen mit zentralem Oberrohr und gekappten Rohrbögen. Auch Telegabel, 19-Zoll-Räder und fußgeschaltetes Viergang-Getriebe entsprachen der R 51-Technik. Wie alle neuen Modelle konnte auch die R 61 ab Werk gegen Aufpreis mit dem zusätzlichen, rechts angebrachten Handschalthebel bestellt werden.

Unverändert von der R 6 übernommen worden war der seitengesteuerte 600-cm³-Boxermotor (Typ 261/1). Bei einer Verdichtung von 5,7 : 1 war dieser Motor als Langhuber ausgelegt (Bohrung/Hub 70/78 mm) und leistete 18 PS bei nun 4800/min^{-1}. Wie alle sv-Motoren von BMW war auch das R 61-Triebwerk mit nur einer einzigen, zentral angeordneten und stirnradgetriebenen Nockenwelle ausgerüstet. Zwei Fischer-Amal-Vergaser vom Typ M 75/426 S kümmerten sich um die Benzinzufuhr.

Die R 61 wurde bis zur Einstellung der Zivilmotorrad-Produktion im Kriegsjahr 1941 hergestellt und brachte es auf bemerkenswerte 3747 Einheiten. Bei einem Leergewicht von 184 kg erreichte der Basisboxer eine Höchstgeschwindigkeit von 115 km/h. Manche Maschine dieses robusten und genügsamen Typs (Verbrauch 3,5 l/100 km) wurde von der Wehrmacht requiriert und verschwand später irgendwo an der Front.

Fotos beide Seiten: Werksaufnahmen der R 61 von 1938. Die R 61 war von der R 71 deutlich an den einfachen Zylinderdeckeln zu unterscheiden. Neu war auch hier die Hinterradfederung. Das kompakte Triebwerk leistete 18 PS.

Steckbrief R 61 (alle Daten im Anhang)

Bauzeit	1938-1941
Typ intern, Ventile	261/1, sv
Einheiten	3747
Hubraum	600 cm³
Leistung	18 PS bei 4800/min^{-1}
Gemischaufbereitung	2 Amal-Vergaser
Getriebe	4-Gang
Rahmen	Stahlrohr
Vorderradführung	Telegabel, gedämpft
Hinterradführung	Teleskopfederung
Bremsen vorn/hinten	Trommeln 200 mm
Reifen vorn/hinten	3,5 x 19
Leergewicht	184 kg
Höchstgeschwindigkeit	115 km/h
Preis	1420 RM

1938-1941:
R 61-Gespanne, Behörden

Die 600er R 61 wurde wegen ihres robusten, seitengesteuerten Boxermotors und ihrer Genügsamkeit vor allem von Behörden wie der Post oder der Polizei geschätzt, wo sie vielhundertfach solo oder als Gespann eingesetzt wurde. Der durch die neue Hinterradfederung erhöhte Komfort beugte Ermüdungserscheinungen im Dauereinsatz merklich vor. Bei der Wehrmacht hatte die R 61 geringere Bedeutung als der schwere 750er Preßstahl-Traktor R 12.

BMW lieferte speziell konstruierte Seitenwagen, angepaßte Ausrüstung und Matt-

oder Glanzlackierungen nach Bedarf, meist ohne die aufwendig in Handarbeit aufgetragenen weißen Zierlinien. Diese durften natürlich nicht bei Gespann-Maschinen fehlen, die von Privatpersonen gekauft und oft als einziges Motorfahrzeug der Familie oder der Firma im Alltag eingesetzt wurden.

Linke Seite: Die 600er R 61, hier mit Royal-Seitenwagen, unterschied sich von der 750er R 71 durch einfachere Zylinderdeckel. Kleines Foto links: Zwei Amal-Vergaser mit zentralem Luftfilter versorgten den 18-PS-Boxer mit Benzin-Luft-Gemisch. Mitte: matt lackierte R 61 1938 mit Royal-Reichspostseitenwagen. Unten: R 61 1938 in schmuckloser Polizeiausführung. Zusätzlich montiert sind Soziussattel und Packtaschen.

1938-1941:

R 71 746 cm³

Letzter 750er Zivil-Boxer bis 1969

1938 traten nicht nur neue Boxer von BMW auf den Plan, sondern auch ein Boxer mit vier Zylindern in einer kugeligen Konstruktion mit Dach und vier Rädern: der KdF-Wagen, besser bekannt als VW Käfer. Am 26. Mai 1938 legte Adolf Hitler den Grundstein für das Volkswagenwerk bei Fallersleben, parallel wurden die ersten Käfer-Vorserienexemplare vorgestellt. Das Auto wurde ein Welterfolg: Mit über 21,5 Millionen Fahrzeugen war der Käfer das meistverkaufte Automobil der Welt, bevor er im Juni 2002 vom VW Golf übertroffen wurde.

Historische Bedeutung hat auch die BMW R 71, die 1938 als letzte seitengesteuerte BMW erschien und eine radikal unterschiedliche Alternative zur (bis 1941 für Militär und Behörden weitergebauten) R 12 mit Preßstahl-Chassis war. Mit modernem Doppelschleifen-Rohrrahmen, Telegabel und Hinterradfederung war sie auf der Höhe ihrer Zeit. Sie lief zwischen 1938 und 1941 in der bemerkenswerten Stückzahl von 3458 Exemplaren vom Band und war für moderate 1595 RM zu haben.

Gern geordert von der Autobahnpolizei

BMW pries die bullige und komfortable 750er, die 22 PS bei 4600 Touren produzierte, als *„ideale Maschine für die neuen Autobahnen und für schnelles Reisen auf den Landstraßen"* an. Geordert wurde sie aber mehr von der Autobahnpolizei als von der Zivilbevölkerung. Die war zu einem guten Teil mit der Rüstungsproduktion beschäftigt und hatte weder das Geld, noch die Zeit für Ausflüge.

Bereifung (vorn und hinten 3,5 x 19 Zoll), 200-mm-Trommelbremsen, Radstand 1400 mm und

Steckbrief R 71 (alle Daten im Anhang)

Bauzeit	1938-1941
Typ intern, Ventile	271/1, sv
Einheiten	3458
Hubraum	746 cm³
Leistung	22 PS bei 4600/min^{-1}
Gemischaufbereitung	2 Graetzin-Vergaser
Getriebe	4-Gang
Rahmen	Stahlrohr
Vorderradführung	Telegabel, gedämpft
Hinterradführung	Teleskopfederung
Bremsen vorn/hinten	Trommeln 200 mm
Reifen vorn/hinten	3,5 x 19
Leergewicht	187 kg
Höchstgeschwindigkeit	125 km/h
Preis	1595 RM

1938-1941:

R 71-Gespann

Vor dem Zweiten Weltkrieg waren Autos noch Luxusprodukte. Erst mit dem KdF-Wagen, der 1938 vorgestellt wurde („Käfer"), sollte sich das ändern. bis dahin waren schwere Gespanne wie das R 71-Dreirad eine probate Alternative.

Oben: R 71 Solomaschine. Unten: Als Zugmaschine war die R 71 unter allen BMW-Boxern erste Wahl. Der drehmomentstarke Motor wurde gut mit dem Royal-Seitenwagen fertig.

Der massiv wirkende sv-Boxer der R 71 läßt die 750er Maschine besonders bullig wirken. Die Verarbeitungsqualität war schon damals bei BMW hervorragand, wie die Fotos zeigen. Rechts: Die für Langstrecken prädestinierte BMW R 71 vor der Karte der fertigen und geplanten Reichsautobahnen 1939.

Tankinhalt 14 Liter unterschieden sich nicht von den Elementen der übrigen neuen Typen mit Hinterradfederung. Die 185 kg schwere Maschine, die beladen und mit Seitenwagen kombiniert, eine halbe Tonne wog, verbrauchte je nach Beladung zwischen 4,5 und 7,0 Liter Benzin auf 100 km. Weil die Verdichtung mit 5,5 : 1 sehr niedrig war, durfte es auch preiswerter Treibstoff mit niedrigem Oktanwert sein.

Der seitengesteuerte, quadratisch ausgelegte Motor (Bohrung/Hub 78/78 mm) mit 746 cm³ Hub-

Werbeplakat Ende der 1930er Jahre. „Verlässig": damals korrekt.

raum (Typ 271/1) stammte hinsichtlich der Basis unverändert von der R 61 ab, besaß aber wieder „zweigeschossige" Zylinderdeckel wie die R 12 und wurde von zwei Vergasern der Marke Graetzin vom Typ G 24 beatmet, die mit dem üblichen, zentral auf dem Getriebegehäuse montierten Luftfilter kombiniert waren. Die zentrale Nockenwelle wurde wie bei allen sv-Typen über Stirnräder angetrieben und wirkte über kurze Gleitstößel auf die Ventilschäfte. Vorne auf der Welle saß die Bosch-Batteriezündanlage mit dem Verteiler. Der Zündzeitpunkt konnte wie bei allen Vorkriegs-BMW mit einem Hebel links am Lenker verändert werden.

R 71: ideal für den Gespannbetrieb

Der große Hubraum machte die begrenzte Leistung durch sein kräftiges Drehmoment mehr als wett. Die Höchstgeschwindigkeit solo betrug 125, mit Seitenwagen 95 km/h. Das Vierganggetriebe wurde auch der bei R 71 mit dem Fuß geschaltet. Als letzte BMW der Vorkriegszeit konnte die Maschine auf Wunsch mit Handschaltung (4-Gang, Hebel rechts am Tank-Gummi-Kissen) bestellt werden. Im Vorfeld des Zweiten Welt- kriegs bot BMW ab 1938 keine 750er Sportmaschine mehr an; Nachfolgerin der R 17 mit ohv-Motor (1935 bis 1937) war die 600er R 66 (s. oben). Es sollte über 30 Jahre dauern, bis die Bayern mit der R 75/5 ab 1969 wieder eine 750er im Programm hatten (sieht man vom Militärgespann R 75 ab).

1939-1944:
R 31 350 cm³

Prototyp ohne Zukunftschancen

1939 hatte in Deutschland alles andere hinter der Produktion von Kriegsgerät zurückzustehen. Bei der Motorradabteilung von BMW drehte sich nun alles um die Fertigentwicklung der Militär-Seitenwagenmaschine R 75 und später um die Verbesserung des Wehrmacht-Gespanns. Vor diesem Hintergrund mußte auch die Entwicklung eines Prototyps gestoppt werden, der vom Hubraum her die Lücke zwischen den Einzylinder-Typen und den Zweizylinder-Boxermodellen schließen sollte. Codename des Projekts: R 31.

In vielen Details gingen Rudolf Schleicher und sein Entwicklungsteam neue Wege. Nur auf den ersten Blick sah die Maschine so aus wie etwa die R 51. Doch im Detail war fast alles anders. Die Rohre des Rahmens waren nur im unteren Bereich miteinander verschweißt, aber oben mit dem Steuerkopf und hinten am Tank verschraubt (ähnlich wie bei der R 75). Der Tank war durch Verwendung von extra dickem Stahlblech als mittragendes Teil des Fahrgestells ausgelegt und mit dem Steuerkopf fest verbunden. Am Heck zeigte die R 31 geänderte Rahmenelemente und eine modifizierte Hinterradfederung. Das Vorderrad wurde von einer ölgedämpften Telegabel geführt, bei der die Achsaufnahmen nach vorn versetzt waren.

Die Entwicklung kam über das Jahr 1939 nicht hinaus. Der Umbau etwa von Flugzeug-Sternmotoren zu Kampfpanzer-Antrieben oder die Konzeption eines Einmann-Panzers zogen erhebliche Kapazitäten ab. Erst 1942 konnten die Arbeiten an den R 31-Prototypen von Alfred Böning und Alexander von Falkenhausen fortgesetzt werden. Die Erfahrungen von Falkenhausens mit der R 75 an der Front kamen der R 31 unmittelbar zugute. So wurden jetzt die Tauchrohre der Gabel durch Gummibälge vor Verschmutzung und Nässe geschützt. Der zentral über dem Getriebe angeordnete Vergaser befand sich samt dem Luftfilter unter einer Aluminiumhaube, die den Motor oben in der ganzen Länge abdeckte. Ansaugrohre, die mit Gummimanschetten gegen die Haube abgedichtet waren, führten zu den Zylinderköpfen.

Auch ansonsten handelte es sich bei dem Zweizylinder-Boxermotor, der mit dem Getriebe einen glattflächigen Block bildete, um eine Neukonstruktion mit nur 350 cm³ Hubraum, die etwa 18 PS geleistet haben soll. Aber es wurden auch Versuche mit einer bis zu 26 PS starken Halbliter-Version durchgeführt, die später möglicherweise

Unten: Zeichnung des zweiten Entwurfs des R 31 Prototyps von Alfred Böning vom 28. Mai 1942 in einer künstlerisch-realistischen Darstellung von Meyerhuber.

Steckbrief R 31 Prototyp

Bauzeit	1939-1944
Typ intern, Ventile	R 31, ohv
Einheiten	ca. zwei
Hubraum	350 und 500 cm³
Leistung	18, bzw. 26 PS
Gemischaufbereitung	1 Zentralvergaser
Getriebe	4-Gang
Rahmen	Stahlrohr, Tank integr.
Vorderradführung	Telegabel, gedämpft
Hinterradführung	Teleskopfederung
Bremsen vorn/hinten	Trommeln 200 mm
Reifen vorn/hinten	3,5 x 19
Leergewicht	ca. 170 kg
Höchstgeschwindigkeit	ca. 115/130 km/h
Preis	Prototyp

den komplizierten Zweinockenwellen-Boxer der R 51 hätte ablösen können. Fotos zeigen eine zivile Variante der R 31 mit lackierten und linienverzierten Elementen und eine Militärversion in Tarnfarbe mit Stollenreifenreifen. Chrom fehlte hier wie da völlig.

Der Ventiltrieb wies pro Seite die bekannten, obenliegenden Schutzrohre auf. Die nun vom zentralen Druckumlaufsystem mit Schmieröl versorgten Zylinderköpfe waren wie bei der R 75 und später bei der R 51/2 mit jeweils zwei separaten Deckeln versehen, die von je einer mittig angeordneten Klammer festgehalten wurden.

Die Versuche waren so vielversprechend, daß man einen Schritt weiterging und auch mit einem selbsttragenden Seitenwagen in Blechschalenbauweise experimentierte, der nur halb so schwer war wie ein Boot mit Rohrrahmen. Doch nach der Invasion der Alliierten in der Normandie am 6. Juni 1944 wurden die Arbeiten an den R 31-Prototypen endgültig eingestellt. Nach dem Krieg wurde das Konzept nicht weiterverfolgt.

Großes Foto oben: der zweite Prototyp von 1942 in Militärausführung mit Einfarb-Lackierung und grobstolligen Reifen. Innovativ bei der R 31 war der als tragendes Element ausgelegte Tank aus starkem Profilblech mit angeschraubten Rahmenrohren.

Querformate darunter: Alex von Falkenhausen entwickelte die R 31 weiter und versah die Gabelrohre wie bei der R 75 mit Gummibälgen.

Alfred Böning wurde am 12. Oktober 1907 in Salerno (Italien) als Sohn deutscher Eltern geboren, kam 1917 nach Esslingen, absolvierte eine Ausbildung als Maschinenbau-Ingenieur und trat danach seine erste Stelle in der Motorradentwicklung bei NSU an. Von Rudolf Schleicher wurde er 1931 mit der Leitung der Motorrad-Konstruktion betraut; diese Position sollte er bis 1974 innehaben, ab 1969 mit Prokura. Er war vom Dreirad-Lieferwagen bis zur R 90 S für alle Modellreihen verantwortlich. Eine Intermezzo gab es zwischen 1943 und 1945 als „Fertigungsoberleiter" für Flugmotoren, er überprüfte auch die Entwürfe von Raketen- und Strahl-Triebwerken. Er verstarb am 15. Februar 1984 in München.

Kapitel 9:
1937 bis 1939

Rennsport und Rekorde

In den Jahren 1937 bis 1939 eilt der BMW-Motorradrennsport von einem Höhepunkt zum nächsten. Rückgrat des Erfolgs sind die enorm verbesserten Halbliter-Kompressor-Boxermotoren. 1937 erzielt Ernst Henne auf einem 100-PS-Stromlinien-Renner den absoluten Weltrekord von 279,503 km/h. 1939 gewinnt Schorsch Meier die Senior-TT auf der Isle of Man. Die deutsche Mannschaft holt die Silbervase bei den Six Days. Karl Gall, Schorsch Meier und Ludwig Kraus werden auf BMW hintereinander Deutscher Meister.

Rechts: Schorsch Meier auf seiner 138 kg leichten Kompressor-BMW auf seiner Siegesfahrt bei der 1939er TT. Er absolvierte die sieben Runden mit 144 km/h Durchschnitt.

Unten: Der verbesserte, nun 55 bis 56 PS starke Halbliter-Kompressor-Boxer für die Rennsaison 1939 mit Leichtmetall-Zylindern und Laufbuchsen; vorne der Spezial-Vergaser.

49

1937-1939:
Boxer-Triumphe
Six Days, TT, Rundstrecke

In den Jahren 1937 bis 1939 eilt der BMW-Motorradrennsport von einem Höhepunkt zum anderen. Rückgrat des Erfolgs sind die leistungsstarken und zuverlässigen Halbliter-Kompressor-Boxermotoren. 1937 erzielt Ernst Henne auf einem 100-PS-Stromlinien-Renner den neuen Weltrekord von 279,503 km/h. 1939 gewinnt Schorsch Meier die Senior-TT auf der Isle of Man. Die deutsche Mannschaft holt die Silbervase bei den Six Days. Karl Gall, Schorsch Meier und Ludwig Kraus werden auf BMW hintereinander Deutscher Meister.

1937: 56 PS starke Kompressormotoren
In den frühen 1930er Jahren und vor allem nach dem Wiedereinstieg des Werks 1935 glänzten die mit eindrucksvollen Leistungen. Zusätzlich sorgten die Weltrekorde von Ernst Henne für Publicity. 1937 ging die Erfolgsgeschichte der BMW-Fahrer und der Kompressor-Rennboxer weiter. Nach dem ersten Grand Prix-Erfolg (Doppelsieg durch Otto Ley und Karl Gall in Schweden) und dem neuerlichen Weltrekord von Ernst Henne 1936 setzte im Jahr darauf eine Erfolgsserie ein. Mit Ludwig „Wiggerl" Kraus und Georg „Schorsch" Meier arbeiteten sich in den Jahren vor Kriegsausbruch zwei weitere Ausnahmetalente nach oben: Sie sollten BMW auch nach 1945 noch zahlreiche Siege bescheren.

Den Piloten standen 1937 neu aufgebaute, hinsichtlich der Motoren vom Material her und in puncto Rennfahrwerk stark modifizierte Halbliter-Kompressor- Maschinen zur Verfügung. Die Motoren mit ihren obenliegenden, königswellengetriebenen Nockenwellen und nun 55-56 PS bei 7500/min^{-1} ermöglichten bis zu 220 km/h Höchstgeschwindigkeit.

Auch 1937 basierten die Zweizylinder-Triebwerke vom Typ 255 auf dem 1935er Aggregat. Anstelle der früher verwendeten Stahlzylinder, die am Fußflansch mit sechs Bolzen verschraubt waren, waren nun Leichtmetall-Zylinder mit Laufbuchsen montiert. Diese wurden nicht nur mit sieben langen Schrauben am Kurbelgehäuse befestigt, sondern auch – in Verbindung mit entsprechend

Oben: Karl Gall beim Ungarn-Grand Prix 1937 in Budapest; der Helm-Überzug diente zur Unterscheidung der verschiedenen Klassen bei einem gemeinsamen Rennen.

Rechts: BMW-Werksfahrer Otto Ley unterlag am 23. Mai 1937 beim Solitude-Rennen dem DKW-Werksfahrer Kurt Mansfeld.

Oben: Die Halbliter-Kompressor-BMW bekam für die Saison 1937 ein völlig neues Fahrwerk. Neu waren nicht nur die Hinterradfederung, sondern auch der 22-Liter-Renntank. Die Speichenräder maßen 21 und 20 statt 20 und 19 Zoll.

Unten links: Die Geradweg-Hinterradfederung hatte Konstrukteur Alex von Falkenhausen 1937 entwickelt und im Geländesport erprobt. Beim Hinterreifen handelte es sich um einen Renntyp, wie er damals von Metzeler, Continental, Dunlop und Avon mit nur minimalen Unterschieden geliefert wurde.

Rechte Seite der 1937er Werksrennmaschine. Auffällig ist, daß der Antriebsblock 40 mm höher im Rahmen sitzt. Aus diesem Grund und zum Ausgleich der Federungs-Bewegung des Hinterrads musste die Bauart der (verstärkten und verkürzten) Antriebswelle geändert werden. An der Hardyscheibe wurde die Welle verschiebbar montiert, am Eingang zum Hinterachsgetriebe setzte man zusätzlich ein Kreuzgelenk ein.

abgeänderten Zylinderköpfen – mit durchgehenden Zuganker-Verschraubungen. Mit der neuen Hinterradfederung, die 1938 mit der R 51 in Serie gehen würde, größeren Rädern (21 statt 20 und 20 statt 19 Zoll) und einem auf 22 Liter Volumen erweiterten Tank bot die 1937er Rennmaschine ein neues Erscheinungsbild. Der Motor war um 40 mm höhergelegt worden, was eine Änderung der (verstärkten) Kardanwelle mit sich führte (Schiebemuffe an der Hardyscheibe, spezielles Kreuzgelenk am Radantrieb).

Mit dem neuen Kompressor-Boxer wurde Karl Gall 1937 Deutscher Meister in der Halbliterklasse, hielt zusammen mit Otto Ley (Sieger in Hockenheim) die BMW-Fahne hoch, siegte beim Eilenriede-Rennen in Hannover, beim NL-GP in Assen und beim GP Deutschland auf dem Sachsenring.

Oben: In seiner Polizei-Lederkluft und mit Geländefahrer-Helm trainierte Schorsch Meier 1937 in Schleiz erstmalig offiziell; er war Zweitschnellster, ein Rennstart war jedoch nicht vorgesehen.

Rechts: Otto Ley schied 1937 am Sachsenring vorzeitig aus, weil die Kupplung seiner Kompressor-BMW durchrutschte.

Oben: Jock West, Verkaufsleiter beim englischen BMW-Importeur und passioniertter Rennfahrer, kam bei seinem ersten TT-Einsatz am 18. Juni 1937 auf einer seiner beiden Werks-Maschinen nach sieben Runden als Sechster hinter den Werksfahrern von Norton und Velocette ins Ziel, was als großer Erfolg bewertet wurde.

Auf BMW nahm auch Jock West, Verkaufsleiter des englischen BMW-Importeurs, an vielen wichtigen Rennen teil. Er gewann z.B. den Ulster-Grand Prix.

Bei den Six Days 1937 in Wales gewann ein Mann die Goldmedaille, der in die Motorradgeschichte eingehen sollte: Schorsch Meier, geboren am 10. September 1910 in Mühldorf am Inn. Er war bereits als Landpolizist mit seinem Dienstmotorrad so schnell unterwegs gewesen, daß seine Vorgesetzten ihn 1933 zur 2000 km-Fahrt durch Deutschland abkommandiert hatten. Trotz geringer Vorbereitungszeit schnitt er als bester Fahrer ab und zog damit die Aufmerksamkeit von BMW auf sich. Zusammen mit Meiers Dienststelle stellte BMW eine Dreier-Mannschaft auf und bestritt mit ihr fortan alle Rennen. Die Fahrer schützten sich durch Helme aus gepreßtem und verleimten Holzspanmaterial. Ihr sagenhaftes Durchhaltevermögen trug Meier sowie seinen beiden Mitstreitern Fritz Linhardt und Josef Forstner bald den Beinamen „Die drei Gußeisernen" ein.

Die Bayerische Landespolizei wurde 1936 in die Wehrmacht eingegliedert. Dort war Meier auch weiterhin im Dienst und wurde nur auf Anforderung von BMW zu den Geländewettbewerben freigestellt (ohne Vertrag und Bezahlung für dioese Zeitt). 1936 holten sich die drei den Mannschaftspreis bei der Sechstagefahrt in Freudenstadt, 1937 fuhr Meier beim Schlußrennen der Sixdays in Donington überlegen die Bestzeit. Die deutsche Mannschaft belegte in der Trophy-Wertung den Zweiten Platz und errang sie die Silbervase.

1938: Schorsch Meier Deutscher und Europa-Meister

Sepp Hopf und sein Team hatten die Kompressor-Rennmaschine vom Typ 255 schon für 1937 in wichtigen Details verbessert. Gehäuse von Motor, Kompressor und Getriebe sowie die Ventildeckel bestanden seitdem aus einer Magnesium-Legierung, Zylinder- und Zylinderköpfe waren aus einer Aluminium-

Legierung. Der Drehkolben (Trommel) des Laders saß mit einer Keilverzahnung direkt auf der Kurbelwelle und lief exzentrisch innerhalb des Gehäuses. Verdichtet wurde das Ansauggemisch zwischen sechs verschiebbaren Schaufelblättern. Am Austritt zu den hinten in die Zylinderköpfe führenden Druckrohren befand sich ein Überdruckventil. Neu waren zudem Entlüftungs-Hutzen an der Kupplungsglocke und eine Abdeckung über der Hardy-Scheibe. Der 1935 erstmals eingesetzte Motor vom Typ 255 war jetzt in Bestform.

Schorsch Meier war 1938 an Stelle des zurückgetretenen Otto Ley in die BMW-Werksmannschaft aufgenommen worden. Beim traditionellen Saisonauftakt in Hannover-Eilenriede am 24. April siegte er mit einem neuen Rundenrekord von 128,1 km/h und durchkreuzte damit die Saisonplanung, die für Karl Gall die Verteidigung der Meisterschaft vorgesehen hatte. Und so ging es weiter: Meier siegte 1938 bei zahlreichen Großen Preisen, wurde so Deutscher Meister und Europameister. Der zweite Werkseinsatz von BMW bei der TT 1938 wurde nicht von Erfolg gekrönt.

Rechts: Am 30. Juli 1938 nahm Schorsch Meier seinen dritten Grand Prix in Angriff, die holländische TT in Assen. Er siegte vor dem Niederländer Albertus van Hamersveld, der die dritte Werks-BMW pilotiert hatte.

Unten: Vorderseite des für 1938 (und die Folgezeit) weiter verbesserten Kompressor-Boxers (Aufnahme von 1937). Gehäuse von Motor, Kompressor und Getrie be waren nun aus einer Magnesium-Legierung gegossen, ebenso die Ventildeckel.

Anfang 1939 versuchte sich Meier kurz als Autorennfahrer bei der Auto Union. Nachdem Autorennfahrer und Massenidol Bernd Rosemeyer am 28. Januar 1938 bei Rekordversuchen tödlich verunglückt war, hatte das Chemnitzer Konglomerat Ersatz für das Pilotieren der vierrädrigen 12-Zylinder-Boliden gesucht. Auf einem Typ D 12-Zylinder wurde Meier beim Grand Prix von Frankreich 1939 Zweiter, was mehr als ein Achtungserfolg war. Interessant ist, daß die Auto Union Motorradrennfahrer als Piloten bevorzugte, weil diese schneller mit den Mittelmotorwagen zurechtkamen als die von Frontmotor-Rennern geprägten Fahrer anderer Rennställe wie Mercedes. Meier wurde in Spa Zweiter.

1939: Meier gewinnt die Senior-Tourist Trophy

Links: Die Aufnahme von 1938 zeigt den Rennboxer mit dem von der Kurbelwelle angetriebenen Drehkolben-Kompressor. Zylinder- und Zylinderköpfe bestanden aus einer Aluminiumlegierung. Vom vorne rechts montierten Vergaser gelangte das Gemisch in den Kompressor, der es über Druckrohre zu den Zylinderköpfen leitete.

Links: Das Foto dokumentiert eindrucksvoll den athletischen und unverwechselbaren Fahrstil von Schorsch Meier, hier beim Hamburger Stadtparkrennen am 8. Mai 1938. Er mühte sich indes vergebens, denn laut Stallorder mußte er Karl Gall den Vortritt lassen. Ansonsten war Meier der wohl Fitteste aller damaligen deutschen Rennfahrer. Er machte in der Freizeit Zehnkampf-Training auf dem Münchner Polizei-Sportgelände.

Beim Bild unten handelt es sich um ein nachbearbeitetes BMW-Pressefoto vom Herbst 1938. Die Auspuffanlage war in Wirklichkeit nicht verchromt, sondern matt lackiert. Am Vorderrad ist das zweite Bremsseil zum Fußhebel für die kombinierte Betätigung zu sehen, Vorläufer der Integralbremse.

1939 schickte BMW den „Gußeisernen" zusammen mit Karl Gall und Jock West wieder zur TT auf die Isle of Man, die am 12. Juni ausgetragen wurde. Die TT wurde erstmals 1907 ausgetragen und ist das älteste und gefährlichste Motorradrennen der Welt. Siegfried Schauzu, von 1967 bis 1977 sechsmal Deutscher Gespannmeister, davon fünfmal auf BMW: *„Die Ideallinie um 10 cm zu verfehlen, kann den Weg ins Jenseits bedeuten."*

Zwischen 1911 und 2019 starben 259 Rennfahrer auf dem Straßenkurs, der über keinerlei Auslaufbereiche verfügt. Die TT läuft ja nicht auf einem permanenten Rundkurs, sondern auf dem 60,775 km langen Snaefell Mountain Course, der aus normalen Stras-sen der Insel besteht, die während der Trainings und des Wettbewerbs für den Individualverkehr gesperrt sind.

Das 1939er TT-Spektakel begann mit einem entsetzlichen Unfall: BMW-Pilot Gall stürzte am 2. Juni im Training schwer und starb am 13. Juni an den Folgen. Tief betroffen wollten Meier und sein englischer Markenkollege Jock West zunächst die Nennung zurückziehen. Doch letztlich siegten das Rennfieber und die Teamorder. Die beiden gingen für BMW am 12. Juni zur Senior-TT an den Start des über 264 Meilen führenden Rennens. Meier legte vom Start weg die schnellsten Rundenzeiten hin. Er fuhr in Runde zwei auch die schnellste Runde mit 146,11 km/h in 24'57"0. West folgte dichtauf an zweiter Stelle. Bis ins Ziel gaben die beiden BMW-Piloten das Heft nicht mehr aus der Hand, errangen einen sensationellen Doppelsieg.

Meier hatte das Rennen mit einer Durchschnittsgeschwindigkeit von 89,38 mph (143,84 km/h) absolviert (Rekord 2018: Peter Hickman auf BMW S 1000 RR 218 km/h). Meiers Gesamtfahrzeit betrug 2h57'19"0. Jock West hatte auf Meier nur 2'20"0 Rückstand. Freddie Frith auf der schnellsten 500er Norton lag lediglich 32 Sekunden hinter West und mußte sich mit Platz drei zufriedengeben. Aus britischer Sicht ging die Senior-Trophy 1939 erstmals an einen ausländischen Fahrer auf einer ausländischen Maschine.

Meier war von BMW für die TT bei der Auto Union „ausgeliehen" worden, bei der er als Grand Prix-Fahrer (entsprechend der späteren Formel 1) unter Vertrag stand.

Im Zweiten Weltkrieg war Meier zunächst im

Rechts: Schorsch Meier nimmt nach seinem historischen Sieg am 12. Juni 1939 bei der Senior TT (Halbliter-Klasse) auf der Isle of Man die Glückwünsche entgegen und genehmigt sich einen Schluck aus der (Whisky?)-Pulle. Mit seiner Kompressor-BMW vom Typ 255 ereichte er Spitzengeschwindigkeiten von über 200 km/h. Zweiter wurde Teamkollege Jock West, Dritter Freddie Frith auf Norton. Erst 1947 wurden die TT-Rennen wieder aufgenommen.

Zum 1939er Saisonauftakt in Hannover-Eilenriede rutschte Karl Gall die Maschine weg, Ludwig Kraus blieb im Sattel und gewann das Rennen. Beim zweiten Meisterschaftslauf am 7. Mai in Hamburg wurde Kraus Zweiter (Foto rechts, Startnummer 63), Gall siegte. Beim GP von Bukarest am 25. Juni hatte Kraus die Nase vorn, am Ende war er deutscher Meister.

Dienst der Heeres-Fahrschule, bis er als Fuhrparkleiter einer Dienststelle in Paris abkommandiert wurde. Er soll als Fahrer des Chefs der Abwehr, Admiral Wilhelm Canaris, im Einsatz gewesen sein, was er aber später demitierte.

Meiers Erfolgsbilanz, ausschließlich auf BMW gegründet, setzte sich auch nach dem Krieg eindrucksvoll fort: Der Europameister von 1938 und TT-Sieger von 1939 wurde 1947, 1948, 1949, 1950 und 1953 Deutscher Meister in der Halbliterklasse. Der hochgeehrte und beliebte BMW-Rennfahrer starb am 19. Februar 1999 in München.

Viele Erfolge 1939 im Rundstreckensport

Wie lief die 1939er Saison im internationalen Rundstreckensport? Karl Gall und Ludwig Kraus starteten für BMW die neue Saison beim Eilenriede-Rennen am 16. April. Auf dem Kopfstein-

Oben: Schorsch Meier ließ es bei seiner triumphalen Fahrt bei der Senior-TT am 12. Juni 1939 an spektakulären Flugeinlagen nicht fehlen. Meiers Fahrkünste und die Power der Kompressor-BMW verwiesen die Norton-Piloten auf die Plätze.

Rechts: Karl Gall auf Siegesfahrt in Hamburg 1939. Wenig später verunglückte er beim Training zur Senior-TT tödlich.

pflaster des Streckenabschnitts „Steuerndieb" rutschte Karl Gall die Maschine weg, Ludwig Kraus blieb im Sattel und gewann das Rennen. Beim zweiten Meisterschaftslauf am 7. Mai in Hamburg konnten die beiden BMW-Werksfahrer das Ergebnis umdrehen: Kraus wurde Zweiter, Gall siegte. Als einziger verbliebener Werksfahrer gewann Kraus den Großen Preis von Bukarest am 25. Juni.

Nach seinem Auto Union-Abenteuer und dem

Rechts: Für Privatfahrer legte BMW 1938 als Alternative zu den Rennmaschinen von Norton oder NSU eine auf 17 Exemplare begrenzte Kleinserie der R 51 RS mit 36 PS auf.

Unten: Die zweite deutsche Nationalmannschaft für die Six Days 1937 mit Fritz Linhardt, Josef Forstner und A. Möhrke von der Schule für Heeresmotorisierung Wünsdorf auf R 5 mit Hinterradfederung, Tankschaltung und Motorschutz.

Links: Leiter des R 51 RS-Projekts war Josef Stelzer (links); seine Mitarbeiter waren die Monteure Hans Plessl und Josef Achatz.

Unten: Unten: Josef Stelzer fuhr bei der Sechstagefahrt 1937 einen R 51-Prototyp, dessen ohv-Motor mit den Alu-Zylindern und dem Stirnrad-Nockenwellenantrieb der späteren Rennmaschine R 51 RS ausgerüstet war.

TT-Sieg kam auch Schorsch Meier wieder ins Spiel: Auf seiner Kompressor-BMW siegte er am 1. Juli 1939 in Assen. Auch das Rennen in Spa am 16. Juli gewann Meier – vor Kraus. Doch am 6. August verunglückte Meier, in Führung liegend, beim Grand Prix von Schweden in Saxtorp. Den Kriegsausbruch „erlebte" er mit dreifach gebrochenen Brustknochen im Krankenhaus.

1939: Ludwig Kraus Deutscher Meister

Weil Meier für die 1939 noch ausstehenden Rennen nicht mehr zur Verfügung stand, und Ludwig Kraus ebenfalls außer Gefecht war, schickte BMW für den Großen Preis von Deutschland am 13. August auf dem Sachsenring Karl Rührschneck, Hans Lodermeier, Kurt Mansfeld und Jock West an den Start. Mansfeld kam nach zweijähriger Rennpause auf Anhieb mit der Kompressor-BMW zurecht und konnte im Rennen bis auf den zweiten Platz vorstoßen, bis er mit Konditionsproblemen zurückfiel.

Den Sieg in der Halbliterklasse errang der Italiener Dorino Serafini auf einer Vierzylinder-Gilera mit Kompressor, Rührschneck wurde Zweiter und Lodermeier Dritter. Als am Ende der Saison 1939 zusammengezählt wurde, stand Ludwig Kraus als Deutscher Meister in der Halbliterklasse fest.

Im Gegensatz zu Meier war Kraus nicht auf Solomaschinen festgelegt. Wie berichtet, erzielte er auf BMW erste große Erfolge in den Jahren 1933 bis 1935 als Beifahrer und Fahrer bei den Six Days in Wales und Garmisch-Partenkirchen.

1948 und 1949 wurde „Wiggerl" Kraus Deutscher Vizemeister in der Solo-Klasse bis 500 cm^3 und dreimal Deutscher Seitenwagenmeister in der Halbliterklasse – 1950, 1951 und 1953.

Privatfahrer hatten 1939 hinsichtlich der 500-cm^3-Klasse zunächst nur die Wahl zwischen alten NSU-Rennmodellen oder aber aktuell käuflichen, sehr teuren Rennmaschinen von Norton aus England. Wie bereits im Modellabschnitt R 51 erwähnt, reagierte BMW und beauftragte Josef Stelzer, auf Basis der R 51 eine Kleinserie von Rennmaschinen zu entwickeln. Es entstanden 17 Exemplare der R 51 RS mit auf 36 PS getuntem ohv-Motor und einer Spitzengeschwindigkeit von annähernd 180 km/h. Die Motorräder wurden an talentierte Nachwuchsfahrer abgegeben. Weitere Einzelheiten s. Abschnitt R 51 im Sport.

Geländesport: Sieg bei den Six Days 1939

Wie bereits erwähnt, gingen auch in den Jahren 1937 bis 1939 BMW-Mannschaften nicht nur an den Start nationaler Zuverlässigkeitsfahren, sondern gaben auch erfolgreich Gas bei den Six Days in Wales und Salzburg. Die Internationale Sechstagefahrt war traditionell ein Motorradsport-Ereig-

Links: Rudi Seltsam auf einer Werks-R 51 bei den Six Days 1939. Er fuhr neben Josef Müller und Beifahrer Mayerhofer auf dem R 66-Gespann in der Trophy-Mannschaft.

Unten links: Fritz Linhardt, Josef Forstner und Hans Lodermeier fuhren als deutsche Mannschaft auf BMW R 51 im Wettbewerb um die Silbervase. Sie lagen ebenso wie ihre Kollegen in der Trophy-Wertung am Ende der Sechstagefahrt 1939 vorn. Aufgrund der sich überstürzenden Ereignisse vor Kriegsbeginn blieb die offizielle Anerkennung der Ergebnisse durch die FICM in Genf aus. Sie wurde auch nie nachgereicht.

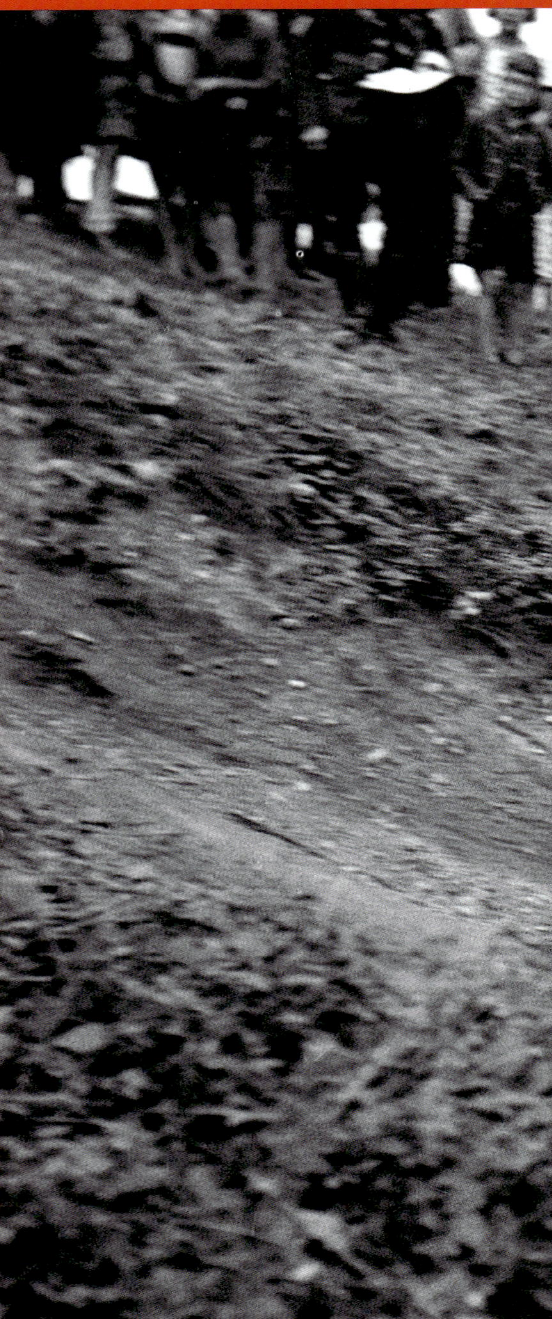

nis von höchstem Prestigewert, da hier National- mannschaften gegeneinander antraten. Großen Einfluß auf den Einsatz der BMW-, NSU- oder DKW-fahrenden Nationalteams bei Geländeveranstaltungen hatten wieder das NSKK und die Schule für Heeresmotorisierung in Wünsdorf/Brandenburg (Militärstandort und Truppen- übungsplatz von 1910 bis 1994). Hier wurde auch für Wettbe-werbseinsätze trainiert.

Wie 1937 ging auch 1938 die Silbervase ans Deutsche Reich, jeweils nach sechs Tagen in den unwegsamen Hügeln von Wales. Am 21. August 1939 wurden die Six Days im Raum Salzburg gestartet. Fritz Linhardt, Josef Forstner und Hans Lodermeier gingen auf BMW R 51 in den Wettbewerb. Sechs Tage später lagen sie in der Trophy- Wertung vorn. Doch aufgrund der drohenden Kriegsgefahr Ende August 1939 war die internationale Jury nicht mehr vollständig, weshalb eine offizielle Anerkennung der Ergebnisse durch die FICM in Genf ausblieb. Sie wurde auch nie nachgereicht. Die englische Botschaft hatte ihre Landsleute am vorletzten Veranstaltungstag zur vorzei- tigen Rückreise aufgefordert, was das Ergebnis natürlich verzerrte. In den folgenden Jahren bis 1945 wurde „Geländesport" nur noch von Kradfahrern an der Front betrieben, und zwar unter Beschuß.

Oben: Hans Lodermeier war für die Six Days von der Kompressor-BMW auf die R 51 umgestiegen und gehörte zum deutschen Aufgebot im Wettbewerb um die Silbervase.

Links: Fritz Linhardt auf der BMW R 51 mit Wehrmachts-Zulassung beim Befahren einer unbefestigten Steilstrecke bei den Six Days 1939 im Raum Salzburg. Eine Woche nach der Sechstagefahrt war es vorbei mit dem Geländesport, aber nicht mit dem Fahren im Gelände: Zigtausende Motorräder, darunter vor allem R 12- und R 75-Gespanne wurden im Krieg für Spähtrupp-- und Meldefahrten eingestetzt, oft ausgerüstet mit Maschinengewehren. Neben den regulär bei BMW beschafften Maschinen bediente sich die Wehrmacht in großem Stil bei Motorrädern aller Marken und Hubraumklassen, die von Privatbesitzern requiriert worden waren. Viele Maschinen waren auch Beute aus feindlichen Armeebeständen.

1937-1938:
Weltrekord
279,503 km/h mit dem Boxer

1937 spitzte sich der Wettlauf um den neuen Weltrekord zu. Der Engländer Eric Fernihough (Brough Superior-JAP) erzielte im April 273,244 km/h, Piero Taruffi (Gilera Rondine) im Oktober 274,181 km/h. Eine Woche später war Ernst Henne mit der auf über 100 PS verbesserten 500-cm³-Kompressor-BMW mit überarbeiteter Karosserie im Rahmen der „Rekordwoche" wieder auf der Frankfurter Autobahn unterwegs. Aber er mußte die Fahrten abbrechen, es war zu gefährlich. Denn auch mit neuer Cockpit-Haube und den von Aerodynamik-Pionier Reinhard Freiherr von Koenig-Fachsenfeld vorgeschlagenen Stabilisierungsflossen am Heck schlingerte das Fahrzeug bei hoher Geschwindigkeit. Henne brach die Rekordfahrten ab und ließ die Haube entfernen. Er setzte seinen alten Stromlinien-Helm wieder auf und absolvierte eine Reihe von Testfahrten auf der Münchener Autobahn bei Hofolding.

Karl Gall leitete die Versuche, Josef Hopf und Reinhold Strahm kümmerten sich um die Technik. Beim Anfahren musste Henne mit einem Hebel die seitlichen Stützräder einziehen. Beim Ausrollen wurden jedoch Helfer benötigt, um das Rekordfahrzeug in Empfang zu nehmen, erst dann wurden die Stützräder ausgefahren.

Man beschloß letztlich, an der vorderen Kante des Cockpit-Ausschnitts eine Verkleidung und eine kleine Cellon-Scheibe als Windabweiser anzubringen. Bei der Frankfurter Rekordwoche war Ferdinand Porsche zugegen gewesen und hatte die Probleme bei BMW beobachtet. Aufgrund von Fotos stellten er und seine Mitarbeiter Berechnungen an und empfahlen, das flossenartige Heck länger auslaufen zu lassen und vertikal mit einem Schlitz zu versehen.

1937: absoluter Weltrekord mit 279,503 km/h
Am 28. November 1937 kehrte Ernst Henne mit dem überarbeiteten Fahrzeug (scherzhaft als „Cabriolet" bezeichnet) zum entscheidenden Rekordversuch auf die Frankfurter Autobahn zurück. Vorher hatte er seiner Frau Maria Magdalena ver-

Oben: Das Rekordfahrzeug für 1937 besaß einen auf über 100 PS getunten 500-cm³-Boxermotor und eine Karosserie mit aufklappbarer Haube sowie drei Heckflossen. Doch auf der Frankfurter Autobahn neigte die Maschine zum Schlingern.

Unten links: Ernst Henne vor den Rekordfahrten bei Frankfurt neben dem Fahrzeug der ersten Version mit Haube. Unten rechts: offene Rekordmaschine der zweiten Version mit geschlitztem Langheck am 28. November 1938.

1937, 500 cm³, dohc, Kompressor:
279,503 km/h

Oben: Das Rekordfahrzeug mit Ernst Henne im offenen Cockpit wird zur entscheidenden Rekordfahrt am 28. November 1938 angeschoben. Über den Kilometer erzielte Henne kurze Zeit später bei der Hinfahrt 279,503 km/h, auf der Rückfahrt 280,155 km/h. Gewertet wurde der erste Wert als neuer absoluter Weltrekord. Unten: Das retuschierte Foto (Hakenkreuz fehlt) der Rekordmaschine von 1937 mit längs aufgeschnittener Karosserie und Ernst Henne am Lenker wurde 1938 aufgenommen. Das Fahrzeug kam schließlich ins BMW-Museum.

sprochen, dass er aufhören würde, wenn er den Rekord an diesem Tag zurückholen könnte. Er hielt sich anschließend auch daran.

Am frühen Morgen brachte bereits der erste Versuch mit Zeitnahme eine Verbesserung des Weltrekords. Über den Kilometer erzielte Ernst Henne kurze Zeit später bei der Hinfahrt 279,503 km/h, auf der Rückfahrt 280,155 km/h. Gewertet wurde der erste Wert als neuer absoluter Weltrekord, der fast 14 Jahre Bestand haben sollte. Am selben Tag erzielte Henne insgesamt zwölf neue Weltrekorde in verschiedenen Hubraum- und Distanz-Kategorien.

1938: Einsatz der Rekordmaschine in Dessau

Der abermalige Weltrekord motivierte die BMW-Rennabteilung, Experimente mit Verkleidungen für die normalen Rennmotorräder durchzuführen. So entstanden verschiedene, aerodynamisch günstig gestaltete Teile für die Verkleidung von Vorderrad, Cockpit und Tank sowie des Hecks. Bis auf den Kompressor-Motor verschwanden alle Elemente der Maschine unter den Verkleidungselementen. Aber man unternahm nur einige Fahrversuche auf der Autobahn. Erhalten blieben nur Fotos.

Das Wettrüsten der Konkurrenz mit dem Ziel, den weiß-blauen Rekord zu brechen, setzte BMW

Bilder auf dieser Seite: So stellte sich BMW 1938 eine Verkleidung für Rennmaschinen vor. Die Ästhetik ließ durchaus noch zu wünschen übrig. Ansatzweise umgesetzt wurden derartige Verschalungen nach dem Krieg von verschiedenen Herstellern.

Rechts: Karl Gall war als Mitarbeiter der BMW-Rennabteilung an diesem damals fortschrittlichen Projekt beteiligt. Man beachte, daß der Ständer wegretuschiert wurde, es sollte dynamischer aussehen (siehe auch Bild oben).

Links: Die Frontschale hielt den Wind teilweise vom Oberkörper und komplett von den Knien ab. Das Ganze wurde jedoch nur kurz auf einem Autobahnabschnitt getestet.

in Zugzwang. Ernst Henne war zurückgetreten. Karl Gall brachte durchaus den nötigen Mut und Ehrgeiz auf, Hochgeschwindigkeitsfahrten durchzuführen. Josef Hopf und Reinhold Strahm, beide von Anfang an am Rekord-Projekt maßgeblich beteiligt, wollten bei neuen Versuchen keinesfalls untätig bleiben.

Im Herbst 1938 brachte man (auf Einladung der Veranstalter) den zweirädrigen BMW-Silberpfeil nach Sachsen, wo er auf der neu ausgewiesenen Rekordstrecke auf der Autobahn bei Dessau zeigen sollte, was er konnte. Aber man war sich bewußt, daß der Henne-Rekord von 1937 kaum zu überbieten sein würde. Auch deshalb führte Gall nur einige Probefahrten durch, brach dann aber den Versuch ab. Danach stellte BMW die Arbeiten am Rekordprojekt endgültig ein. Die Karosserie des Rekordfahrzeugs wurde für Ausstellungszwecke der Länge nach aufgeschnitten und wanderte ins Museum.

Während des Kriegs veranstalteten natürlich auch die anderen Hersteller keine Rekordfahrten, und in der Nachkriegszeit hatte man andere Sorgen. Erst 1951 wurde auf der Jagd nach der schnellsten Fahrzeit wieder Gas gegeben, ohne die Beteiligung von BMW.

So dauerte es nicht lange, bis der NSU-Rennfahrer Wilhelm Herz Hennes Rekord überbot. Am 12. April 1951 fuhr er auf seiner Delphin 1 mit 500-cm^3-Kompressormotor und 110 PS den neuen absoluten Weltrekord mit 289,7 km/h. Augenzeuge Ernst Henne gratulierte als Erster.

Ernst Henne ging als einer der erfolgreichsten Motorradsportler in die Motorsport-Geschichte ein. In den 1930er Jahren wurde er in einem Atemzug mit Sportgrößen wie Max Schmeling (Box-Weltmeister), Gottfried von Cramm (Tennis-As), Rudolf Harbig (Weltrekord-Läufer) oder den Automobil-Rennfahrern Rudolf Caracciola, Manfred von Brauchitsch (beide auf Mercedes) und Bernd Rosemeyer (Auto Union) genannt. Ausgezeichnet u.a. mit dem Großen Bundesverdienstkreuz, starb Henne am 22. Mai 2005 im Alter von 101 Jahren.

Im Herbst 1938 trat Karl Gall einige Tage lang für letzte Hochgeschwindigkeitsversuche an, und zwar auf der Autobahn bei Dessau. Auf dem Foto oben ist zu sehen, wie er sich probeweise ins enge Cockpit der 1937er Rekordmaschine quetscht. Josef Hopf (im Wintermantel) und Reinhold Strahm (in Monteurs-Kombi) hatten das Projekt von Anfang an unterstützt.

Rechts: Karl Gall mit dem Stromlinienhelm von Ernst Henne vor dem Start der Versuche, die jedoch ergebnislos abgebrochen wurden.

R 75 in der dritten Ausführung von Ende 1942 mit Faltenbälgen und Luftfilter auf dem Tank. Es handelt sich hier eine originalgetreu restaurierte Maschine, die seit vielen Jahren im Deutschen Museum in München ausgestellt ist.

Kapitel 10: 1941-1944

Wehrmachts-gespann R 75

Weil es dem Standard-Gespann der Wehrmacht auf Basis der R 12 an Traktion mangelte, verlangte das Militär von BMW und Zündapp die Entwicklung von Gespannen mit Seitenwagenantrieb. Ergebnis waren die R 75 und die KS 750, die Anfang 1941 serienreif waren und in großer Stückzahl an allen Kriegsfronten eingesetzt wurden. Der Boxermotor der R 75 war eine ohv-Neukonstruktion und leistete bei 745 cm³ 26 PS.

Unten: die Zweizylinder-Boxer-Antriebseinheit der BMW R 75 im Jahr 1941; der Luftfilter sitzt noch auf dem Getriebe. Ansaugrohre führten direkt zu den beiden Vergasern.

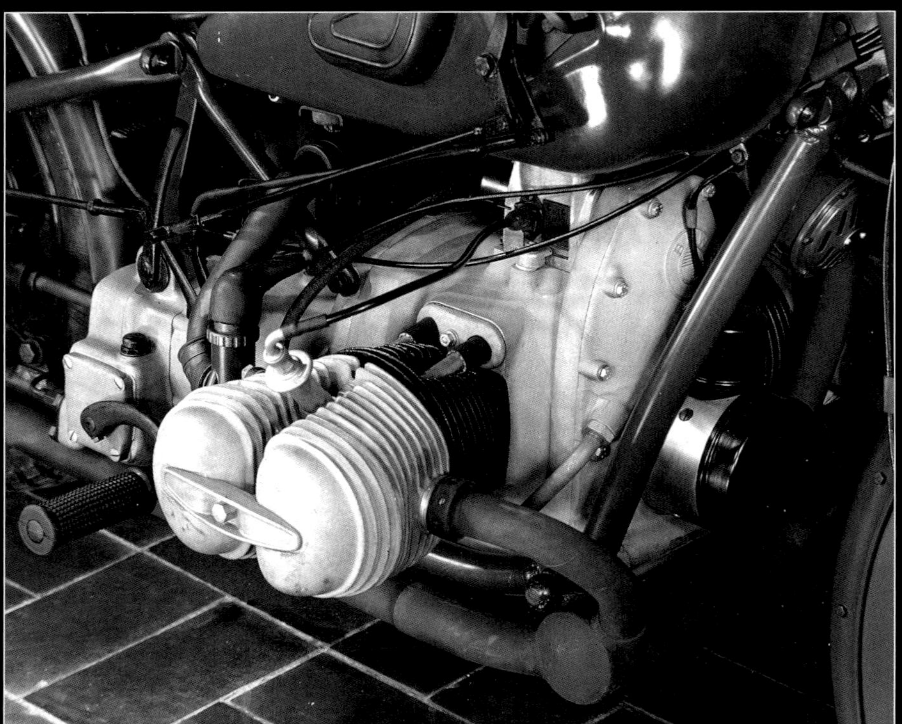

1941-1944:
R 75 745 cm³

Gespann für die Wehrmacht

Im Gespannbetrieb stieß die R 12 bereits vor dem Krieg bei Übungen, Manövern und Geländewettbewerben an ihre Grenzen. Das Zugpferd war ein normales Serienmotorrad, brachte zwar eine hohe Dauerleistung und hielt auch das ständige Überladen aus, doch dem nur vom Hinterrad der Maschinen angetriebenen Gespann mangelte es einfach an Traktion. So erarbeitete das Oberkommando des Heeres (OKH) in der zweiten Hälfte der 1930er Jahre spezielle Konstruktionsrichtlinien für Militärgespanne. Sie sahen im einzeln vor:

- 500 kg Zuladung für das Gespann;
- einheitliche 16-Zoll-Bereifung, identisch der Bereifung des im Entwicklungsstadium befindlichen Volkswagens;
- Mindest-Bodenfreiheit von 150 mm;
- Höchstgeschwindigkeit voll beladen 95 km/h;
- Autobahn-Dauergeschwindigkeit 80 km/h;
- Reichweite 350 km.

Die Wehrmacht forderte 1938 zusätzlich zwei ganz wesentliche und charakteristische Punkte:

- angetriebenes Seitenwagenrad;
- Rückwärtsgang im Getriebe.

Oben: Kraftfluß vom Getriebe; Kardanwelle, sperrbares Hinterrad-Ausgleichsgetriebe, Antriebswelle im Querrohr des Seitenwagenrahmens innerhalb der Rohr-Torsionsfeder, Untersetzung für das Beiwagenrad. Unten: Prototyp der R 75 1939/40 mit dem seitengesteuerten Boxermotor der R 71 (745 cm³, 22 PS).

BMW Classic sagt zum Hintergrund: *„Die Kriegspolitik der Deutschen erforderte ein Motorradgespann, das auf jeglichem Untergrund – Schlamm, Eis, Schotter, Wüstensand – sicher zu beherrschen war und das auch bei extremen Temperaturen und großen Lasten nur einen geringen Wartungsaufwand erforderte. Zudem sollte das Motorrad auch längere Strecken bei niedrigem Marschtempo problemlos bewältigen. Eine solche Maschine hatte kein deutscher Motorradhersteller im Programm, weshalb ein spezieller Entwicklungsauftrag an BMW und Zündapp erteilt wurde."*

BMW und Zündapp hatten damit keine andere Wahl, als in kürzester Zeit schwere Armeegespanne zu entwickeln, was bei BMW zur R 75 und bei Zündapp zur KS 750 führte. Stefan Knittel zu den Anfängen: *„Die Arbeiten an einer*

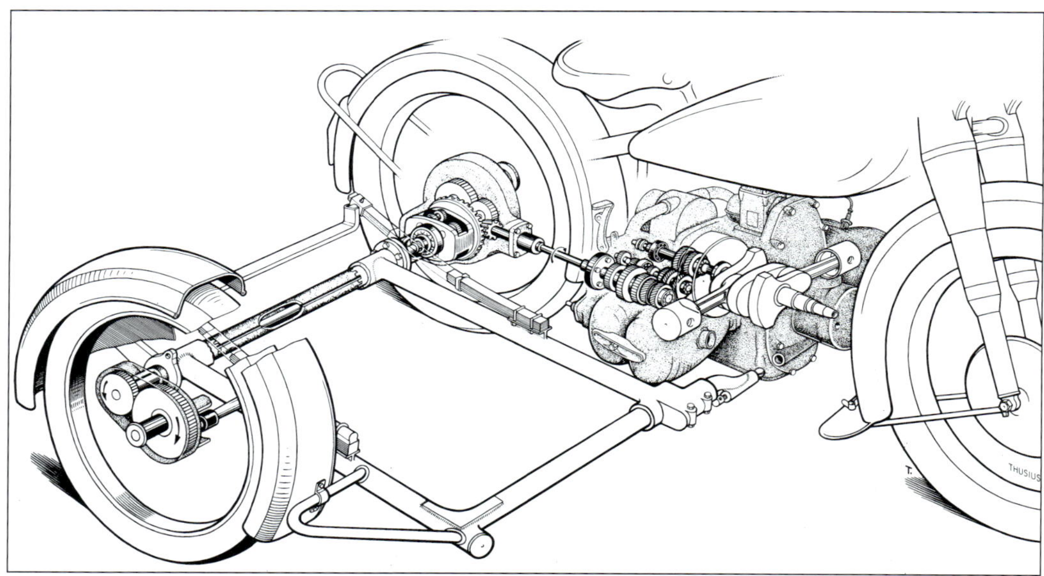

Die Fotos auf dieser Seite zeigen die R 75 in der zweiten Ausführung von 1942, bei der sich der Luftfilter auf dem Tank befindet. Die Telegabel ist noch nicht durch Gummibälge geschützt. Charakteristisch sind die 16-Zoll-Speichenräder.

neuen 350-cm³-Boxer-Maschine wurden eingestellt, die gesamte Konstruktionsabteilung um Alfred Böning und Alex von Falkenhausen befaßte sich ab Winter 1938/39 nur noch mit dem Militärmodell." (s.a. Abschnitt R 31)

Zunächst wurde der Rahmen entworfen, wobei man sich auf die verschraubte Rohrrahmenkonstruktion des 350er-Prototyps stützte, der keine Hinterradfederung aufwies. Da Reparaturfreundlichkeit zu den Prioritäten gehörte, wurden die beiden Unterzugsrohre vorn an der Motorbefestigung geteilt. Wenn der Motor ausgebaut werden mußte, ließen sich die vorderen

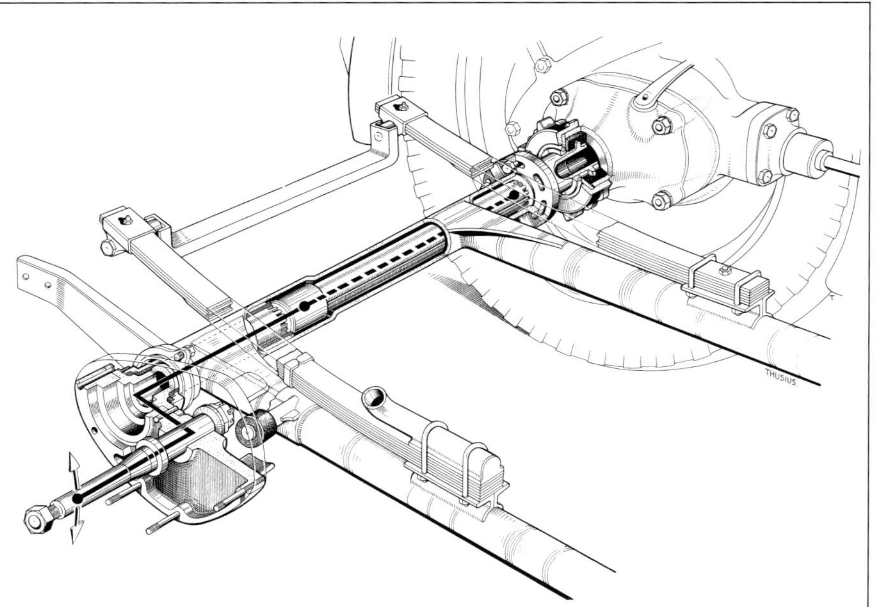

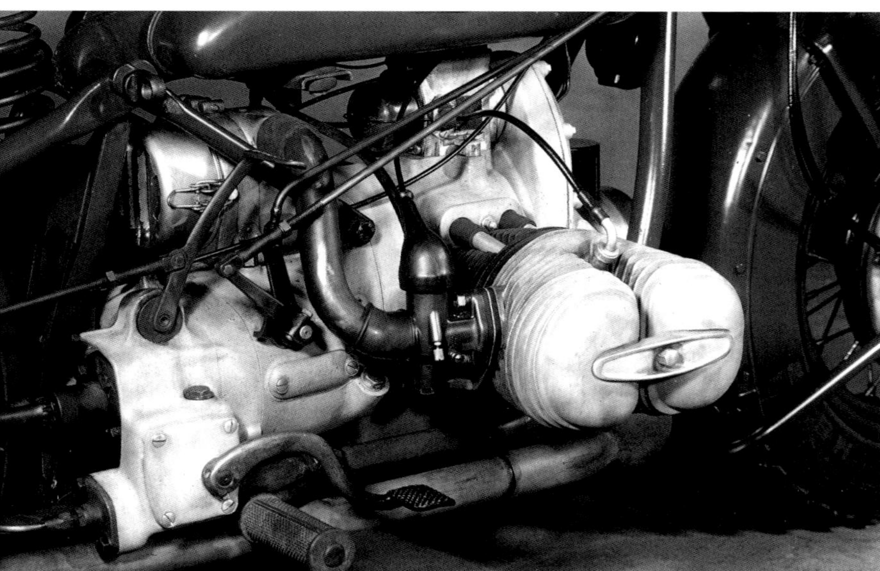

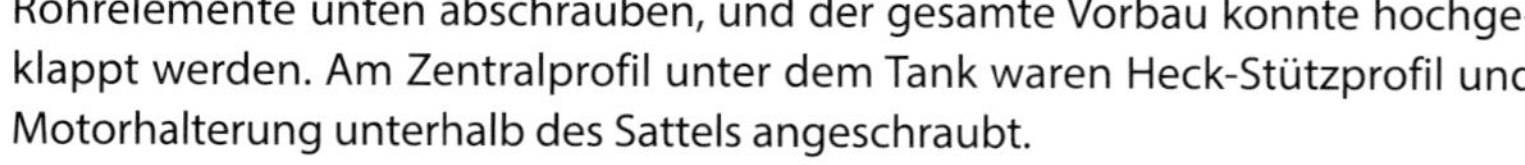

Rohrelemente unten abschrauben, und der gesamte Vorbau konnte hochgeklappt werden. Am Zentralprofil unter dem Tank waren Heck-Stützprofil und Motorhalterung unterhalb des Sattels angeschraubt.

Anfang 1939 präsentierten die Konstrukteure den ersten Prototyp der künftigen Militärmaschine, ausgerüstet allerdings noch mit dem seitengesteuerten Motor der R 71 (745 cm³, 22 PS, zwei Vergaser). Eine komplette Neu-

Oben links: Federung des Seitenwagens durch ein geschlitztes, durch den Rahmen führendes Federrohr (punktiert), an dem der Schwingarm (Linie) für das Seitenwagenrad angelenkt ist. Oben rechts: das komplizierte Ausgleichsgetriebe der R 75 mit Untersetzung und manueller Sperrvorrichtung. Unten links: Zweizylinder-Boxer-Antriebseinheit der BMW R 75 im Jahr 1941; der Luftfilter sitzt noch auf dem Getriebe. Man beachte den Sperrhebel für das Ausgleichsgetriebe und und die hydraulische Fußbremsbetätigung. Unten rechts: Schnitt der R 75-Teleskop-Federgabel.

Steckbrief R 75 (alle Daten im Anhang)

Bauzeit	1941-1944
Typ intern, Ventile	275/2, ohv
Einheiten	18 000 ca.
Hubraum	745 cm^3
Leistung	26 PS bei 4000/min^{-1}
Gemischaufbereitung	2 Graetzin-Vergaser
Getriebe	4-Gang + Untersetzung + R-Gang
Rahmen	Stahlrohr, geschraubt
Vorderradführung	Telegabel, gedämpft
Hinterradführung	starr, Seitenabtrieb
Bremsen vorn/hinten	Trommeln 250 mm teilhydraulisch
Reifen vorn/hinten	4.50 x 16
Leergewicht	400 kg, Seitenwagen
Höchstgeschwindigkeit	95 km/h
Preis	2630 RM

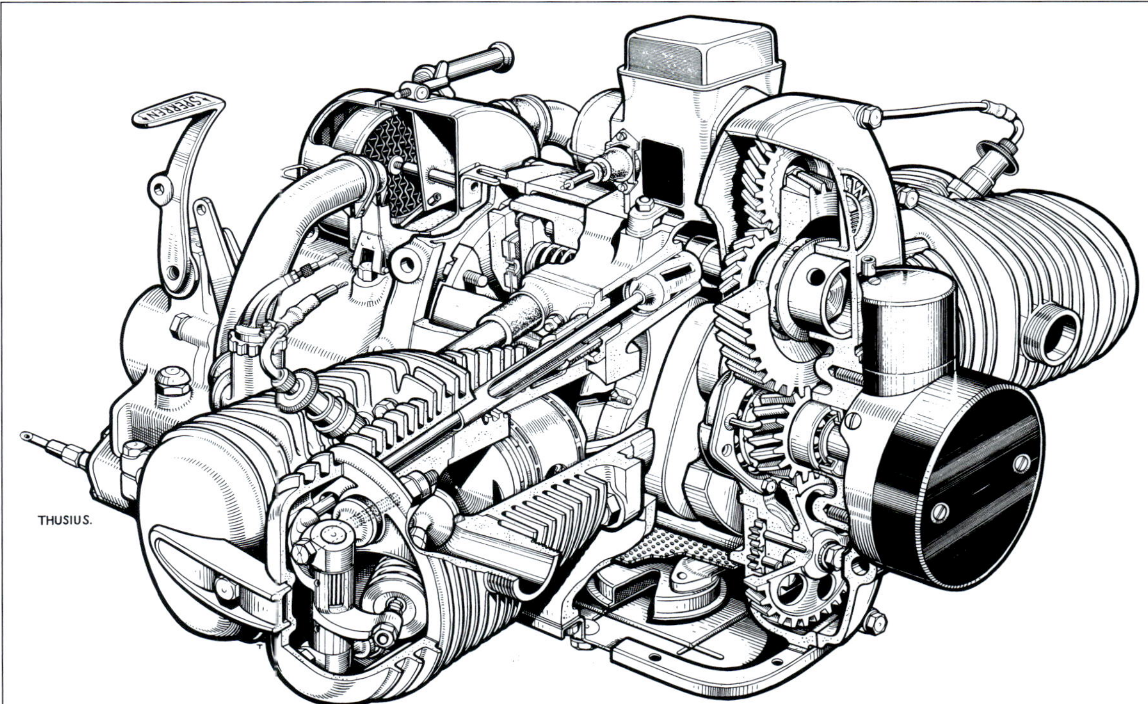

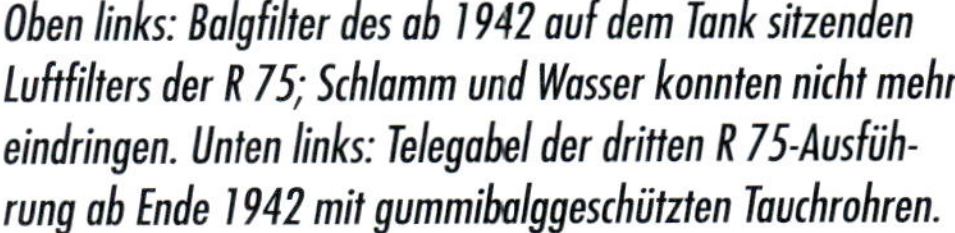

Oben links: Balgfilter des ab 1942 auf dem Tank sitzenden Luftfilters der R 75; Schlamm und Wasser konnten nicht mehr eindringen. Unten links: Telegabel der dritten R 75-Ausführung ab Ende 1942 mit gummibalggeschützten Tauchrohren.

Oben rechts: R 75 auf der Montagebank mit abgenommenem Seitenwagenrad, ausgebautem Motor und abgesetztem Tank 1942 in der BMW-Werksreparatur. Zeichnung unten: Schnitt durch den ohv-Boxermotor der R 75 in der ersten Ausführung 1941 mit Luftfilter auf dem Getriebe. Das 745 cm^3 große Triebwerk leistete 26 PS bei 4000/min^{-1}. Die zentrale Nockenwelle wurde über Stirnräder angetrieben. Die Schwinghebel im Zylinderkopf waren nadelgelagert. Jetzt sind die Zylinderkopfdeckel wirkliche Ventildeckel.

konstruktion war indes das fuß- und handgeschaltete Vierganggetriebe, das die Kraft über eine freiliegende, starre Welle auf das ebenfalls neu entwickelte Hinterachsgetriebe übertrug, das mit einem zuschaltbaren Seitenwagenantrieb ausgerüstet war. Ganz neu war die Idee nicht, wie Knittel weiß: *„Eine solche Vorrichtung hatte Sepp Stelzer schon einmal im Februar 1933 bei einer Winterfahrt ausprobiert und die verschneiten Bergstraßen damit sehr gut bewältigt. Auch Ernst Hennes Seitenwagen-Rekordmaschine von 1934 hatte man mit einem Beiwagenantrieb versehen."*

Im Sommer 1939 konnten die ersten Versuchsmaschinen eingehenden Tests unterzogen werden. Dabei zeigte sich, daß der zuerst eingesetzte, seitengesteuerte Boxermotor aus der R 71 bei längerer Geländefahrt und auch bei Marschgeschwindigkeit überhitzte und daß sich die Auslaßventilführungen lockerten. Ärgerlich für das Münchner Unternehmen war auch, daß sich die parallel erprobten Zündapp-Maschinen der BMW deutlich überlegen zeigten. Als das Heereswaffenamt daraufhin vorschlug, BMW möge die Zündapp-Konstruktion übernehmen, ging es in München auch um die Ehre. Während es am Fahrwerk mit seiner starren Hinterradführung und seiner soliden Teleskopfedergabel zunächst kaum etwas zu kritisieren gab, mußte der Motor komplett umkonstruiert werden, wobei man auf die Erfahrungen mit bewährten ohv-Triebwerken zurückgreifen konnte.

An einer kompletten Änderung der Ventilsteuerung kam man dabei nicht vorbei. Zunächst verwendete man Zylinder und Zylinderköpfe der R 66 (typisch: Haarnadel-Ventilfedern und einteilige Zylinderkopfdeckel). Doch schließlich entschied

Rechts: Die R 75-Produktion fand 1941/42 im BMW-Werk München-Milbertshofen, ab 1942 in Eisenach statt. Das Foto zeigt eine Arbeiterin in Milbertshofen an der Drehbank. Frauen hielten während des Kriegs in immer stärkerem Maß die Fertigung aufrecht, während die Männer an der Front ihr Leben und das der Gegner aufs Spiel setzten. Mindestens 50 Prozent der BMW-Beschäftigten waren allerdings Zwangsarbeiter oder KZ-Häftlinge.

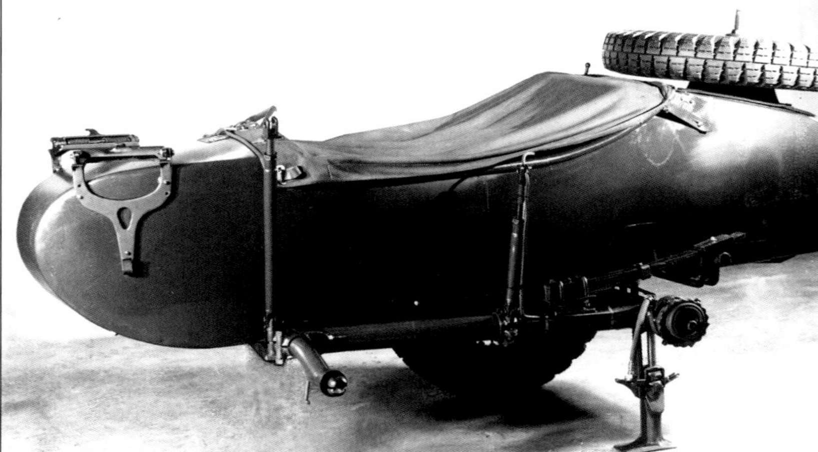

Mitte links, rechts: komplett montierter Beiwagen BW 43 der R 75. Es war eine besonders robuste Spezialkonstruktion mit hochgelegtem Boot, starkem Rahmen, integriertem Antrieb für das dritte Rad und passendem Zubehör.

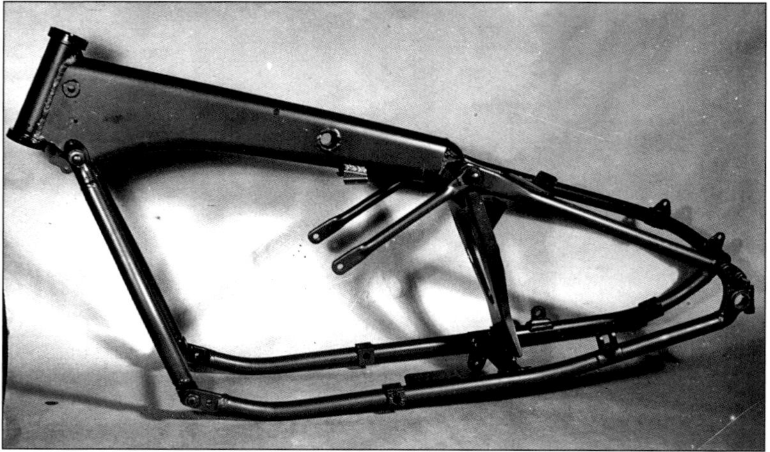

Rechts: Der Rahmen bestand aus einem Zentralprofil und abklappbaren Rohrelementen.

Oben: auslieferungsfertige R 75-Gespanne 1941 in der Endmontagehalle des Werks München; das stark hochgelegte „Boot" fällt besonders ins Auge. Links: Befestigung des Seitenwagens an einer R 75 Serie 1 ohne Faltenbälge 1941.

man sich für komplett neu entwickelte Zylinderköpfe erstmals mit Schraubenfedern für die Ventile und zwei getrennten Ventildeckeln, die durch einen Bügel fixiert wurden, wobei nun die Schmierung der Ventilsteuerung in den Ölkreislauf miteinbezogen war (Vorlauf durch die Stoßstangen-Schutzrohre, Rücklauf über Bohrungen in den Zylindern). Diese Zylinderkopfkonstruktion wurde bei BMW fast 60 Jahre lang beibehalten; erst ab Ende 1996 gehörte sie mit Einstellung der Modelle R 100 R und R 80 GS Basic der Geschichte an.

Beim neuen ohv-Versuchsmotor für die Militärmaschine fiel die Abdeckhaube weg, der Stirndeckel bekam eine andere Form, und vorn montierte man die auch von Zündapp verwendete Noris-6-Volt-Lichtmaschine (Typ DS 6/50). Seitdem saß bei allen klassischen Boxern die Lichtmaschine auf dem vorderen Kurbelwellenstumpf. Oben auf das Kurbelgehäuse, wo bislang die Lichtmaschine thronte, setzten die Konstrukteure einen Noris-Zündmagneten, der erstmals eine automatische Fliehkraftverstellung des Zündzeitpunkts aufwies. Hubraum, Bohrung zu Hub wurden mit 745 cm³ und 78 x 78 mm unverändert beibehalten.

Im Versuch zeigte sich alsbald, welches Potential der neue 750er ohv-Boxer besaß: Er drehte willig hoch und entwickelte rund 30 PS. Den Vorgaben entsprechend mußter er aber auf 26 PS (bei 4000/min^{-1}) und ein Verdichtungsverhältnis von 5,8 : 1 gedrosselt werden, damit auch synthetisches Benzin oder Kraftstoff mit sehr niedriger Oktanzahl getankt werden konnte. Die Gemischaufbereitung oblag zwei Graetzin-Kolbenschieber-Vergasern mit je 24 mm Querschnitt (Typ Sa 24/1 und Sa 24/2). Den Kraftstoffverbrauch gab BMW mit „ca. 6,3 l (Straße) bis 8,5 l (Gelände) auf 100 km" an.

Erzwungene Kooperation mit Zündapp

Bei aller Abneigung konnte BMW aber nicht ganz auf eine Kooperation mit Zündapp verzichten. Das Heereswaffenamt verlangte aus Gründen der Vereinheitlichung die Übernahme des in Nürnberg entwickelten permanenten Seitenwagenantriebs mit Drehmomentausgleich über ein Planetengetriebe und zuschaltbarer Differentialsperre für starren Durchtrieb von Motorrad-Hinter- und Seitenwagenrad. Außerdem mußte BMW von Zündapp die hydraulische Bremsanlage für Hinter- und Seitenwagenrad übernehmen. Vorne beließ man es bei einer Seilzugbetätigung der Bremse. Mit einem Durchmesser von 250 mm waren die Trommelbremsen kräftig dimensioniert. Die 16-Zoll-Räder, die mit 4,50 Zoll breiten Automobilreifen mit Geländeblockprofil versehen waren, wurden geradlinig geradlinig ohne Kröpfungen und damit besonders stabil verspeicht.

Nach eingehender Erprobung der neuen Versuchsmaschinen gab das Heerewaffenamt am 20. Juli 1940 das Baumuster frei. Der neu konstruierte ohv-Motor überhitzte auch beim Langsamfahren nicht, ermöglichte im Idealfall eine Höchstgeschwindigkeit von 95 km/h. Aber es sollte noch ein weiteres (Kriegs-)Jahr vergehen, bis die R 75 endlich in Serie produziert werden konnte. Denn es ging nun darum, zahlreiche Sonderwünsche der Wehrmacht zu erfüllen, darunter eine Geländeübersetzung für das Viergang-Getriebe und eine Anhängerkupplung.

Für die weitere Erprobung der inzwischen sieben R 75-Vorseriengespanne setzte die Truppenschule in Wünsdorf – auch auf Langstrecken bis nach München – u.a. bekannte Rennfahrer wie Schorsch Meier und Wiggerl Kraus ein.

Die Verzögerung des Serienanlaufs ging den Militärs immer stärker auf die Nerven. Stefan Knittel: *„Schier endlos zogen sich die Erprobungs-Fahrten mit den neuen Gespann-Modellen hin. Es wurden Versuche unter tropischen Bedingungen in Griechenland gefahren, an den Sandstränden wurden die Fahreigenschaften für den Wüsteneinsatz erprobt, am Katschberg in Österreich wurde eine 32prozentige Steilstrecke mit voller Zuladung bewältigt, und das sogar 100mal hintereinander."*

Der letzte Eignungstest fand vom 10. März bis zum 6. April 1941 in Wünsdorf statt, einen Monat später gab es dann endlich grünes Licht für die Seri-

Rechts: R 75-Vorserienexemplar 1941 bei der Geländeerprobung im Großglockner-Gebiet mit Rennfahrer Ludwig Kraus am überbreiten Lenker. Zu den härtesten Tests gehörten Probefahrten am österreichischen Katschberg, wo eine 32prozentige Steilstrecke 100mal hintereinander mit voller Zuladung befahren wurde. Die Serienproduktion des Wehrmachtsgespanns startete erst im Juni 1941. Bis Ende 1944 verliessen rund 18 000 Exemplare die Bänder in München und ab Oktober 1942 in Eisenach.

Im Gelände gründlich strapaziertes R 75 Gespann der dritten Serie 1943 mit faltenbalggeschützter Telegabel.

enproduktion, die im Juni 1941 startete. Bis September konnte BMW 1274 Gespanne an die Wehrmacht ausliefern. Ein betriebsfertiges R 75-Gespann wog samt Reserverad 420 kg und erreichte eine Höchstgeschwindigkeit von 95 km/h. Der Tank faßte 24 Liter. Bei einer Länge von 2400 mm betrug die Breite des Gespanns 1730 und die Höhe 1000 mm. Auffallend waren der breite und weit nach hinten gezogene Lenker sowie die breiten, grobstollig bereiften 16-Zoll-Räder. Der Seitenwagen war blattgefedert, besaß Halter für Kanister, Munitionskisten oder Gerätekästen sowie eine Persenning. Die Wehrmacht zahlte für jedes Fahrzeug 2630 Reichsmark.

Neben der R 75 rollten vor allem R 12-Modelle vom Band, im Frühjahr 1942 ging noch ein Kontingent an die portugiesische Armee. Im Mai 1942 wurde die R 12-Produktion gestoppt, im Juli 1942 verließ das letzte BMW-Motorrad das Werk in München. Dies geschah nicht freiwillig, sondern auf Weisung des Reichsluftfahrtministeriums, das der Flugmotorenproduktion absoluten Vorrang einräumte. Generaldirektor Franz-Josef Popp und technischer Direktor Rudolf Schleicher protestierten vergeblich, sie mußten anschließend sogar ihre Positionen räumen.

R 75-Produktion ab 1942 in Eisenach

Nach Verlagerung der Fertigungsanlagen ins ehemalige Dixi- und bisherige BMW-Automobilwerk Eisenach wurde dort ab Oktober 1942 die R 75-Produktion fortgesetzt. Die Qualitätskontrolle oblag Alex von Falkenhausen. 1942 arbeiteten 47 346 Menschen bei BMW, so viele wie nie zuvor; mindestens 50 Prozent davon waren allerdings Zwangs- und Fremdarbeiter. Während die R 75 ab 1942 in Eisenach gebaut wurde, arbeitete man in München nur noch für die Flugmotoren-Produktion. Man rüstete u.a. auch Neunzylinder-Sternmotoren zu Panzertriebwerken um und entwickelte das erste Strahltriebwerk (Typ BMW 003), eingebaut in einige Prototypen des „Düsenjägers" Messerschmitt Me 262. Die meisten Me 262 wurden mit dem ersten wirklich serienreifen Strahltriebwerk Jumo 004 von Junkers ausgestattet. Nur die Heinkel He 162 und späte Versionen der Arado Ar 234 waren ab Werk mit dem BMW 003 bestückt, da Junkers nicht genügend Jumo 004 liefern konnte.

Oben: Wie andere BMW-Rennfahrer führte auch das Team Zeler/Meyerhofer Testfahrten mit der R 75 durch, hier mit einem Vorserien-Gespann auf einem Schotterweg in den Alpen. Rechts: Ende einer Dienstfahrt – die R 75 steckt im Schlamm fest. Es ist ein Testgespann Serie 2 mit hochgelegtem Luftfilter, wie er Ende 1942 in Eisenach entwickelt worden war. Die zivile Windschutzscheibe ist hier nur ausnahmsweise montiert.

1941-1945:
R 75 im Krieg

Gipfel der Entwicklung von Kriegsgerät war ein Flugmotor mit vier hintereinander angeordneten, 28 Zylinder umfassenden Sternen (Typ BMW 803, 4000 PS; Deutschen Museum München).

Testfahrt mit der R 75 an die Front

Bei der kämpfenden Truppe hatte die vielseitig nutz- und hochbelastbare R 75 bald einen hervorragenden Ruf. Gleichwohl häuften sich vornehmlich an der Ostfront die Probleme, was von Falkenhausen und einige Zulieferer veranlaßte, vor Ort nach dem Rechten zu sehen. Man reiste mit der Eisenbahn bis Charkow und nahm dabei auch ein R 75-Gespann mit. Dort zeigte sich, daß die im Prinzip reichlich vorhandenen und immer wieder dringend benötigten Ersatzteile nur in unzureichendem Umfang den Weg zu den Instandsetzungstrupps an der Front fanden. Immer wieder mußten an den Gespannen improvisierte Verstärkungen angebracht und Modifikationen ausgeführt werden. Als wenig einsatztauglich hatte sich die zunächst auf dem Getriebe montierte Luftfilteranlage erwiesen; sie lief im tiefen Schlamm trotz ihrer Kapselung gern mit Schmutzwasser voll, was dann meist zum Motor-Exitus führte.

Um weiteren technischen Mängeln auf die Spur zu kommen, schlug sich von Falkenhausen am Lenker der R 75 drei Wochen lang bis zum Kaukasus durch. Er hatte seine Maschine bereits vor Reiseantritt mit einer Luftfilteranlage ausgerüstet, die auf dem Tank befestigt war und einen helmartigen Deckel besaß. Dieses System bewährte sich vorzüglich und floß ab Herbst 1942 in die Serie ein. Die abenteuerliche Testfahrt von Falkenhausens führte zu zahlreichen Verbesserungen der R 75. Vor allem schützte man ab Winter 1942, nach einer Idee von Ludwig Kraus, die Gleitrohre der Telegabel durch Gummibälge vor Schmutz und Sand; die Blechhülsen der ersten Serie waren nicht dicht gewesen, was zu einem Verschleiß der Gabeln geführt hatte. Wie bei der R 12 wurden nun schmalere Kotflügel montiert, um ein Festgehen der Räder im Schlamm zu verhindern.

Täglich verließen rund 25 Gespanne das Werk in Eisenach, wobei die Maschine selbst hergestellt wurde, die Seitenwagen aber von den üblichen Zulieferern kamen – Steib, Stoye und Royal. Ab Frühjahr 1944 mußten in Folge der

Unten links: Ende August 1942 brachte BMW-Konstrukteur Alexander von Falkenhausen (links, daneben Hans Sachs) per Bahn ein R 75-Gespann hinter die Ostfront bei Charkow, um von der Wehrmacht angemahnten Mängeln im Test vor Ort auf die Spur zu kommen. Die Maschine war bereits mit dem in Eisenach entwickelten, auf den Tank verlegten Luftfilter ausgerüstet. Das Foto entstand im Großen Donbogen.

Rechts: R 75-Gespann der ersten Serie mit Maschinengewehr im Einsatz bei der Wehrmacht Anfang 1942. Der Luftfilter befindet sich noch auf dem Getriebe.

Unten rechts: R 75-Besatzung als Angehörige des deutschen Afrikakorps 1941/42 in der nordafrikanischen Wüste.

Foto rechts: © Bundesarchiv, Bild 101I-576-1849-19A, Fotograf: Wahner

Oben: Kradschützen einer Fallschirmjäger-Einheit mit BMW R 75 gehen 1943/44 irgendwo in Italien in Stellung.
Rechts: schlafender Soldat der 24. Panzerdivison im Beiwagen einer R 75 im Süden der Sowjetunion August/September 1942.

Bombardierungen die Werkzeugmaschinen in ein Kali-Bergwerk ausgelagert werden. In einem großen Reparaturwerk der Wehrmacht im rumänischen Hermannstadt gelang es gleichzeitig, u.a. mit Hilfe von nachgefertigten Teilen eine Produktion hochzufahren und so bis August 1944 noch 1000 R 75-Gespanne an die rumänische Armee auszuliefern.

Bis 1944 18 000 R 75-Einheiten produziert
Insgesamt stellte BMW von 1941 bis 1944 über 18 000 R 75-Gespanne her, von denen nur wenige überlebt haben. Sie befinden sich heute in Sammlerhand oder stehen in Museen. Die meisten Exemplare der Kriegs-BMW gingen an der Front unter – wie ihre stahlhelmbewehrten Fahrer und die MG-Schützen im Seitenwagen. Die Werke daheim in München und Eisenach wurden in den letzten Kriegsmonaten weitreichend zerstört, dann von den Alliierten beschlagnahmt und demontiert. Die Fabrik in Eisenach bildete einen Kern der Fahrzeugproduktion in der DDR, die 1991 mit dem letzten gebauten Wartburg zu Ende ging.

Foto rechts: © Bundesarchiv, Bild 101I-217-0499-18, Fotograf: Sautter

Lebt noch: der Urahn aller Boxer

Der erste Boxermotor von BMW war im Dezember 1920 serienreif. Er tat über 70 Jahre lang treue Dienste, zuletzt als Güllepumpe auf einem österreichischen Bauernhof. Dort wurde er 1996 von einem Sammler entdeckt. Das historische Aggregat existiert auch heute noch und wurde 2020 BMW Classic als Leihgabe für die Jubiläumsaktivitäten zur Verfügung gestellt. Numer 25001 blieb im Originalzustand erhalten, bloß die beiden Auspufftöpfe sind Marke Eigenbau.

Lief bis 1990 als Gülle- und Wasserpumpe auf einem Bauernhof bei Innsbruck: M 2 B 15 Nummer 25001. Der Stirndeckel weist das Triebwerk als den allerersten BMW-Serien-Boxer aus. Die BMW-Plakette wurde nachträglich in den Montagering der Nockenwelle eingesetzt. Die ersten Motoren trugen nur ein Relief der Anfangsbuchstaben des Firmennamens.

MODELL								
Verkaufsbezeichnung	R 32	R 37	R 42	R 47	R 52	R 57	R 62	R 63
gebaut von-bis	1923-1926	1925-1926	1926-1928	1927-1928	1928-1929	1928-1930	1928-1929	1928-1929
Produzierte Einheiten	3090	152	6502	1720	4377	1005	4355	794
MOTOR								
Typ intern	M 2 B 33	M 2 B 36	M 43	M 51	M 57	M 59	M 56	M 60
Bauart	Zweizylinder-Viertakt-Boxermotor, quer eingebaut, fahrtwindgekühl, Kurbelgehäuse horizontal geteilt							
Hubraum cm³	494	494	494	494	486	494	745	735
Bohrung x Hub mm	68 x 68	68 x 68	68 x 68	68 x 68	63 x 78	68 x 68	78 x 78	83 x 68
Leistung PS/min⁻¹	8,5/3300	16/4000	12/3400	18/4000	12/3400	18/4000	18/3400	24/4000
max. Drehmoment	keine Angaben							
Verdichtungsverhältnis	5,0 : 1	6,2 : 1	4,9 : 1	5,8 : 1	5,0 : 1	5,8 : 1	5,5 : 1	6,2 : 1
Ventilsteuerung	sv	ohv	sv	ohv	sv	ohv	sv	ohv
Lage Nockenwelle	zentral oberhalb der Kurbelwelle							
Antrieb Nockenwelle	Stirnzahnräder							
Betätigung Ventile	sv Schraubenfedern	ohv Federn, Kipphebel	sv Schraubenfedern	ohv Federn, Kipphebel	sv Schraubenfedern	ohv Federn, Kipphebel	sv Schraubenfedern	ohv Federn, Kipphebel
Ventile pro Zylinder	2/stehend	2/hängend	2/stehend	2/hängend	2/stehend	2/hängend	2/stehend	2/hängend
Vergaser/Durchlaß mm	1 BMW/22	1 BMW Spezial/26	1 BMW Spezial/22	1 BMW Spezial/22	1 BMW Spezial/22	1 BMW Spezial/24	1 BMW Spezial/22	1 BMW Spezial/24
Schmierung	Druckumlauf, Zahnradpumpe							
Zündung	Bosch Magnetzünder							
Lichtmaschine	Zündlichtmaschine auf Wunsch							
Zündkerzen	Bosch W 145	Bosch W 175	Bosch W 175	Bosch W 175	Bosch W 175	Bosch W 175	Bosch W 175	Bosch W 175 o. 200
Batterie 6 Volt	gehört bei den Magnetzünder-Modellen zur Lichtanlage, die anfangs Aufpreis kostete, aber serienmäßig geliefert wurde							
Starter	Kickstarter	Kickstarter	Kickstarter	Kickstarter	Kickstarter	Kickstarter	Kickstarter	Kickstarter
KRAFTÜBERTRAGUNG								
Kupplung	Einscheiben-Trockenkupplung					1-/2-Scheiben	1-/2-Scheiben	1-/2-Scheiben
Getriebe/Schaltung	3-Gang/Handhebel, direkt wirkend							
Getriebeübersetzungen	2,27-1,50-1,08	2,27-1,50-1,08	2,49-1,50-1,08	2,50-1,5-1,07	2,83-1,55-1,08	2,83-1,55-1,08	2,83-1,55-1,08	2,83-1,55-1,08
Hinterradantrieb	Hardyscheibe, starre Welle							
Übersetzung solo	1 : 4,41	1 : 4,41	1 : 4,53 oder 1,38	1 : 4,38	1 : 4,38 oder 4,75	1 : 4,38	1 : 4,07	1 : 4,07
Übersetz. m. Beiwagen	1 : 5,36	1 : 5,36	1 : 6,27 oder 1,57	1 : 5,7	1 : 5,7	1 : 5,7	1: 5,18	1 : 4,75
Zähne Kegel-/Tellerrad								
solo	17-75	17-75	15-68 oder 15/57	13-57	13-57 oder 12-57	13-57	14-57	14-57
mit Beiwagen	14-75	14-75	11-69 oder 10-57	10-57	10-57	10-57	11-57	12-57
RAHMEN, FAHRWERK, BREMSEN								
Rahmenbauart	Doppelschleifen-Stahlrohrrahmen, autogengeschweißt							
Vorderradführung	Rohrgabel, gezogene Kurzschwinge							
Federung/Dämpf. vorn	doppelte Auslegefeder		eine 5-Blatt-Feder	5-Blatt-Fed. verstärkt	eine 6-Blatt-Feder	eine 6-Blatt-Feder	eine 6-Blatt-Feder	eine 6-Blatt-Feder
Hinterradführung/Federung	starr/keine	starr/keine	starr/keine	starr/keine	starr/keine	starr/keine	starr/keine	starr/keine
Rad vorn	26 x 2,5	26 x 2,5	19 x 3 oder 21 x 2,5	21 x 2,5 o. 19 x 3	Tiefbett 19 x 3	T.b. 19 x 3 o. 21 x 2,5	Tiefbett 19 x 3	T.b. 19 x 3 o. 21 x 2,5
Rad hinten	26 x 2,5	26 x 2,5	19 x 3 oder 21 x 2,5	21 x 2,5 o. 19 x 3	Tiefbett 19 x 3	T.b. 19 x 3 o. 21 x 2,5	Tiefbett 19 x 3	T.b. 19 x 3 o. 21 x 2,5
Reifen vorn	26 x 3	26 x 3	26 x 3,5 o. 27 x 2,75	27 x 3,5 o. 26 x 3	26 x 3,5 o. 26 x 3,25	26 x 3,5 o. 27 x 2,75	26 x 3,5 o. 26 x 3,25	26 x 3,5 o. 27 x 2,75
Reifen hinten	26 x 3	26 x 3	26 x 3,5 o. 27 x 2,75	27 x 3,5 o. 26 x 3	26 x 3,5 o. 26 x 3,25	26 x 3,5 o. 27 x 2,75	26 x 3,5 o. 26 x 3,25	26 x 3,5 o. 27 x 2,75
Bremse vorn/Ø mm	Trommel/150	Trommel/150	Trommel/150	Trommel/150	Trommel/200	Trommel/200	Trommel/200	Trommel/200
Bremse hinten	Keilklotz	Keilklotz	Außenbacken	Außenbacken	Außenbacken	Außenbacken	Außenbacken	Außenbacken
MASSE, GEWICHTE, TANK								
Länge mm	2100	2100	2100	2100	2100	2100	2100	2100
Breite mm	800	800	800	800	800	800	800	800
Höhe mm	950	950	950	950	950	950	950	950
Radstand mm	1380	1380	1410	1410	1400	1400	1400	1400
Leergewicht kg	122	134	126	130	152	150	155	152
Leergewicht m. Beiwag. kg	k.A.	184	188	192	k.A.	k.A.	k.A.	k.A.
Zuladung. kg	k.A.	k.A.	k.A.	k.A.	210	210	210	210
Tankinhalt Liter	14	14	14	14	12,5	12,5	12,5	12,5
Benzinverbrauch 100 km	3,0 l	4,0 l	3,0 l	k.A.	3,5 l	3,5 l	5,0 l	5,0 l
Ölverbr. 1000 km ca.	2,5 l	3,0 l	1,7 l	k.A.	1-2 l	1-2 l	1-2 l	1-2 l
FAHRLEISTUNGEN, PREIS								
Höchstgeschwindigk. km/h	95	115	95	110	100	115	115	120
Preis	2200 RM	2900 RM	1510 RM	1850 RM	1510 RM	1850 RM	1650 RM	2100 RM

MODIFIKATIONEN, BESONDERHEITEN

R 32: Rennsportmodell 1924 mit Stahlzylindern und obenliegenden Ventilen; **R 37:** Vergaser BMW Spezial Drehschieber 26 mm Durchlaß; **R 42, R 47, R 52, R 62, R 63:** Vergaser BMW Spezial, Zweischieber; **R 42 und Folgende:** Hinterradbremse Außenbackenbremse am Getriebe auf die Antriebswelle wirkend; **R 57:** Kupplung Einscheiben trocken, ab Motornummer 70889: Zweischeiben; **R 62:** Kupplung Einscheiben trocken, ab Motornummer 64101: Zweischeiben; **R 63:** Kupplung Einscheiben trocken, ab Motornummer 75845: Zweischeiben; **Leergewichte** für Solomaschine und mit Original-Beiwagen

MODELL								
Verkaufsbezeichnung	R 11 Serie 1[*1]	R 11 Serie 5[*1]	R 12 Einvergaser	R 12 Zweivergaser	R 16 Serie 1[*2]	R 16 Serie 3[*2]	R 17	R 7 Prototyp
gebaut von-bis	1929-1930	1934	1935-1942	1935-1942	1929-1930	1932	1937-1937	1934-1935
Produzierte Einheiten	7500 (Serie 1-5)	s. Serie 1	36 000 (1/2-Verg.)	s. Einvergaser	1006 (Serie 1-5)	s. Serie 1	434	2
MOTOR								
Typ intern	M 56	M 56 S 5	M 56 S 6 od. 212	M 56 S 6 od. 212	M 60	M 60 S 3	M 60 S 4	Baumuster 206
Bauart	Zweizylinder-Viertakt-Boxermotor, quer eingebaut, fahrtwindgekühlt, Kurbelgehäuse geteilt							Tunnelgehäuse
Hubraum cm^3	745	745	745	745	736	736	736	789,5
Bohrung x Hub mm	78 x 78	78 x 78	78 x 78	78 x 78	83 x 68	83 x 68	83 x 68	83 x 73
Leistung PS/min^{-1}	18/3400	20/4000	18/3400	20/4000	25/4000	33/4500	33/5000	35/5000
max. Drehmoment	keine Angaben							
Verdichtungsverhältnis	5,5 : 1	5,5 : 1	5,2 : 1	5,2 : 1	6,5 : 1	7,0 : 1	6,5 : 1	k.A.
Ventilsteuerung	sv	sv	sv	sv	ohv	ohv	ohv	ohv
Lage Nockenwelle	zentral oberhalb der Kurbelwelle							zent., unterhalb KW
Antrieb Nockenwelle	Stirnzahnräder	Steuerkette	Steuerkette	Steuerkette	Stirnzahnräder	Stirnzahnräder[*2]	Steuerkette	k.A.
Betätigung Ventile	sv	sv	sv	sv	ohv	ohv	ohv	ohv
	Schraubenfedern	Schraubenfedern	Schraubenfedern	Schraubenfedern	Federn, Kipphebel	Federn, Kipphebel	Federn, Kipphebel	Federn,,Kipphebel
Ventile pro Zylinder	2/stehend	2/stehend	2/stehend	2/stehend	2/hängend	2/hängend	2/hängend	2/hängend
Vergaser/Durchlaß mm	1 BMW/24[*1]	2 Amal 6 SP	1 Sum CK 25	2 Amal 6 406/407	1 BMW Spezial/26	2 Amal 6/011	2 Amal 76/424	k.A.
Schmierung	Druckumlauf, Zahnradpumpe							
Zündung	Bosch Magnetzünd.	Batteriezündung[*1]	Magnet- o. Batterie	Magnet o. Batterie	Magnetzündung	Magnetzündung	Batteriezündung	Batteriezündung
Lichtmaschine	Bosch D 2 L od. FF2	Bosch B 245 RS[*1]	Bosch D2 BRS 170	Bo. B 245 RS 108	Bosch D2L od. FF2	Bosch D2L od. FF2	Bosch R242 RS 108	k.A.
Zündkerzen	Bosch W 175 T1	Bosch W 175 T1	Bo. M o. W 175 T1	Bo. M o. W 175 T1	W 175, 200 G 24	W 175, 200 G 24	Bosch M 175 T1	k.A.
Batterie 6 Volt	gehört bei den Magnetzünder-Modellen zur Lichtanlage, die anfangs Aufpreis kostete, aber serienmäßig geliefert wurde							
Starter	Kickstarter	Kickstarter	Kickstarter	Kickstarter	Kickstarter	Kickstarter	Kickstarter	Kickstarter
KRAFTÜBERTRAGUNG								
Kupplung	Einscheiben-, ab 1930 alle R 11 und R 12 Zweischeiben-Trockenkupplung[*1]				Einscheib. trocken[*2]	Zweischeiben	Zweischeiben	Zweischeiben
Getriebe/Schaltung	3-Gang/Hand	3-Gang/Hand[*1]	4-Gang/Kulisse	4-Gang/Kulisse	3-Gang/Hand[*2]	3-Gang/Hand[*2]	4-Gang/Kulisse	4-Gang/Kulisse
Getriebeübersetzungen	2,83-1,55-1,08	2,83-1,55-1,08	3,18-2,06-1,42-1,09	ebenso	2,83-1,55-1,08	2,83-1,55-1,08	3,18-2,06-1,42-1,09	k.A.
Hinterradantrieb	Hardyscheibe, starre Welle							
Übersetzung solo	1 : 4,07	1 : 4,07	1 : 4,07	1 : 4,07	1 : 4,07	1 : 4,07	1 : 4,07	k.A.
Übersetz. m. Beiwagen	1 : 5,18 oder 4,75	1 : 4,75	1 : 4,75	1 : 4,75	1 : 5,18 oder 4,75	1 : 4,75	1: 4,75	k.A.
Zähne Kegel-/Tellerrad								
solo	14-57	14-57	14-57	14-57	14-57	14-57	14-57	k.A.
mit Beiwagen	11-57 oder 12-57	12-57	12-57	12-57	11-57 oder 12-57	12-57	12-57	k.A.
RAHMEN, FAHRWERK, BREMSEN								
Rahmenbauart	Doppelschleifen-Preßstahlrahmen, autogengeschweißt							Schalenrahmen
Vorderradführung	Preßstahlgabel, gezogene Kurzschwinge		Telegabel	Telegabel	Preßstahlgabel, gezogene Kurzschwinge		Teleskopgabel	Teleskopgabel
Federung/Dämpf. vorn	eine 9-Blatt-Feder	eine 9-Blatt-Feder	2 Federn, hydraulisch		eine 9-Blatt-Feder	eine 9-Blatt-Feder	2 Federn, hydraulisch	
Hinterradführung/Federung	starr/keine	starr/keine	starr/keine	starr/keine	starr/keine	starr/keine	starr/keine	starr/keine
Rad vorn	26 x 3,5	26 x 3,5	3 x 19	3 x 19	26 x 3,5	26 x 3,5	3 x 19	k.A.
Rad hinten	26 x 3,5	26 x 3,5	3 x 19	3 x 19	26 x 3,5	26 x 3,5	3 x 19	k.A.
Reifen vorn	26 x 3,5 o. 26 x 3,25	26 x 3,5 o. 26 x 3,25	3,50 x 19	3,50 x 19	26 x 3,5 o. 26 x 3,25	26 x 3,5 o. 26 x 3,25	3,50 x 19	k.A.
Reifen hinten	26 x 3,5 o. 26 x 3,25	26 x 3,5 o. 26 x 3,25	3,50 x 19	3,50 x 19	26 x 3,5 o. 26 x 3,25	26 x 3,5 o. 26 x 3,25	3,50 x 19	k.A.
Bremse vorn/Ø mm	Trommel/200	Trommel/200	Trommel/200	Trommel/200	Trommel/200	Trommel/200	Trommel/200	Trommel/k.A.
Bremse hinten/Ø mm	Außenbacken[*1]	Außenbacken[*1]	Trommel/200	Teommel/200	Außenbacken[*2]	Außenbacken[*2]	Trommel/200	Trommel/k.A.
MASSE, GEWICHTE, TANK								
Länge mm	2100	2100	2100	2100	2100	2100	2100	2200
Breite mm	890	890	900	900	890	890	900	840
Höhe mm	940	940	940	940	950	950	940	1100
Radstand mm	1380	1380	1380	1380	1380	1380	1380	k.A.
Leergewicht kg	162	162	185	185	165	165	165	178
Leergewicht m. Beiwag. kg	k.A.	k.A.	k.A.	k.A.	k.A.	k.A.	k.A.	k.A.
Zuladung. kg	210.	210	300	300	210	210	210	k.A.
Tankinhalt Liter	14	14	14	14	14	14	14	k.A.
Benzinverbrauch 100 km	4-4,5 l	4,5 l	3,5-4 l	4-4,5 l.	5 l	5 l	4,5-5,0 l	k.A.
Ölverbr. 1000 km ca.	1-2 l	1-2 l	1-2 l	1-2 l	1-2 l	1-2 l	1-2 l	k.A.
FAHRLEISTUNGEN, PREIS								
Höchstgeschwindigk. km/h	95	112	110	120	120	126	140	145
Preis	1750 RM[*1]	1630 RM	1630 RM	1630 RM	2200 RM	2040 RM	2040 RM	nicht in Serie

MODIFIKATIONEN, BESONDERHEITEN

[*2] **R 16 Serie 1** (1929-30) Motor M 60 25 PS; **R 16 Serie 2** (1930-32) Motor M 60 S 2 25 PS, Verbreiterung der Wellenbremse auf 55 mm, Zweischeibenkupplung, Preis 1880 RM; **R 16 Serie 3** (1932, Motor M 60 S 3 33 PS, zwei Amal-Vergaser Typ 6/011 R.H und L.H, Zugfedersattel, Preis 2040 RM; **R 16 Serie 4** (1933) Motor M 60 S 4 33 PS, Tankkulissenschaltung, Batteriezündung, Preis 2040 RM; **R 16 Serie 5** (1934) Motor M 60 S 4 33 PS, Nockenwellenantrieb durch Steuerkette, Fischschwanz-Auspuff, Preis 2040 RM

MODELL								
Verkaufsbezeichnung	R 5*1	R 6	R 51*2	R 61	R 66	R 71	R 75 Gespann	R 31 Prototyp
gebaut von-bis	1936-1937	1937	1938-1940	1938-1941	1938-1941	1938-1941	1941-1944	1939-1944
Produzierte Einheiten	2652	1850	3775	3747	1669	3458	18 000 ca.	2 ca.
MOTOR								
Typ intern	254	261	254/1	261/1	266/1	271/1	275/2	k.A.
Bauart	Zweizylinder-Viertakt-Boxermotor, quer eingebaut, fahrtwindgekühlt; Kurbelgehäuse ungeteilt (Tunnelgehäuse) (ohv- und sv-Modelle ab 1936)							
Hubraum cm^3	494	600	494	600	597	746	745	350 oder 500
Bohrung x Hub mm	68 x 68	70 x 78	68 x 68	70 x 78	69,8 x 78	78 x 78	78 x 78	k.A.
Leistung PS/min^{-1}	24/5500	18/4500	24/5600	18/4800	25/4000	22/4600	26/4000	18 oder 26 PS
max. Drehmoment	keine Angaben							
Verdichtungsverhältnis	6,7 : 1	6,0 : 1	6,7 : 1	5,7 : 1	6,5 : 1	5,5 : 1	5,8 : 1	k.A.
Ventilsteuerung	ohv	sv	ohv	sv	ohv	sv	ohv	ohv
Anzahl Nockenwellen	zwei Nockenwellen	eine Nockenwelle	zwei Nockenwellen	eine Nockenwelle	eine Nockenwelle	eine Nockenwelle	eine Nockenwelle	eine Nockenwelle
Antrieb Nockenwelle	Steuerkette	Stirnzahnräder	Steuerkette	Stirnzahnräder	Stirnzahnräder	Stirnzahnräder	Stirnzahnräder	k.A.
Betätigung Ventile	ohv	sv	ohv	sv	ohv	sv	ohv	ohv
	Haarnadelfedern	Schraubenfedern	Haarnadelfedern	Schraubenfedern	Haarnadelfedern	Schraubenfdern	Federn, Kipphebel	Federn, Kipphebel
Ventile pro Zylinder	2/hängend	2/stehend	2/hängend	2/stehend	2/hängend	2/stehend	2/hängend	2/hängend
Vergaser/Durchlaß mm	2 Amal 5/423	2 Amal M75/426S	2 Amal 5/423	2 Amal M75/426S	2 Amal 6/420S	2 Graetzin G 24	2 Graetzin SA 24	1 Zentralvergaser
Schmierung	Druckumlauf, Zahnradpumpe							
Zündung	Batteriezündung	Batteriezündung	Batteriezündung	Batteriezündung	Batteriezündung	Batteriezündung	Magnetzündung	Batteriezündung
Lichtmaschine	Bo. RD 45/6 2800	Bo. RD 45/6 2800	Bo. RD 50/6 2800	Bo. RD 50/6 2800	Bo. RD 50/6 2800	Bo. RD 60/6 2800	Noris DS 6/50	k.A.
Zündkerzen	Bosch W 225 T1	Bosch W 175 T1	Bosch W 225 T1	Bosch W 175 T1	Bosch W 225 T1	Bosch W 175 T1	Bosch W 175 T1	k.A.
Batterie 6 Volt	gehört bei den Magnetzünder-Modellen zur Lichtanlage, die anfangs Aufpreis kostete, aber serienmäßig geliefert wurde							
Starter	Kickstarter	Kickstarter	Kickstarter	Kickstarter	Kickstarter	Kickstarter	Kickstarter	Kickstarter
KRAFTÜBERTRAGUNG								
Kupplung	Einscheiben-Trockenkupplung							
Getriebe/Schaltung	4-Gang/Fuß	4-Gang/Fuß	4-Gang/Fuß	4-Gang/Fuß	4-Gang/Fuß	4-Gang/Fuß	4-Gang+R/Fuß*3	4-Gang/Fuß
Getriebeübersetzungen	3,6-2,28-1,7-1,3	3,6-2,28-1,7-1,3	3,6-2,28-1,7-1,3	3,6-2,28-1,7-1,3	3,6-2,28-1,7-1,3	3,6-2,28-1,7-1,3	s. Anmerkung*3	k.A.
Hinterradantrieb	Hardyscheibe, starre Welle		Hardyscheibe, Kardanwelle, 1 Kreuzgelenk				starre Welle*4	
Übersetzung solo	1 : 3,89	1 : 3,89	1 : 3,89	1 : 3,89	1 : 3,6	1 : 3,6	nicht existent	k.A.
Übersetz. m. Beiwagen	1 : 4,62	1 : 4,62	1 : 4,62	1 : 4,62	1 : 4,38	1 : 3,89	1 : 6,05 / 5,69	k.A.
Zähne Kegel-/Tellerrad								
solo	9-35	9-35	9-35	9-35	10-36	10-36	nicht existent	k.A.
mit Beiwagen	8-37	8-37	8-37	8-37	8-35	9-35	k.A.	k.A.
RAHMEN, FAHRWERK, BREMSEN								
Rahmenbauart	Doppelschleifen-Ovalrohrrahmen, elektrisch schutzgasgeschweißt							tw. verschraubt
Vorderradführung	Teleskopgabel	Teleskopgabel	Teleskopgabel	Teleskogabel	Teleskopgabel	Teleskopgabel	Teleskopgabel	Teleskopgabel
Federung/Dämpf. vorn	2 Federn, hydraulisch				2 Federn, hydraulisch			
Hinterradführung/Federung	starr/keine	starr/keine	Teleskopfederung	Teleskopfederung	Teleskopfederung		starr	Teleskopfederung
Rad vorn	3 x 19	3 x 19	3 x 19	3 x 19	3,0 x 19	3,0 x 19	3 x 19	3 x 19
Rad hinten	3 x 19	3 x 19	3 x 19	3 x 19	3,0 x 19	3,0 x 19	3 x 19	3 x 19
Reifen vorn	3,5 x 19	3,5 x 19	3,5 x 19	3,5 x 19	3,5 x 19	3,5 x 19	3,50 x 19	3,5 x 19
Reifen hinten	3,5 x 19	3,5 x 19	3,5 x 19	3,5 x 19	3,5 x 19	3,5 x 19	3,50 x 19	3,5 x 19
Bremse vorn/Ø mm	Trommel/200	Trommel/200	Trommel/200	Trommel/200	Trommel/200	Trommel/200	Trommel/250	Trommel/200
Bremse hinten/Ø mm	Trommel/200	Trommel/200	Trommel/200	Trommel/200	Trommel/200	Trommel/200	Trommel/250*5	Trommel/200
MASSE, GEWICHTE, TANK								
Länge mm	2130	2130	2130	2130	2130	2130	2400	k.A.
Breite mm	800	800	815	815	815	815	1730	k.A.
Höhe mm	950	950	960	960	960	960	1000	k.A
Radstand mm	1400	1400	1400	1400	1400	1400	1380	k.A.
Leergewicht kg	165	175	182	184	187	187	400	170 ca.
Leergewicht m. Beiwag. kg	k.A.	k.A.	k.A.	290	290	290	s.o.	k.A.
Zuladung. kg	210.	210	210.	210	210	210	270	k.A.
Tankinhalt Liter	15	15	14	14	14	14	24	k.A.
Benzinverbrauch 100 km	3 l	3,5 l	4 l	3,5 l.	4,5 l	4,5 l	6,3-8,5 l	k.A.
Ölverbr. 1000 km ca.	1 l	1 l	1 l	1 l	1 l	1 l	0,5-1 l	k.A.
FAHRLEISTUNGEN, PREIS								
Höchstgeschwindigk. km/h	135	125	140	115	145	125	95	115/130 ca.
Preis	1550 RM	1375 RM	1595 RM	1420 RM	1695 RM	1595 RM	2630 RM	nicht vermarktet

MODIFIKATIONEN, BESONDERHEITEN

*1 **R 5**:1937 Kleinserie Rennsportmodell **R 5 SuperSport SS** , 28 PS, 160 km/h, Spezial-Vergaser ohne Luftfilter, aber mit Ansaugtrichtern, Benzintank aus dem Rennsport, schmale Schutzbleche, Vergasertrichter, offene Auspuffanlage, Alufelgen, Getriebe der ersten Bauserie, diverse Erleichterungs- bzw. Belüftungsbohrungen, keine Lichtanlage; *2 **R 51**: Sportmodell **R 51 SS** mit 28 PS, 160 km/h, weitgehend serienmäßig; **Rennsportmodel R 51 RS,** 17 Einheiten, völlig überarbeiteter ohv-Motor mit zwei zahnradgetriebenen Nockenwellen, 36 PS, 180 km/h, trocken 148 kg, spezielle Vergaser, Hoske-Bremstrommeln, größere Räder mit Alufelge vorn, Bereifung 2.50 x 21 und 3.00 x 20, 22-Liter-Rennsporttank, Rennsattel, Bosch-Rennmagnetzündung u.v.m.; *3 **R 75:** Anzahl der Gänge Straße: 4 + 1 Rückwärtsgang, Gelände: 3 + 1 Rückwärtsgang; Fuß- und Handschaltung mit Wahlhebel für Gelände und Straße; Getriebeübersetzung Straße: 3,22-1,83-1,21-0,90 Rückwärtsgang 2,41; Übersetzung Hinterradantrieb Gelände: 4,46-2,54-1,67 Rückwärtsgang 3,3; *4 **Seitenwagen** über starre Welle angetrieben; *5 **Trommelbremse Seitenwagen** Ø 250 mm, Bremsbetätigung vorn mechanisch, hinten und Seitenwagen hydraulisch

1923-1939: Werksrennmaschinen und Weltrekorde im Stenogramm

1923: R 32-Prototyp mit Max Friz bei ACM-Ausfahrt „Durch Bayerns Berge“;
Werksrennmaschinen mit Stahlzylindern und obenliegender, offener Ventilbetätigung auf Basis der R 32 beim Solitude-Bergpreis; 15 PS bei 4000/min^{-1}.

1924: Werksprototyp mit Stahlzylindern; am 3. März Tagesbester durch Rudolf Schleicher auf der Mittenwalder Gsteig mit Stahlzylinder-Motor; erster BMW-Sieg;
Solitude-Bergrennen im Mai: Schleicher mit **ohv-Prototyp der R 37,** 20 PS bei 4750/min^{-1} im R 32-Fahrgestell;
Franz Bieber Deutscher Meister auf R 37-Prototyp;
Rudi Reich fährt **Rekord** mit **137,4 km/h.**

1925: Werksrennmaschine auf Basis der R 37 ohv, weiterentwickelt, über 20 PS;
Rudi Reich Deutscher Meister auf R 37-Prototyp.

1926: Werksrennmaschine auf Basis der R 37 ohv, über 20 PS, aufgeschnallte Zusatztanks;
Ernst Henne Deutscher Meister.

1927: Erstmals **750er ohv-Werksrennmaschinen** mit Saugmotoren für die 750er-Rennklasse; es blieb beim R 37-Rahmen;
Ernst Henne Deutscher Meister auf 750er R 63-Prototyp;
Hans Soenius Deutscher Meister auf R 37-Werksrenner

1928: Werksrennmaschine mit kurzem Rennrahmen **auf R 37-Basis,** 500er Motor nach vorn erweitert mit Kühlrippen an der Ölwanne (Bauchmotor); kurzer Rennrahmen mit 1330 statt 1380 mm Radstand;
erste Versuche mit Kompressor-Aufladung an den ohv-Rennmotoren mit 500 und 750 cm^3;
Hans Soenies Deutscher Meister 500 cm^3,
Toni Bauhofer Deutscher Meister 1000-cm^3-Klasse, beide mit Saugmotoren.

1929: 500 ohv zunächst mit Cozette-, dann mit Zoller-Kompressor, 31 PS bei 6000/min^{-1}, später bis zu 35 PS (geschätzt), Hubraum: 494 cm^3, Bohrung x Hub: 68 x 68 mm, 4-Gang-Getriebe mit Handschaltung, Gewicht: 132 kg, Höchstgeschwindigkeit: ca. 160 km/h;
Klassenrekordmaschine 500 ohv Kompressor mit 35 PS, **196,72 km/h;**
Fahrer Rundstrecke: Ernst Henne, Hans Soenius, Josef Stelzer; Hans Soenius Deutscher Meister 500 cm^3.
Weltrekordmaschine 750 ohv Kompressor mit 40 PS (laut BMW Classic bis 45 PS bei 6000/min^{-1}),
216,75 km/h, Hubraum: 735 cm^3, Bohrung x Hub: 83 x 65 mm, 3-Gang-Getriebe mit Handschaltung, Gewicht: 152 kg, Höchstgeschw. Straßenrennversion: 185 km/h;
Fahrer Rundstrecke: Toni Bauhofer, Karl Gall, Ernst Henne (Rekorde), Kurt Mansfeld, Karl Stegmann, Josef Stelzer. Stelzer Deutscher Meister über 500 cm^3.

1930: 500 ohv Kompressor, Zoller-Kompressor längs eingebaut, keine offiziellen Leistungsangaben;
750 ohv Kompressor: Glatteisrekord Henne in Schweden, Oestersund, **198,2 km/h;**
Weltrekord 750 ohv Kompressor 221,5 km/h;
Ausstieg von BMW, Verkauf der Straßenrennmaschinen;
Fritz Wiese Deutscher Meister über 500 cm^3 (privat).

Unschlagbar, legendär, heute unbezahlbar: 500er Werksrennmaschine Typ 255, hier in der Version von 1938. Der dohc-Boxer brachte es mit Königswellen und Kompressor auf ca. 50 PS. Schorsch Meier gewann mit einer weiterentwickelten Variante, die 55 PS leistete, die Senior-TT 1939.

1931: Weltrekord 750 ohv Kompressor 244,4 km/h; keine offiziellen Leistungsangaben;
Klassenrekord Gespanne 750 ohv Kompressor 190,27 km/h; keine BMW-Rennsport-Werksaktivitäten;
Ralph Roese Deutscher Meister über 500 cm^3 (privat).

1932: Privatfahrer auf Ex-Werksrennmaschinen;
Ralph Roese Deutscher Meister über 500 cm^3 (privat).

1933: Die **Avus-Werksrennmaschinen** von 1933 (und 1935) basieren auf den Serienfahrgestellen R 57 und R 63 und haben neu aufgebaute ohv-Kompressormotoren; Leistung **500 ohv Kompressor** ca. 35 PS,
750er ohv Kompressor 44 PS bei 5500/min^{-1};
1934 Versuchsfahrten Sachsenring mit Telegabel.
Sieg bei den **Six Days** in Wales.

1934: 500 ohv Kompressor ca. 35 PS,
750 ohv Kompressor Leistung 44 PS bei 5500/min^{-1}.
Klasssenrekord mit Ernst Henne **500 ohv Kompressor** mit 64 PS, **220 km/h; Weltrekord 750 ohv Kompressor** mit 93 PS, im Oktober 100 PS, **246,069 km/h;**
Kurt Mansfeld Deutscher Bergmeister bis 1000 cm^3.
Sieg bei den **Six Days** in Garmisch-Partenkirchen.

1935: 500 Kompressor Typ 255 dohc, Königswellen, Kompressor vorne, Neukonstruktion mit Telegabel, 492 cm^3, Bohrung x Hub: 66 x 72 mm, dohc, ca. 50 PS bei 6000/min^{-1}, 4-Gang-Getriebe mit Fußschaltung, Vollnabenbremsen, Gewicht: 138 kg, Höchstgeschwindigkeit: bis 200 km/h;
Weltrekord (Henne): **750 ohv Kompressor,** mehr als 100 PS bei 6000/min^{-1}, **256,045 km/h;**
Fahrer Rundstrecke: Karl Gall, Ludwig Kraus,
Sieg bei den **Six Days** in Oberstdorf.

1936: Spezialmotor für Gespann mit 589 cm^3, Kompressor, dohc, keine Leistungsangaben;
Weltrekord (Henne) mit **500 dohc Kompressor,** 90 PS, **272 km/h;** Otto Ley und Karl Gall holen beim Großen Preis von Schweden in Saxtorp mit ihrem Doppelsieg den **ersten Grand Prix-Erfolg für BMW** gegen die internationale Konkurrenz.

1937: neues Fahrwerk mit **HiRaFe für die 500er 255 Kompressor,** Motor verbessert;
Weltrekord (Henne) **500er dohc Kompressor,** über 100 PS, **279,503 km/h;**
Karl Gall Deutscher Meister 500 cm^3;
Jock West startet als erster BMW-Werksfahrer bei der **Tourist Trophy** auf der Isle of Man.

1938: Typ 255 dohc mit weiteren Verfeinerungern wie Magnesiumgehäuse für Motor, Getriebe, Kompressor, Zylinderköpfe Alu etc.; **Testfahrten** mit Karl Gall auf **500 dohc Kompressor** in Dessau;
Georg Meier gewinnt die **Grands Prix** in Spa, Assen, Sachsenring und Monza und damit die **Europameisterschaft.** Deutscher Meister wird er ebenfalls.

1939: Typ 255 dohc mit 55 PS; **Doppelsieg** Schorsch Meier vor Jock West bei der **Senior-TT;** Doppelsieg Meier vor Kraus in Spa; Ludwig Kraus Deutscher Meister 500 cm^3; **R 51 RS ohv** Kundenmaschine mit 36 PS.

Leistungsangaben Werksrenn- und -rekordmaschinen: Dichtung und Wahrheit

BMW-Motorradhistoriker Stefan Knittel hat die Leistungsgaben zu den Werksrenn- und rekordmaschinen im BMW-Archiv anhand historischer Unterlagen recherchiert. Dazu sagt er: *„Die Angaben zu den Rekord- und Kompressor-Rennmaschinen weichen von je her ab. Ich habe enormen Recherche-Aufwand betrieben, um eine schlüssige und klare Einteilung, technische Beschreibungen und Angaben zusammenzufügen. Dazu stand mir das BMW Archiv offen. Zahlreiche Fakten wurden mit Fred Jakobs und Peter Zollner diskutiert, um zu einheitlichen Ergebnissen zu gelangen. Fachliche Unterstützung direkt von der Werkbank erhielt ich von Sebastian Gutsch, Jürgen Schwarzmann und Armin Frey, die an diesen Motoren (auch für BMW Classic) immer wieder Hand angelegt haben.*
Wir alle sind zu Daten und Fakten gelangt, die der Wahrheit am nächsten kommen.
Im Internet und auch auf spezifischen Wikipedia-Seiten werden Leistungsgaben zu den Kompressor- und Rekord-Maschinen veröffentlicht, die überwiegend auf Interpolationen beruhen, die vor vielen Jahren (zum Teil von namhaften Autoren) erstellt wurden, um schlicht Lücken zu füllen. Diese Angaben sind mit äußerster Vorsicht zu genießen oder besser noch: zu ignorieren.“

Anmerkung WR: Bei den Rennmaschinen haben sich seit längerem die Bezeichnungen WR 500 und WR 750 eingebürgert. **Wir lassen das „WR“** aber **weg,** denn diese Bezeichnung hat sich erst seit der Entdeckung (ca. 2005) einer Zeichnung von 1930 im BMW-Archiv eingeschlichen; das Kürzel „WR“ wurde nie vorher verwendet

Von A bis Z: Personen, Orte, Institutionen, Rennen

Fahrgestell-Nummernkreise der BMW Boxer-Modelle 1923 bis 1944

Modell		Motornummern	Fahrgestellnummern
R 32	(1923–1926)	31000–34100	1001–4100
R 37	(1925–1926)	35001–35175*	100–275
R 42	(1926–1928)	40001–46999	10001–16999
R 47	(1927–1928)	34201–35999*	4201–5999
R 52	(1928–1929)	47001–51383	20000–30600*
R 57	(1928–1930)	70001–71012	20000–30600*
R 62	(1928–1929)	60001–65000*	20000–30600*
R 63	(1928–1929)	75001–76000*	20000–30600*
R 11	(1929–1934)**	60001–73984*	P 101–P 9893*
R 16	(1929–1934)**	75001–76956*	P 101–P 9893*
R 12	(1935–1942)	501–24149	P 501–P 24728*
		25001–37161	P 25001–P 37161
R 17	(1935–1937)	77001–77436	P 501–P 24728*
R 5	(1936–1937)	8001–9504	8001–9504
		500001–502786	500001–503085*
R 6	(1937)	600001–601850	500001–503085*
R 51	(1938–1940)	503001–506172	505001–515164*
R 61	(1938–1941)	603001–606080	505001–515164*
		607001–607340	607001–607340
R 66	(1938–1941)	660001–661629	505001–515164*
		662001–662039	662001–662039
R 71	(1938–1941)	700001–702200	505001–515164*
		703001–703511	703001–703511
R 75	(1941–1944)	750001–über 768000	750001–über 768000

Daten zur Verfügung gestellt von BMW Group Historisches Archiv.

Meisterschaften auf BMW vor dem Krieg

Europameister

1927	750 cm³	Josef Stelzer
1938	500 cm³	Schorsch Meier

Deutsche Meister

1924	500 cm³	Franz Bieber
1925	500 cm³	Rudi Reich
	250 cm³	Josef Stelzer
1926	500 cm³	Ernst Henne
1927	500 cm³	Hans Soenius
	750 cm³	Ernst Henne
1928	500 cm³	Hans Soenius
	über 500 cm³	Toni Bauhofer
1929	500 cm³	Hans Soenius
	über 500 cm³	Josef Stelzer
1930	über 500 cm³	Fritz Wiese
1931	über 500 cm³	Ralph Roese
1932	über 500 cm³	Ralph Roese
1934	Bergmeister 1000 cm³	Kurt Mansfeld
1937	500 cm³	Karl Gall
1938	500 cm³	Schorsch Meier
1939	500 cm³	Ludwig Kraus

Schweizer Meister Seitenwagen

1934	1000 cm³	Ernst Stärkle/Stärkle

Niederländische Meister

1938	500 cm³	Bertus van Hammersveld

Jugoslawische Meister

1937	1000 cm³	Anton Sildhabel
1938	500/1000 cm³	Jank Siska
1939	500/1000 cm³	Nikola Jurcic

Unten links: die R 69 S von 1969 als Topmodell der Vollschwingen-Generation. Oben rechts: Die R 90 S war der Traum-Boxer der 1970er Jahre, hier die zweite Serie von 1975. Unten rechts: Flaggschiff der neuen Boxer-Generation ab 1969 war die R 75/5, hier von 1973.

Ausblick: Der Boxer von BMW erfand sich immer wieder neu, so 1950 mit der ersten Nachkriegs-Maschine, der R 51/2, dann 1955 mit den Vollschwingenmodellen, 1969 mit der völlig neu konstruierten /5-Baureihe und ihren Weiterentwicklungen bis zu R 90 S und R 100 RS, den genialen Enduro-Modellen R 80 G/S ab 1980 und der vierventiligen R 1100 GS ab 1994 bis hin zu den modernen Ablegern R 1250 R, R nineT oder R 18. Zu den einzelnen Epochen und Baureihen sind weitere Bände geplant.

Quellen, Literatur

BMW Group Historisches Archiv, https://bmw-grouparchiv.de
Grunert, Manfred, Triebel, Florian: Das Unternehmen BMW seit 1916; BMW Group Mobile Tradition, München 2006
Harris, Nick: TT – die Geschichte der Tourist Trophy; Hazleton Publishing, Richmond 1990, Heel-Verlag, Schindelleggi 1992
Knittel, Stefan: BMW Motorräder – 60 Jahre Tradition und Innovation von der R 32 zur K 100; Bleicher Verlag, Gerlingen 1984
Knittel, Stefan: BMW Motorrad-Rennsport 1923-2013; Schneider Media, Portsmouth, 2013
Knittel, Stefan: Georg „Schorsch" Meier – Sein Leben in Bildern; Delius Klasing Verlag, Bielefeld, 2011
Lingnau, Gerold: Freiheit auf zwei Rädern; Econ-Verlag, Düsseldorf und Wien, 1982
Mönnich, Horst: Vor der Schallmauer. BMW. Eine Jahrhundertgeschichte. Band 1. 1916-1945; Econ-Verlag, Düsseldorf 1983
Piekalkiewicz, Janusz: Die BMW Kräder R12/R75 im Zweiten Weltkrieg; Motorbuch-Verlag, Stuttgart 1977
Rauch, Siegfried: ZÜNDAPP – 60 Jahre ZÜNDAPP-Technik; ZÜNDAPP-Werke GmbH, München 1977
Reese, Karl: Deutsche Seitenwagen von 1903 bis 1960; Johann Kleine Vennekate Verlag, Lemgo 2011
Schneider, Hans-Jürgen/Koenigsbeck, Axel: Faszination BMW Boxer; Editions Schneider Text, Les Autels St. Bazile, 1. und 2. Auflage 1994 und 1999
Schneider, Hans-Jürgen, Mitwirkung Stefan Knittel: Historische BMW-Gespanne; Schneider Media, Portsmouth 2012
Tragatsch, Erwin: The illustrated Encyclopedia of Motorcycles; Temple Press, Feltham 1982
Fahrzeuge, Personen, Werke: https://de.wikipedia.org/BMW plus weitere Wikipedia-Seiten